문화와
역사를
담 다
０３３

심
정
보 沈正輔

일본 히로시마대학(Ph.D). 과천여자고등학교 지리교사, 동북아역사재단 연구위원을 거쳐 서원대학교 교수

동해 바다 독도 톺아 읽기

동서양 독도 문헌과
지도의 역사적 검증

심정보

민속원

독도의 일출

독도의 전경

독도의 봄

독도의 여름

독도의 가을

독도의 겨울

한국의 독도지킴이

머리말

한국과 일본은 지리적으로 가까운 나라이지만, 정치적 갈등이 발생하면 먼 나라로 돌변하기도 한다. 특히 한일 간에 과거사 문제로서 독도 이슈는 외교적으로 해결의 실마리가 보이지 않는다. 양국 사이에 독도 이슈의 기원은 17세기 말 안용복 사건까지 거슬러 올라가며, 일본 정부는 러일전쟁 이전까지 울릉도와 독도가 자신들과 관련이 없음을 명시했다. 그렇지만 20세기 초반 일본은 제국주의 정책으로 독도를 시마네현에 편입하여 한반도 침탈의 첫 희생물로 삼았다.

제2차 세계대전의 종결로 독도는 한국의 영토가 되었다. 그럼에도 일본의 독도 침범과 도발은 끊이지 않았고, 그러한 위기마다 한국은 단호하게 대응했다. 1950년대 초반 독도 이슈로 한일 관계가 요동친 이래 약 40여 년 동안 비교적 소강상태를 유지해 왔다. 그러나 21세기에 들어와 독도 이슈가 다시 재현되어 한일 간에 외교적 마찰이 지속되었다. 그러한 계기는 일본이 독도 편입 100주년을 기념하여 독도 도발을 계획적으로 전개했기 때문이다.

독도 이슈가 반복적으로 발생하고, 더욱 강렬해짐에 따라 독도 연구는 역사학을 비롯하여 지리학, 국제법, 국제관계(정치외교), 교과교육학 등 여러 분야에 걸쳐 성과가 축적되었다. 이 책은 학계의 새로운 연구 성과를 바탕으로 독도의 역사를 체계적으로 정리한 것이다. 시간적으로는 독도를 인지하기 시작한 고대부터 현재까지 약 1500년의 역사를 다뤘다. 공간적으로는 독도를 둘러싼 한국과 일본 이외에 제3국의 시각으로 서양의 독도 인식도 포함시켰다.

필자는 이 책의 집필을 기획함에 있어서 이전에 공저로 간행했던 『고등학생용 독도

바로 알기』(2011)를 참고하여 교양 도서로서 중고생과 대학생, 교사와 일반인이 이해할 수 있도록 수준을 한 단계 높였다. 본문의 내용은 서장과 종장을 제외하면, 총 10개의 장으로 구성되었다. 제1장~제10장의 마지막 부분에는 각 장과 관련된 Q&A 코너를 마련하였다. 제1장은 동해 지명의 역사, 제2장은 독도의 지리적 환경, 제3장~제9장은 전근대, 근대, 현대의 독도 인식, 제10장은 한국과 일본의 독도 영유권 쟁점을 중점적으로 비교했다. 제1장과 제2장은 지명과 지리 내용으로 독도의 역사와 관련이 있기 때문에 각각의 장으로 구성하였다.

본문에서 핵심은 독도의 역사를 다룬 제3장~제9장 부분이다. 제3장~제5장은 전근대 한국, 일본, 서양의 독도 발견과 인지이다. 한국은 512년 신라가 울릉도(우산국)를 복속한 이래 가시거리에 위치한 독도가 울릉도의 생활권에 포함되었다는 입장이다. 일본은 1667년 오키의 지리지에 독도와 울릉도가 최초로 등장하지만, 그들의 영역 밖의 섬으로 기술되었다. 17세기 말에 일본은 안용복 사건으로 울릉도와 독도가 자신들과 관련이 없음을 명시적, 묵시적으로 인정하였다. 19세기 전후에는 서양인들이 동해로 진출하여 울릉도와 독도를 발견했지만, 지도에 두 섬의 위치와 명칭을 잘못 표시하여 한동안 혼란을 초래하기도 했다.

제6장~제7장은 근대 일본과 한국의 독도 인식이다. 일본 정부는 메이지 초기에 울릉도와 독도가 자신들의 소속과 관련이 없음을 재확인했다. 그러나 메이지 후기에 일본 제국주의는 무주지선점론을 내세워 독도를 그들의 영토에 편입시켰다. 한국은 이러한 사실을 1년이 지난 1906년 3월에 알게 되었지만, 을사늑약 이후 외교권이 박탈되어 제대로 대응할 수 없었다. 그럼에도 당시 황성신문을 비롯한 언론은 일본의 독도 침탈 사실을 보도했으며, 저항적 민족주의의 영향으로 민간이 편찬한 지리교과서에는 독도가 울릉도의 부속 섬으로 기술되었다.

제8장~제9장은 현대 초기 한국과 일본의 독도 인식이다. 제2차 세계대전 이후 1950년을 전후하여 한국은 독도를 지키기 위해, 그리고 일본은 독도를 차지하기 위해 치열한 공방전을 펼쳤다. 그러나 연합국은 최종 샌프란시스코 강화조약에서 독도의 소속을

명확히 규정하지 않아 논란의 불씨를 남겼다. 이후 독도 이슈는 한동안 잠잠했지만, 해양 질서의 변화에 따라 1990년대 말에는 신한일어업협정을 둘러싸고 다시 대두되었다. 21세기에 들어와 일본 시마네현이 이른바 다케시마의 날을 제정하고, 문부과학성이 독도를 자국의 영토로 교육하도록 교과서 검정을 강화함에 따라 반일감정은 절정에 달했다.

현재 독도 연구는 다양한 학문 분야에서 이루어진다. 이 책에서는 이러한 경향을 파악하여 독도의 역사에 중점을 두면서 여러 학문 분야의 선행연구를 반영하여 독자들이 독도를 종합적으로 이해하고 양국의 영유권 논리를 비교할 수 있도록 내용을 구성했다. 한국과 일본은 초·중등학교에서 독도 영유권을 가르치고 있기 때문에 향후 양국 사이에 독도 논쟁은 끊이지 않을 전망이다. 이러한 상황에서 이 책이 독자 여러분들의 올바른 독도 이해에 참고가 될 수 있기를 기대한다.

2021년 10월
저자 심정보

차례

|머|리|말| 11

서장
동해와 독도 이야기

1. 역사적 성격 ······ 20
2. 유사점과 상이점 ······ 24

01
동해 지명의 역사

1. 한국의 전통지명 동해 ······ 30
2. 일본의 전통지명과 외래지명 ······ 34
3. 서양에서 발생한 다양한 외래지명 ······ 39
4. 근대 한국에서 일본해와 동해 ······ 47
5. 한국의 동해 지명 찾기 운동 ······ 53
Q&A. 국제수로국의 S-23에 일본해가 표기된 배경은? ······ 57

02
독도의 지리적 환경

1. 위치의 특성 ······ 60
2. 형성과 지형 ······ 63
3. 기후와 생태계 ······ 71
4. 주변 바다의 천연자원 ······ 76
5. 주민과 독도 순례 ······ 77
Q&A. 독도 천연보호구역의 관리는? ······ 84

03
전근대 한국의 독도 인지

1. 신라 시대의 우산국 ······ 86
2. 고려 시대의 우산도 ······ 87
3. 조선 전기의 울릉제도 ······ 89
4. 안용복의 영토 수호 활동 ······ 96
5. 조선 후기의 독도 지식 ······ 104
Q&A. 영유권 문제에서 지도의 증거력은? ······ 111

04
전근대 일본의 독도 인지

1. 산인지방 사람들의 도해 활동 ······ 114
2. 독도가 최초로 등장하는 은주시청합기 ······ 117
3. 안용복 사건과 울릉도도해금지령 ······ 120
4. 이마즈야 하치에몬 사건과 울릉도도해금지령 ······ 125
5. 고지도에 표현된 독도 ······ 132
Q&A. 영유권 문제에서 공문의 증명력은? ······ 144

05
전근대 서양의 독도 인지

1. 최초로 등장하는 울릉도와 독도 ······ 146
2. 라페루즈의 동해 탐사와 울릉도 발견 ······ 153
3. 콜넷의 동해 탐사와 가상의 섬 아르고노트 ······ 156
4. 포경선 리앙쿠르호의 독도 발견 ······ 159
5. 올리부차호의 동해 탐사와 독도 발견 ······ 162
Q&A. 독도의 명칭 혼란과 그 영향은? ······ 165

06 근대 일본의 독도 인식과 침탈

1. 외무성의 독도 인식 ······ 168
2. 태정관의 독도 인식 ······ 171
3. 러일전쟁과 독도 침탈 ······ 178
4. 고지도에 표현된 독도 ······ 184
5. 지리교과서에 기술된 독도 ······ 196
Q&A. 독도가 일본령이 아니라고 주장하는 일본의 학자는? ······ 208

07 근대 한국의 독도 인식과 대응

1. 울릉도의 개척과 일본인 문제 ······ 212
2. 대한제국 관보의 칙령 제41호 ······ 216
3. 일본의 독도 편입과 한국의 대응 ······ 219
4. 지리교과서에 기술된 독도 ······ 224
5. 일본 식민지기의 지도와 독도 ······ 231
Q&A. 한국의 옛 자료에 나오는 우산도, 석도는 독도인가? ······ 237

08 현대 초기의 독도 이슈와 대응

1. 한국에서 독도 수호의 첫걸음 ······ 240
2. 독도의 소속을 둘러싼 국제정치 ······ 244
3. 일본의 독도 침입과 한국의 대응 ······ 250
4. 독도 수호를 위한 지리교육 ······ 254
5. 한일어업협정과 독도 ······ 263
Q&A. 미군의 독도폭격사건에 대한 한국의 대응은? ······ 266

09 21세기 전후의 독도 이슈와 대응

1. 신한일어업협정과 독도 ······ 268
2. 일본의 독도 기념일 제정과 파문 ······ 270
3. 일본의 독도교육 도발 ······ 275
4. 한국의 독도교육 강화 ······ 283
5. 한일 대학생들의 독도 인식 ······ 288
Q&A. 이명박 대통령의 독도 상륙에 대한 반응은? ······ 293

10
독도 영유권의 쟁점

1. 무주지선점론 ······ 296
2. 고유영토설 ······ 298
3. 샌프란시스코 강화조약 ······ 301
4. 한국의 불법점거 ······ 303
5. 국제사법재판소 회부 ······ 306
Q&A. 유엔해양법협약과 독도 현안은? ······ 310

종장
동해와 독도 이슈의 전망

1. 동해/일본해 표기 ······ 312
2. 독도 영유권 ······ 314

참고문헌 ···· **317**
지도 및 사진 출처 ···· **324**
독도연표 ···· **327**
후기 ···· **333**

동해와 독도 이야기

한일 간의 과거사 문제로서 동해 지명 표기와 독도 영유권은 지리적, 역사적, 정치적으로 국내외적 이슈가 되었다. 이러한 사실은 한국의 외교부 홈페이지, 일본의 외무성 홈페이지에 제시된 홍보 자료와 빈번하게 다뤄지는 언론 보도 및 기사 등을 통해 알 수 있다. 이들은 한반도와 일본열도 사이에 위치한 동해 바다의 지명과 섬의 영유권을 둘러싼 이슈로서 일본 제국주의가 팽창하던 20세기 초에 발생한 러일전쟁과 밀접한 관련이 있지만, 역사적 문제의 기원과 성격은 반드시 동일하지 않다.

1. 역사적 성격

동해 지명의 표기

지명은 지역을 인식하기 위해 사람들이 의도적으로 각 토지에 부여한 이름이다. 사회가 복잡하지 않았던 시대에는 보통명사 지명으로 산, 하천, 바다 등과 같이 호칭하더라도 의사소통에 별다른 문제가 없었다. 그러나 시대가 변화하고 사회가 복잡해짐에 따라 보통명사 지명은 인간의 생활에 혼란을 초래하여 점차 고유명사 지명이 생겨나게 되었다.

지명의 기능은 무엇보다 특정 지역의 위치 인식이다. 사람들은 지명을 만들어 위치와 공간을 인식하고 의사소통하며, 나아가 지리적 행동과 이동을 한다. 지명의 또 다른 기능은 지명에 담겨 있는 정보의 보존과 전달이다. 오랫동안 사용된 지명은 사람의 이름과 같이 특정 지역의 이미지를 형성하고, 각 지역의 개성과 정체성을 대표하는 상징이 된다.

인간은 필요에 의해 지구상의 여러 토지에 지명을 부여해 왔지만, 육지와 바다에 지명을 명하는 방식은 동일하지 않았다. 대체로 사람들이 거주하는 육지는 그렇지 않는 바다보다 지명의 형성이 빨랐다. 바다에 지명을 부여하는 풍습은 탐험 및 탐사 활동이 활발했던 서양이 동양보다 빠른 편이다. 이러한 것을 말해주는 것으로 중국, 한국, 일본 등 동양에서 만들어진 고지도에는 서양 고지도에 비해 바다에 명칭 표기의 등장이 시기적으로 늦다.

한반도와 일본열도 사이의 바다 명칭도 보통명사에서 고유명사로 발전했다. 그러나 그 과정에서 하나의 바다를 둘러싸고 한국, 일본, 서양이 각각 다른 지명을 부여하여 지역을 인식했다. 서양에서 발생한 지명은 국제사회와 일본에 수용되었고, 일본에 정착한 외래지명 일본해는 한국에 도입되어 한국인들에게 반감을 초래한 경우도 있었다. 그리하여 동일한 바다를 접하고 있는 한국과 일본에는 자신들이 사용하는 지명에

서로 다른 정체성이 형성되었다.

　한국에서는 기원전부터 한반도와 일본열도 사이의 바다를 동해東海로 불렀다. 그렇지만 지도에 동해가 표기되기 시작한 것은 조선 전기에 완성된 『신증동국여지승람』의 팔도총도(1530)가 최초이다. 그마저도 지도에는 동해가 바다에 기재되지 않고, 동해 바다에 제사를 지냈던 동해 신묘가 위치한 해안가에 표기되었다. 이후 조선 후기까지 지도에 동해 표기가 증가하지만, 상당수의 지도에는 이 바다를 단지 바다海, 큰 바다大海 등으로 표시되었다.

　일본에서는 720년에 완성된 역사서 『일본서기』에 일본해 발생의 근거가 되는 국호 일본日本이 최초로 등장한다. 고대부터 일본은 한국과 달리 한반도와 일본열도 사이의 바다를 당시 수도 교토京都의 북쪽에 위치해 있다고 북해北海로 불렀다. 20세기 초까지 북해는 책의 본문에서 빈번하게 기재되었고, 주민들이 오랫동안 사용하여 일본인들의 마음속에 살아 있었지만, 고지도에 북해가 표기되는 경우는 드물었다.

　한편 서양 고지도에는 16세기 후반부터 한반도와 일본열도 사이의 바다 명칭으로 만지해, 중국해, 일본해, 일본북해, 한국해, 한국만, 동양해, 동해, 타타르해, 병기 등 다양하게 나타난다. 18세기에는 한국해 표기가 가장 많은 비중을 차지하며, 18세기 말부터 탐험가와 일본 연구자 등 서양인들이 동아시아로 다수 진출함에 따라 일본해 표기가 증가하기 시작했다. 일본에서는 서양 고지도의 도입으로 19세기 전후부터 일본 고지도에 조선해, 일본해 등이 등장했으며, 후반으로 갈수록 일본해 표기가 증가했다.

　20세기 초에는 러일전쟁의 발발로 일본은 이 바다의 지정학적 중요성을 인식하게 되었다. 그 결과 1905년 5월 29일 일본 관보에는 일본해가 공식적으로 사용되어 일본에서 일본해 지명이 정착하게 되었다. 나아가 일본 제국주의는 1905년 11월 을사늑약 이후 서울에 통감부를 설치하여 한국을 감독했는데, 통감부의 관여로 편찬된 공립학교 교과서와 한국지도에 일본해가 자리를 잡았다. 이에 대한 반감으로 민간이 집필한 교과서에는 일본해 이외에 동해, 조선해, 대한해, 병기 등의 지명도 다수 사용되었고, 동해로 시작하는 애국가도 만들어져 불려졌다. 그러나 1910년 한일병합을 계기로 동해와 제3의 바다 명칭 등은 모두 자취를 감추고, 식민지 조선에서 외래지명 일본해가 공식적으로 사용되었다.

해방 이후 한국에서는 전통지명 동해가 자연스럽게 되살아났으며, 외래지명 일본해는 사라졌다. 반면 일본과 국제사회에서는 이 바다의 명칭으로 일본해가 변함없이 사용되었다. 결국 1991년 한국과 북한이 유엔에 동시 가입하고, 1992년 8월 뉴욕에서 개최된 제6차 유엔지명표준화회의에서 한국과 북한 대표는 국제사회에서 통용되고 있는 일본해 표기의 부당성을 제기함과 동시에 동해 표기의 정당성을 주장하였다. 이후 한일 간에 동해와 일본해 지명 논쟁과 분쟁이 지속되고 있다.

역사적 기원은 1906년 이후 한국에서 통감부에 의한 일본해 지명의 공고화 작업, 1910년 한일병합 이후 식민지 조선에서 조선총독부가 이 바다의 명칭을 일본해로 통일한 것, 그리고 1928년 국제수로국이 세계의 바다 명칭을 표준화하는 과정에서 이 바다의 명칭을 일본해Japan Sea로 확정한 것이다. 당시 한국의 의지와 무관하게 전횡적 부가성의 상치지명으로 일본해가 공식화되어 국제사회에 확산되었기 때문에 한일 간에 지명 문제는 잠재해 있었던 것이다.

한국에서 동해는 애국가 첫 구절에 나오듯이 대한제국이 망해가는 상황에서 애국심의 상징으로 사용되었으며, 일본이 주장하는 일본해는 러일전쟁의 승리를 연상하는 애국심의 상징이다. 한국과 일본은 애국심의 상징으로서 동해와 일본해에 각각의 정체성이 형성되어 자신들의 명칭에 애착을 갖는다. 따라서 양국은 자국에서 사용하고 있는 지명을 양보하거나 포기하는 것은 쉽지 않다.

독도 영유권

인간은 자신들의 구역 범위에서 생활하면서 먹이를 해결하고, 안식과 평안을 추구한다. 때로는 자신들의 구역을 확장하여 식량과 자원 등을 확보하고자 한다. 이 공간에 외부자가 함부로 들어오면 영토적 행동territorial behavior 및 할거territoriality가 예민하게 나타난다. 그 귀착점은 인간의 영역성human territoriality으로 동물의 본능적인 세력권 행동과 달리, 고도의 의도적인 행동이 표출된다.

한국과 일본 사이에 독도 영유권은 바다의 지명 표기 문제보다 훨씬 오래되었고, 그 양상도 다양하게 표출되었다. 동해의 남서에 위치한 작은 섬 독도를 인지하기 시작한 것은 한국이 일본보다 훨씬 빠르다. 왜냐하면 독도는 한국의 울릉도에서 육안으로 볼 수 있지만, 일본 북서의 오키제도에서는 날씨가 아무리 맑아도 볼 수 없기 때문이다. 이러한 이유로 한국에서는 고대부터 독도가 울릉도 주민들의 생활권에 속했지만, 일본에서는 그렇지 못했다.

사람들은 지리적 지식과 항해술이 발달하면서 더 넓은 바다로 나아가 무인도를 발견하여 항해의 중간 지점으로 삼거나 자신들의 영역으로 만들었다. 한국과 일본의 변방에 위치한 독도도 그러한 과정에서 발견되었으며, 결국에는 영역의 충돌을 피할 수 없었다. 한일 간에 독도를 둘러싼 최초의 갈등은 17세기 말에 발생한 안용복 사건이었다. 안용복과 박어둔은 일본의 어부들과 울릉도에서 영역 문제로 다투다가 일본에 연행되어 취조를 받고 귀국했다.

안용복 사건은 개인적으로 국경을 넘었지만, 국가 간의 문제로 확대되었다. 조선과 일본 정부는 울릉도를 둘러싼 영역 문제로 외교문서를 여러 차례에 걸쳐 교환했다. 결국 일본은 거리 관계 등을 고려하여 울릉도가 조선의 소속임을 명시적으로 인정했다. 그리고 독도는 울릉도와 분리할 수 없는 부속 도서라는 것을 묵시적으로 인정했다. 이후 일본은 안용복 사건을 계기로 제1차 울릉도도해금지령을 내렸고, 19세기 전반에도 불법으로 울릉도에 건너가는 사람들을 발견하여 그들을 처형하고, 제2차 울릉도도해금지령을 전국에 공포했다.

일본은 울릉도와 독도를 조선의 영토로 인정하여 도해 금지령을 내렸지만, 그럼에도 독도를 거쳐 울릉도를 도해하는 일본인들이 있었다. 19세기 후반 메이지 정부의 외무성과 국가최고기관 태정관은 울릉도와 독도를 조사하여 두 섬이 일본과 관련이 없음을 명확히 했다. 이러한 인식은 당시 일본에서 간행된 일본전도와 조선전도, 지리교과서와 지리부도 등에 나타난다.

그러나 20세기 초반 일본 제국주의는 러일전쟁이 발발하자 독도의 전략적 중요성을 자각하여 무주지선점론을 내세워 이 섬을 시마네현에 편입시켰다. 독도는 일본의 한반도 침탈의 첫 희생물이 되었던 것이다. 그럼에도 식민지 시기에 일본 정부가 간행한 울릉도라는 지도에 독도가 울릉도 소속으로 포함되어 있고, 민간에서 한국인이 완성한 경상북도관내도에 독도를 포함시켜 이 섬이 한국의 소속임을 명확히 했다.

제2차 세계대전 이후에는 독도가 한국의 영토가 되었지만, 일본은 이 섬을 차지하기 위해 안간힘을 다했다. 결국 미국의 중립으로 1951년 9월 샌프란시스코 강화조약에서는 독도의 귀속에 관한 문구가 생략되는 비극이 발생했다. 이를 계기로 한일 간에 현대의 독도 논쟁이 본격화되었다. 이후 독도 논쟁은 한동안 잠잠했지만, 일본의 독도 편입 100주년을 맞아 독도 이슈는 다시 부각되었다. 2005년 3월 일본 시마네현 의회가 이른바 다케시마의 날을 조례로 제정하고, 나아가 2008년 7월에는 『중학교 학습지도요령해설 사회편』 지리적 분야에 독도竹島를 명기하여 한국으로부터 거센 반발과 함께 정치적 갈등을 초래했다.

전후 일본이 독도 영유권을 주장하는 과정에서 한국은 독도가 자신들의 영역이라는 강한 신념이 있었기 때문에 단호하게 영토적 행동을 전개했다. 특히 해방 이후 현대 초기와 21세기 초에 일본이 독도를 도발함에 따라 한국은 미래 세대들에게 독도에 대한 인식 및 수호 의지를 육성하기 위해 초·중등학교에서 독도교육을 강화하는 정책을 펼쳤다.

2. 유사점과 상이점

동해 표기와 독도 영유권은 언론에서 자주 다루어지기 때문에 한국인이라면 누구나 알고 있는 국가적 이슈이다. 그러나 이들 이슈의 유사점과 상이점을 명확하게 구분할 수 있는 사람은 많지 않다. 각 이슈에 대한 성격과 상호 관련성을 파악하는 것은 앞으로 어떻게 대응하고, 나아가 국제사회에서 한국의 입장을 관철시키기 위해서 중요하다. 이들 이슈는 서로 유사점과 상이점이 공존하므로 개별적으로 뿐만 아니라 연관성을 갖고 이해하는 것이 바람직하다.

동해 표기와 독도 영유권의 유사점은 역사적 배경, 상호 연관성, 지명 표기 등이다. 첫째, 역사적 배경은 일본 제국주의의 확장에 따른 한국의 식민지 지배와 관련이 있다. 20세기 초반 러일전쟁을 계기로 일본에서는 지정학적 중요성을 인식하여 일본해라는 바다 지명이 정착했다. 을사늑약 이후에는 일본해 명칭이 한국에서 통감부의 관여로 적극 사용되었으며, 1910년 한일병합을 계기로 이 바다는 조선총독부에 의해 일본해로 통일되었다가 해방 이후 사라지고 동해 지명이 되살아났다. 독도도 러일전쟁 기간에 전략적 중요성으로 일본에 편입된 이래 해방 이후 한국의 영토로 회복되었다.

둘째, 상호 연관성은 영토로서 독도와 그것이 위치한 바다의 명칭은 국민적 감정으로 연결된다는 것이다. 예컨대 한국인은 독도가 위치한 일본해, 일본해에 있는 독도, 한국의 동단 일본해, 새해 아침 해가 가장 먼저 떠오르는 일본해 등의 표현은 어느 누구도 원하지 않고 거부감을 갖기 때문에 돌발 행동으로 이어질 수 있다. 이와 같이 동해 바다와 독도는 항상 함께 하기 때문에 다른 명칭으로 대치되거나 분리될 수 없는 특성을 갖는다.

셋째, 동해 이외에 독도라는 지명 표기도 중요하다. 한국은 한반도와 일본열도 사이의 바다를 오랫동안 동해로 불러왔지만, 일본과 세계 여러 나라는 일본해로 부르고 있다. 그동안 한국 정부는 국제사회의 지도에 이 바다의 명칭으로 동해East Sea가 표기되도록 노력해 왔다. 독도도 일본에서는 다케시마竹島, 세계 여러 나라의 지도에는 리앙쿠르 락스Liancourt Rocks로 기재된 곳이 적지 않다. 이 섬은 현재 한국이 영토 주권을 행사하고 있다. 따라서 국제사회의 지도에 동해 지명의 회복과 함께 독도가 로마자 Dokdo로 표기되도록 노력을 병행해야 한다.

한편 동해 표기와 독도 영유권은 논쟁 및 분쟁의 제기, 문제 해결을 위한 국제사회의

기구, 해결 가능성 등에 상이점이 존재한다. 첫째, 동해와 독도 이슈는 논쟁 및 분쟁을 일으키는 주체가 서로 다르다. 바다 명칭 표기에 대해서 일본은 일본해가 19세기 초반 구미 사람들에 의해 확립된 유일한 호칭이므로 일본해 단독 표기를 고수하고 있다. 그러나 한국은 일본해 명칭이 국제적으로 확립되었다는 일본의 주장은 사실과 다르다는 입장이며, 동해/일본해 병기를 주장하면서 지명 분쟁을 적극적으로 일으킨다. 반면 독도 영유권에 대해서 한국은 영토 주권을 행사하고, 현재의 상태를 유지하면서 분쟁이 없다는 소극적 입장이다. 그러나 일본은 도발을 일으켜 독도를 분쟁 지역으로 부각시켜, 이 문제를 국제사법재판소에서 해결하겠다는 적극적 입장을 취한다.

둘째, 문제 해결을 위한 국제사회의 기구가 서로 다르다. 동해와 일본해는 지명 표기의 문제로서 현재 국제수로기구(IHO)가 담당하고 있다. 그리고 유엔지명표준화회의도 지명 분쟁이 발생할 경우 당사국의 협의를 통해 해결 방안을 모색하며, 합의가 어려울 경우 분쟁 지명을 병기하는 방안을 권고하고 있다. 그러나 독도 영유권은 국제기구와 관련이 없으며, 국제사법재판소의 판결을 통해 해결이 가능하다. 그런데 양국이 제소에 함께 동의하지 않으면, 국제사법재판소를 통한 해결은 어렵다. 이처럼 독도는 영유권의 문제이므로 국제법과 밀접한 관련이 있지만, 동해 표기는 지명의 문제이므로 국제법과 크게 관련이 없다.

셋째, 향후 문제 해결의 가능성도 서로 다르다. 동해와 일본해 지명 표기 문제는 해결의 가능성이 없지 않다. 양국이 이 바다를 어떤 명칭으로 표기할 것인가를 합의하면 쉽게 해결이 되겠지만, 일본은 한국의 요구에 응하지 않는다. 현재 국제사회의 지도에 동해/일본해 병기 비율은 높지 않지만, 과반을 훨씬 초과하면 일본도 대세를 실감할 것이다. 반면 독도 영유권은 해결의 가능성이 거의 없다. 한국은 현재의 상태로 독도에 대한 영토 주권을 행사하겠다는 입장이지만, 일본은 기회를 만들어 주기적으로 독도를 적극적으로 도발할 것이다.

동해 표기와 독도 영유권은 모두 우리에게 중요한 문제로 어느 하나도 결코 소홀히 할 수 없다. 이들 이슈는 하나를 양보하고 하나를 지키는 방식으로 결코 타협의 대상이 될 수 없으며, 한국의 주장을 관철시켜야 하는 성격의 과제이다. 이처럼 이들 문제의 성격과 배경은 서로 다르기 때문에 문제를 다루는 대응 방법은 차이가 있을 수밖에 없다. 동해 표기는 우리의 모든 역량을 다해 적극적으로 세계의 지도제작사들을 설득하여 동해/일본해 병기를 확대하는 전략이 필요하다. 반면 한국이 영토 주권을 행사하고 있는 독도는 스스로 문제를 만들 필요가 없다.

동해 지명의 역사

한반도와 일본열도 사이의 바다 명칭과 관련하여 한국은 오랫동안 이 바다를 동해로 불러 왔다. 그러나 일본과 국제사회는 이 바다를 일본해로 부르고 있으며, 최근에는 동해/일본해 병기 비율이 증가하는 추세이다. 동해와 일본해 표기를 둘러싸고 한국과 일본은 국내외에서 논쟁과 분쟁을 벌이기도 한다. 그 원인을 파악하기 위해서는 이들 지명의 역사를 살펴볼 필요가 있다. 이 장에서는 한국에서 전통지명 동해의 발생, 일본에서 전통지명 북해의 발생과 외래지명 도입, 서양에서 발생한 다양한 외래지명, 근대 한국에서 일제 통감부에 의한 일본해 지명의 공고화와 한국인의 대응, 해방 이후 국제사회에서 한국의 동해 지명 찾기 운동 등을 살펴봄으로써 각 지명의 정체성을 이해할 수 있다.

1. 한국의 전통지명 동해

동해 지명의 발생

한국에서 동해 지명은 광개토대왕 비문을 비롯하여 『삼국사기』, 『고려사』, 『세종실록지리지』, 『신증동국여지승람』 등의 고문헌에서 확인할 수 있다. 최초의 기록은 기원전 59년 『삼국사기』 고구려본기 동명성왕 조에 나타난다. 그 내용은 "재상 아란불阿蘭弗이 말하기를, 장차 나의 자손으로 하여금 이곳에 나라를 세우게 할 것이다. 너희는 그곳을 피하라. 동해東海 물가에 땅이 있는데 이름이 가섭원迦葉原이라 하고 토양이 기름져 오곡五穀이 자라기에 알맞으니 도읍할 만하다고 하였다"라는 부분이다.

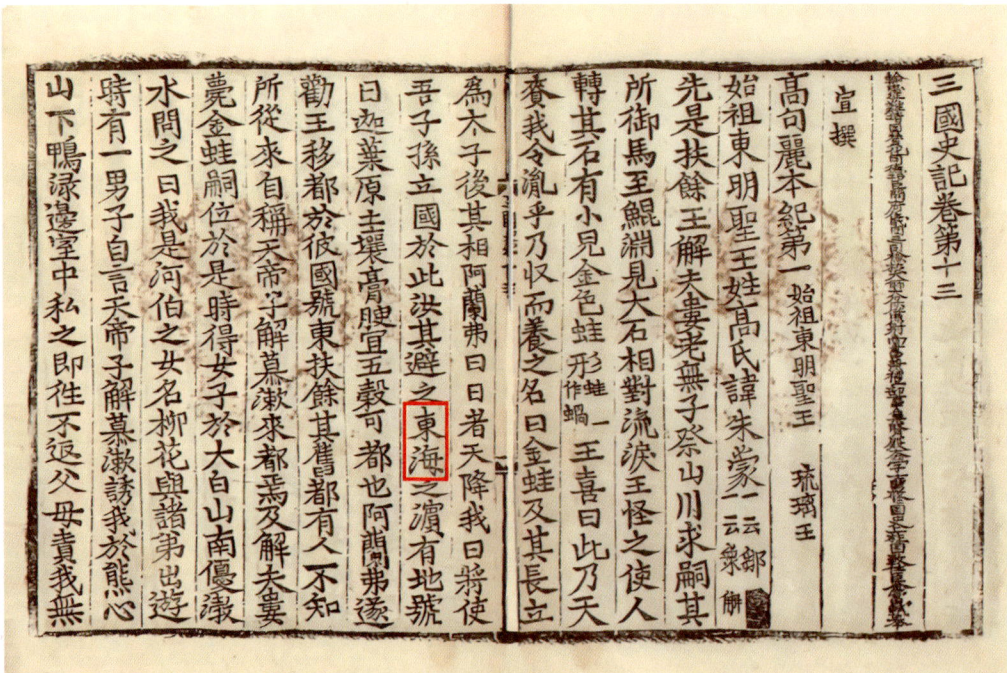

『삼국사기』 고구려본기의 동해

여기에서 가섭원이라는 곳은 역사학계에서 중국 지린성의 훈춘이라는 설과 강원도 강릉이라는 설이 있었는데, 현재는 두만강 하류의 훈춘으로 비정되고 있다. 훈춘은 연변조선족자치주의 동부에 위치한 도시로 중국, 북한, 러시아 등 삼국의 경계에 위치한다. 당시 한국인들은 훈춘을 중심으로 대륙의 동쪽 바다를 동해로 불렀던 것이다. 이 기록에서 알 수 있듯이 동해는 한국에서 2천 년 이상 사용된 지명으로 한민족의 정서가 내포되어 있다.

그 외에도 『삼국사기』에는 동해 지명이 곳곳에 나타난다. 예컨대 고구려본기 47년, 신라본기 256년, 신라본기 416년의 기사는 고래와 관련하여 동해가 기재되었다. 기술 내용은 동해 바다에서 고래를 잡아 바쳤다는 내용, 큰 고래의 크기, 고래의 형상과 많이 잡았다는 내용 등이다. 송창식의 노래 '고래사냥'과 같이 『삼국사기』에 나타나는 동해는 예나 지금이나 고래의 주산지로서 자주 언급된다.

동해 지명은 고문헌 이외에 금석문에도 등장한다. 대표적 사례로서 고구려의 장수왕은 부왕의 업적을 칭송하기 위해 중국 지린성에 광개토대왕릉비를 건립했다. 이 비석은 높이 6m가 넘는 거대한 크기에 사면에는 고구려의 건국 역사, 부왕의 업적, 수묘제에 대한 정비 등 1,775개의 글자가 새겨져 있다. 비석의 글귀에는 묘지를 안전하게 지키고 보호하는 수묘인의 출신지와 관련하여 동해고東海賈가 나온다. 동해고는 고구려의 왕도에서 보아 동방의 해안지방에 거주하면서 활동했던 상고商賈라는 장사꾼 집단으로 추정된다.

광개토대왕비문(414)의 동해

고지도에 나타나는 동해

동해 지명은 고문헌 이외에 고지도에도 표시되었다. 그러나 고지도의 동해 표기는 고문헌보다 시기적으로 늦게 나타나며, 다수의 고지도에 바다 명칭이 제외되었다. 1402년 한국 최초의 고지도 혼일강리역대국도지도를 비롯하여 조선 후기에 간행된 정상기의 동국지도, 김정호의 대동여지도에는 바다에 아무런 명칭을 표기하지 않았다. 그 이유는 서양과 달리 동양에서는 지도에 바다 명칭을 표기하는 풍습이 없었기 때문이다.

동해 지명이 표기된 최초의 고지도는 『신증동국여지승람』(1530)에 수록된 팔도총도이다. 이 지도에는 국가의 기밀을 지키기 위해 누구나 알 수 있는 주요 산과 하천, 섬, 도道와 바다의 명칭 등 간단한 정보만이 수록되었다. 제작자는 지도에 동해 지명을 처음 나타냈지만, 바다가 아닌 동해신을 제사하는 강원도 양양의 해안가에 동해東海라고 표기했다. 바다신에 제사를 지내는 서해는 황해도 풍천, 남해는 전라도 영암에 각각 기재되었다. 현재에도 양양군은 매년 1월 1일과 해수욕장을 개장하는 7월 10일에 동해 신묘에서 지역의 안녕과 발전을 위해 동해 바다에 제사를 지낸다.

조선 후기에는 고지도에 바다 지명을 표기하는 사례가 많아졌다. 그 계기는 중국에서 들여온 한역 서양지도 이후로 추정된다. 즉 1602년 마테오 리치Matteo Ricci가 베이징에 머물면서 완성한 곤여만국전도가 1603년 조선에 전래되었다. 이 지도는 현전하지 않지만, 1708년 당대의 명화가 김진녀가 곤여만국전도를 모사한 것이 현재 서울대 박물관에 소장되어 있다. 지도에는 동해 해역의 지명으로 곤여만국전도 원본에 표기된 일본해日本海가 동일하게 기재되었지만, 후대의 지명 표기에 영향을 주지 못했다.

현전하는 한국의 고지도는 대부분 17세기 이후에 제작된 것으로 조선 후기까지 간행된 고지도의 바다 명칭을 유형별로 분류하면 다양하다. 그것은 바다에 지명을 표기하지 않은 지도, 바다가 있는 여백에 동東이나 묘卯 등 동쪽을 나타내는 방위 지명만을 기록한 경우, 동해 바다에 대해大海, 바다海, 동저대해東抵大海, 동접대해東接大海, 동대해東大海 등으로 기록한 지도, 바다에 동해東海로 표기한 지도, 바다가 아닌

『신증동국여지승람』 팔도총도(1530)의 동해

육지에 동해東海로 표기한 지도, 대한해大韓海로 표기한 지도, 일본해日本海로 표기한 지도, 그리고 창해滄海와 동양해東洋海로 표기한 지도 등이다.

  이들 가운데 지도에 바다 명칭을 표기하지 않거나 단지 큰 바다大海로 표기한 지도가 가장 많다. 이는 당시 바다의 명칭을 지도에 표기할 필요성을 느끼지 못했거나 바다의 명칭을 표기하는 전통이 없었기 때문이다. 동해 지명은 세계지도, 조선전도, 도별지도, 군현지도, 관방지도 등 여러 종류의 지도에 나타난다. 동해 지명을 표기한 지도들은 대부분 관찬지도 또는 관찬지도를 저본으로 필사한 것이다. 군현지도에는 동해를 접하고 있는 경상도, 강원도, 함경도 등의 지도에 동해, 동저대해, 대해, 바다海, 대양 등의 표기가 보이며, 후대로 내려오면서 동해로 표기한 지도의 비율이 증가한다.

이와 같이 한국은 고대부터 조선 후기까지 이 바다를 오랫동안 동해로 호칭해 왔다. 그러나 조선은 1876년 일본과 강화도조약의 체결로 문호를 개방하면서 역사성이 강한 동해 지명은 외래지명 일본해, 그리고 제3의 지명과 함께 혼용되었다. 근대 한국에서는 개화 문명의 시기에 동양과 서구의 문물을 접하면서 외래지명 일본해가 도입되어 사용되었다. 그렇지만 1904년의 러일전쟁과 을사늑약 이후 한국에서는 저항적 민족주의로 말미암아 일본해 명칭은 정착하는 방향으로 전개되지 않았다.

2. 일본의 전통지명과 외래지명

전통지명 북해의 발생

일본에서는 오랜 옛날부터 육지와 달리 바다에 고유명사 지명을 부여하는 풍습이 없었기 때문에 해역의 스케일에 관계없이 단지 바다 또는 큰 바다로 호칭했다. 일본에서 720년에 완성된 최고最古의 역사서 『일본서기』에는 한반도와 일본열도 사이의 바다 명칭과 관련된 내용이 곳곳에 기술되어 있다.

국지적 바다 명칭으로 니가타 중심의 앞바다를 코시의 바다, 시마네현의 앞바다를 가리키는 이와미의 바다가 등장한다. 이들은 각 지역의 앞바다를 가리킨다. 반면 광역의 바다로서 북해北海가 나오는데, 이는 교토의 북쪽에 위치해서 부여된 명칭이다. 게다가 일본해 발생의 근거가 되는 국호 일본日本이 역사서에 최초로 나온다. 일본이라는 지명에는 중국 대륙에서 보아 동쪽 끝, 즉 해가 뜨는 나라라는 의미가 담겨 있다. 국호 일본과 북해는 한국의 동해보다 700년 늦게 발생한 지명이다.

일본인들은 고대부터 전통지명 북해를 오랫동안 사용했지만, 이 명칭은 메이지 후기까지 고지도에 좀처럼 표기되지 않았다. 일본 고지도에는 서양 고지도의 영향으로 외래지명 조선해와 일본해가 주로 기재되었다. 그러나 북해는 여전히 혼슈 북쪽 바다와 면한 지역의 지리지, 고문헌, 공문서, 언론 기사 등에 자주 사용되었다. 그리하여 일본에서 북해는 20세기 초까지 일본인들의 마음속에 살아 있었다.

19세기 전후에 등장한 외래지명

일본에서 동해 해역에 바다 지명이 표기된 최초의 고지도는 18세기 말부터 간행되기 시작했다. 시바 고칸司馬江漢이 1793년에 완성한 지구전도는 난학 계통의 지도로 한반도와 일본열도 사이에 일본내해日本內海, 일본열도 남동의 태평양에 일본동해日本東海, 현재의 동중국해에 지나해支那海로 각각 표기되었다.

지구전도(1793)의 일본내해

1794년 『북사문략北槎聞略』의 아세아전도에는 조선해朝鮮海가 최초로 등장한다. 이 책은 일본의 운수 선박이 강한 폭풍으로 캄차카에 표착한 이래 선원 일행이 러시아에 10년 가까이 머물다가 귀국하면서 그들이 가져온 러시아 자료와 체험 및 견문에 근거하여 의사였던 가쓰라가와 호슈桂川甫周가 저술한 러시아 관련 내용으로 러시아에서 가져온 10장의 사본 및 번역 지도가 수록되어 있다. 그 가운데 황조여지전도에는 러시아어로 고려해가 적혀 있고, 아세아전도에는 한반도 동해안을 따라 조선해朝鮮海가 표기되었다.

19세기에 들어 일본 고지도에 일본해 명칭이 등장하기 시작했다. 세계에서 최초로 동해 해역에 일본해가 표기된 마테오 리치의 곤여만국전도는 1602년 중국 베이징에서 제작되어 다음 해에 조선과 일본에도 전해졌다. 그러나 이후 200년 동안 일본의 지도

『북사문략』 아세아전도(1794)의 조선해

제작자들에게 일본해 표기는 계승되지 않았다. 마침내 일본에서는 1802년에 곤여만국전도 계통의 여러 고지도에 최초로 일본해가 표기되었는데, 이나가키 시센稲垣子戩의 곤여전도가 대표적이다. 이 지도는 소형으로 제작되었지만, 내용은 원도 곤여만국전도와 유사하다. 동아시아 바다 명칭은 동해 해역에 일본해日本海, 동중국해에 대명해大明海, 그리고 일본열도 동쪽 태평양에 소동양小東洋이 표기되었다.

19세기 초반 관찬 지도의 제작과 조선해

18세기 말부터 일본은 동해 해역에서 서양인들의 탐사와 외국 선박의 잦은 출몰, 그리고 쿠릴열도를 남하하는 러시아로부터 위협을 느꼈다. 이러한 상황에서 일본은

신정만국전도(1810)의 조선해

19세기에 들어와 세계의 정세를 파악하고자 천문방 다카하시 가게야스高橋景保에게 지도를 제작하도록 명령을 내렸다. 그는 가능한 동서양의 지리적 정보를 다수 수집하여 1809년에 일본변계약도, 1810년에 신정만국전도를 완성했다. 다카하시 가게야스가 완성한 이들 지도의 형상과 내용은 당시 동서양을 막론하고 최고의 역작이었다.

지도에 바다 명칭은 모두 한반도 동쪽 바다에 조선해朝鮮海가 표기되었으며, 신정만국전도에는 일본열도 동쪽 태평양에 일본에서 최초로 대일본해大日本海가 기재되었다. 일본열도 동쪽 태평양 연안을 일본해로 표기하면서 대大를 붙인 것은 강한 국가의식과 함께 일본적인 입장을 취한 것이다. 일본이 관찬 지도에 한반도와 일본열도 사이의 바다 명칭으로 조선해를 채택함에 따라 그 영향은 이후 40년 이상 지속되었다. 민간이 만든 지도에 조선해 표기는 증가한 반면, 일본해 표기는 소수에 불과했다.

19세기 중반 관찬 지도의 중정과 일본해

일본은 1854년에 미일화친조약, 1855년에 러일화친조약을 체결하여 종래의 쇄국정책에서 개국정책으로 전환했다. 관민을 불구하고 많은 사람들이 세계로 눈을 돌리는 시기에 관찬 신정만국전도는 40년 이상 경과했기 때문에 시대에 부합하는 새로운 세계지도의 제작이 필요했다. 일본 정부는 이 임무를 천문방 야마지 유키타카山路諧孝에게 맡겨 1855년에 중정만국전도를 편찬했다. 지도의 크기나 형식은 관찬 신정만국전도를 모방했으며, 새로운 지명이 보완되었다.

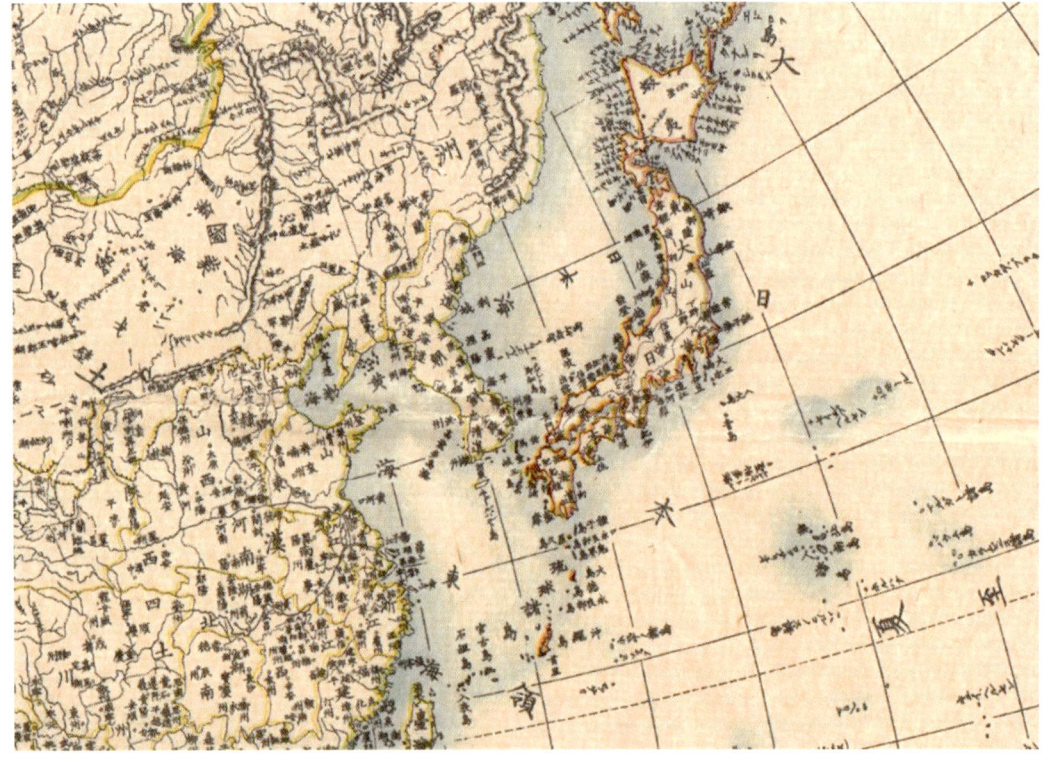

중정만국전도(1855)의 일본해

한반도와 일본열도 주변의 바다 명칭과 관련하여 1855년의 중정만국전도는 1810년의 신정만국전도에 비해 큰 변화가 있었다. 중정만국전도에는 신정만국전도에 표기되었던 한반도 동쪽 바다의 조선해와 일본열도 동쪽 바다의 대일본해가 모두 삭제되었다. 중정만국전도에는 한반도와 일본열도 중앙에 일본해가 새롭게 표시되었고, 일본열도 동쪽 바다에는 대일본해 대신 대일본령이 기재되었다. 19세기 중반 관찬의 세계전도에 일본해 명칭이 자리잡은 것이다.

그 영향으로 이후 민간이 만든 지도에 일본해 표기는 점차 증가했으며, 반대로 조선해 표기는 계속 감소했다. 비록 1860년대 후반에 에도 막부 말기와 메이지 시기가 되었지만, 여전히 동해 해역에는 종래와 같이 조선해 또는 여러 유형이 병기된 지도(조선해/북대양, 조선해/일본서해, 조선해/대일본해, 조선해/일본해, 동조선해/일본해 등), 아무런 지명을 표기하지 않은 지도가 나타나는 것으로 보아 일본에서 일본해 명칭은 19세기 후반까지 정착하지 않았다.

3. 서양에서 발생한 다양한 외래지명

16세기 후반 지명의 발생

13세기에 이탈리아의 여행가 마르코 폴로Marco Polo는 중국에 머물면서 보고 들은 내용을 바탕으로 여행기를 간행했다. 이 책은 『동방견문록』으로 본문에 중국 관련 내용이 비교적 풍부하며, 일본은 황금의 섬으로 기술되었지만, 조선은 구체적으로 언급되지 않았다. 그 결과 서양인들에게 조선은 잘 알려지지 않았으며, 16세기 후반 서양 고지도에 한반도 관련 내용이 없거나 있더라도 부정확하다.

서양인들에게 동아시아는 오랫동안 미지의 세계였기 때문에 그들이 만든 지도에 한반도와 일본열도 사이의 바다 명칭도 늦게 표기되었다. 서양 고지도에 동해 해역의

아시아지도(1561)의 만지해

명칭은 16세기 후반에 만지해, 중국해 등 중국 관련 지명이 소수 기재되었고, 대다수는 아무런 표시가 없다. 서양 고지도에 한국 관련 바다 명칭이 없는 것은 여전히 서양인들이 한국의 지리적 정보를 접할 수 없었기 때문이다.

　서양 고지도에 동해 해역의 바다 명칭이 최초로 표기된 것은 이탈리아의 가스탈디 Giacomo Gastaldi가 1561년에 완성한 아시아지도이다. 이 지도에는 중국 전체와 일본 남단이 일부 나타나지만, 조선은 지리적 정보의 한계로 제외되었다. 현재 동해를 포함하는 중국과 일본 사이의 바다에는 만지해MER DE MANGI가 표기되었다. 만지는 마르코 폴로의 『동방견문록』에 나오는 화남지방의 만쯔蠻子라는 방언에 유래하는 지역 명칭이다. 유사한 사례로 오르텔리우스의 동인도와 근린 도서도에는 조선이 생략된 중국과 일본 사이의 바다 명칭이 중국해Mare Cin로 표기되었다.

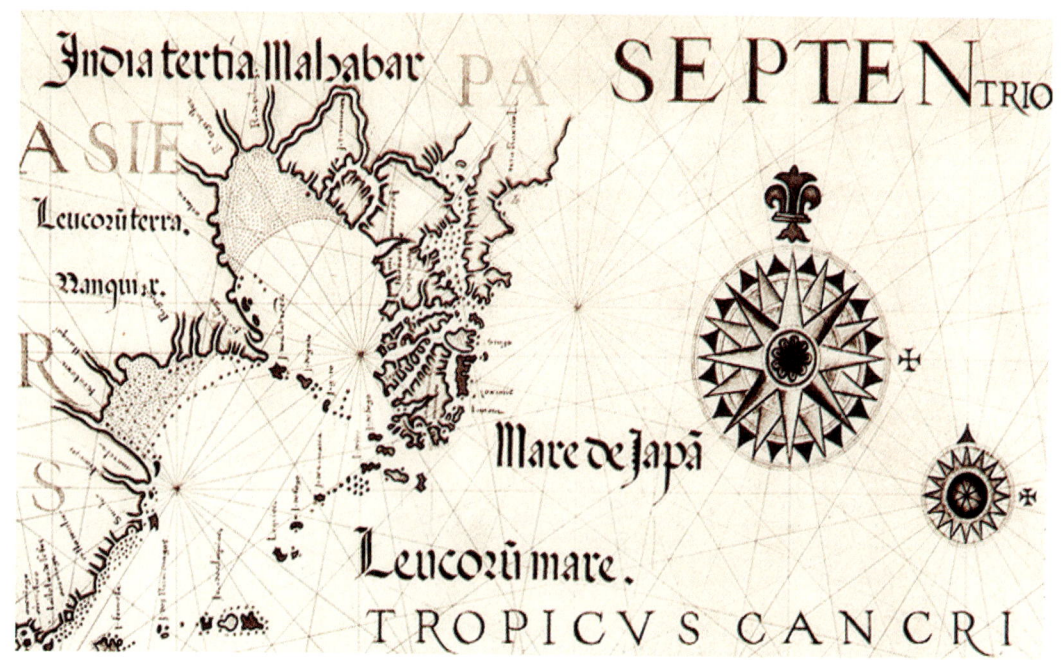

동아시아(1568)의 일본해

　　서양 고지도에서 최초의 일본해 지명은 포르투갈의 디에고 호멤Diogo Homem이 1568년에 완성한 동아시아에 나타난다. 지도에 동아시아의 형상은 전반적으로 부정확하며, 조선은 대륙의 북서에서 남동을 향해 삼각형 모양으로 돌출해 있다. 현재의 동해 해역에는 바다 명칭 표기가 없으며, 일본열도의 남동쪽 바다에 일본해Mare de Japã가 기재되었다. 비록 이 지명은 한반도와 일본열도 사이의 바다에 표기된 것이 아니지만, 세계에서 최초로 일본해가 발생했다는 점에서 주목할 만하다. 일본해는 일본이라는 국호를 사용한 바다 명칭으로 일본에 대한 지리적 정보는 마르코 폴로의 『동방견문록』에 구체적으로 기술되어 있다.

17세기 이후의 다양한 지명

17세기 이후에 간행된 서양의 고지도에는 여전히 한반도와 일본열도 사이에 바다 명칭을 표기하지 않은 경우가 다수를 차지한다. 지도에 지명의 무표기가 많다는 것은 당시 서양인들이 이 바다를 특정한 해역으로 인식하지 않았다는 것을 가리킨다. 시간이 경과하면서 서양 고지도에는 여러 유형의 지명이 등장한다. 서양인들은 동해 해역의 지명을 지도에 표기하는 과정에서 주요 지역 및 국가의 명칭이나 지형 및 방위 등을 고려했다.

서양 고지도에 동해 해역의 명칭으로 17세기는 중국해, 18세기는 한국해, 19세기 이후에는 일본해 표기가 많은 편이다. 동아시아에 대한 지리적 정보가 축적됨에 따라 동해 해역의 명칭은 종래 중국 중심에서 조선 및 일본 관련 명칭을 표기하는 비중이 점차 증가했다. 한국해와 일본해는 모두 국호를 사용한 것으로 17세기 초에 발생했으며, 주요 지도의 특징과 영향은 다음과 같다.

먼저 세계에서 최초로 한반도와 일본열도 사이의 바다에 일본해가 표기된 곤여만국전도이다. 이 지도는 예수회 선교사 마테오 리치가 중국 베이징北京에서 포교를 위해 서양 문화가 우수하다는 것을 드러내기 위해 1602년에 완성한 것이다. 지도에는 한반도와 일본열도 사이의 바다에 한자로 일본해日本海가 표기되었다. 곤여만국전도는 여러 지도가 만들어져 로마 법왕청을 비롯하여 한국, 일본 등에 전해졌지만, 이 지도에 표기된 일본해 명칭은 서양과 동양에서 거의 수용되지 않았다. 그것은 서양의 경우 지도에 모든 지명이 한자로 기재되어 해독에 한계가 있었고, 또한 169cm×380cm라는 대형의 세계지도로 만들어져 보급에 어려움이 있었다. 그리고 당시 동양에서는 넓은 해역에 바다 명칭을 부여하는 풍습이 없었기 때문이다.

반면 세계에서 최초로 한반도와 일본열도 사이에 한국해가 표기된 고지도는 1615년 포르투갈의 고딩뉴 에레이다가 완성한 아시아지도이다. 이 지도는 한반도 우측에 한국해MAR CORIA, 일본열도 우측에 일본해MAR IAPAN, 그리고 중국 우측 바다에 중국해MAR

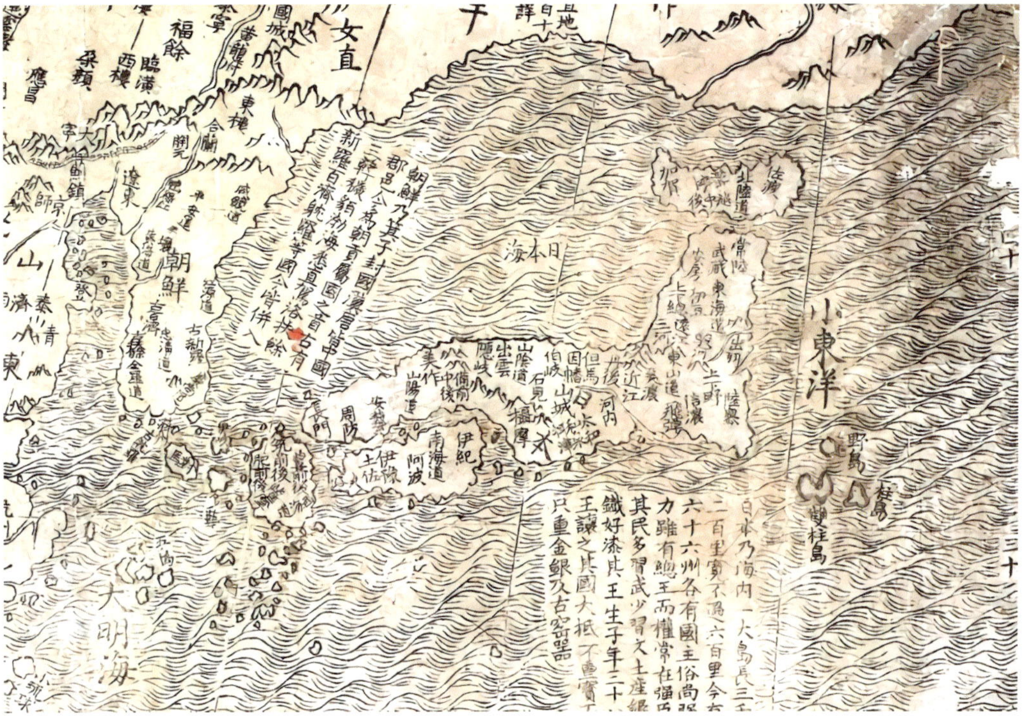

곤여만국전도(1602)의 일본해

아시아지도(1615)의 한국해

CHINA가 각각 표기되었다. 제작자는 동아시아의 한국, 일본, 중국 등 국가 명칭을 사용하여 각 국가의 우측 바다에 명칭을 기재했던 것이다. 서양의 고지도에서 한국해가 중국해, 일본해에 비해 늦게 등장하는 것은 조선이 이들 나라에 비해 서양에 잘 알려지지 않았기 때문이다. 게다가 이 지도에서 사할린은 섬이 아닌, 유라시아 대륙과 붙어 서양인에게 여전히 미지의 세계로 존재했다. 고딩뉴의 지도에 세계 최초로 한국해가 표시됨에 따라 이후 서양 고지도에서 한국해 표기는 점차 증가하게 되었다.

19세기 이후 일본해 지명의 확산

서양 고지도에는 18세기까지 한반도와 일본열도 사이의 바다 명칭으로 한국해가 가장 많은 비중을 차지하며, 여전히 아무런 명칭을 표기하지 않은 것도 다수 존재한다. 그 외에 일본해, 중국해, 동양해, 동해, 일본북해, 한국만, 타타르해, 그리고 병기 지명으로 동해/한국해, 동양해/한국해, 한국해/일본해 등이 나타난다.

그러나 18세기 말부터 19세기 전반에 걸쳐 항해자, 탐험가, 일본 연구자 등 다수의 서양인이 동아시아로 진출하면서 그들이 제작한 세계지도의 동해 해역에 일본해 지명이 표기되고, 나아가 지도제작자 및 국제사회에 일본해 지명이 널리 확산되었다. 여기에 결정적 역할을 한 인물은 탐험가인 프랑스의 라페루즈와 러시아의 크루젠슈테른, 그리고 일본을 방문했던 독일인 지볼트 등이 유명하다. 특히 프랑스의 라페루즈는 서양에서 일본해가 확산하는 데 결정적 역할을 했다.

라페루즈는 프랑스 루이Louis 16세의 명령으로 1785년 8월 5일 부솔La Boussole과 아스트롤라베L'Astrolabe 두 척의 선박을 인솔하여 브레타뉴 반도의 브레스트 군항에서 세계 항해에 나섰다. 총 114명의 일행 가운데 과학적인 학술 조사를 위해 각 분야의 저명한 전문가가 다수 승선했다. 이 탐험은 프랑스 정부의 지원을 받은 과학적인 학술 조사였기 때문에 그 성과물은 절대적으로 신뢰를 받았다. 항해 보고서는 프랑스 혁명회의 결의에 따라 1797년 파리에서 『라페루즈의 세계항해기』로 간행되었다. 이 책의

서양 고지도에 표기된 동해 해역의 다양한 지명

향해 지도에 수록된 중국해와 타타르해 탐사도에는 한반도와 일본열도 사이에 일본해 MER DU JAPON가 단독으로 표기되었다.

이후 『라페루즈의 세계항해기』는 유럽 각국의 언어로 번역 간행되어 널리 보급되었다. 그리하여 서양에서는 19세기 초반부터 한반도와 일본열도 사이의 바다 명칭으로 일본해가 유럽의 지도제작자, 탐험가, 연구자들에게 수용되어 이전의 한국해를 대신하여 서구 사회에 널리 확산되었다.

이와 관련하여 일본 외무성은 18세기까지 구미의 고지도에는 일본해 이외에 조선해, 동양해, 중국해 등 여러 명칭이 사용되었으나, 19세기 초반부터 일본해가 다른 명칭에 비해 압도적으로 많이 사용된 사실이 확인되므로 일본해는 19세기 초에 구미 사람들에

제2해도 중국해와 타타르해 탐사도(1797)의 일본해

의해 확립되었다고 주장한다. 한국과 일본은 미국, 영국, 프랑스, 독일, 러시아 등의 주요 도서관에 소장된 서양의 고지도를 각각 조사했다. 일본 외무성은 가장 많이 소장하고 있는 미국 의회도서관의 서양 고지도를 조사했는데, 통계에서 확인할 수 있듯이 18세기까지 서양의 고지도에는 무표기와 기타 명칭이 다수를 차지한다. 19세기 이후에 일본해 표기가 확산하여 증가했지만, 여전히 무표기와 기타 지명이 나타나는 것으로 보아 일본 외무성의 주장처럼 20세기 이전에 서구 사회에서 일본해가 정착한 것은 아니다.

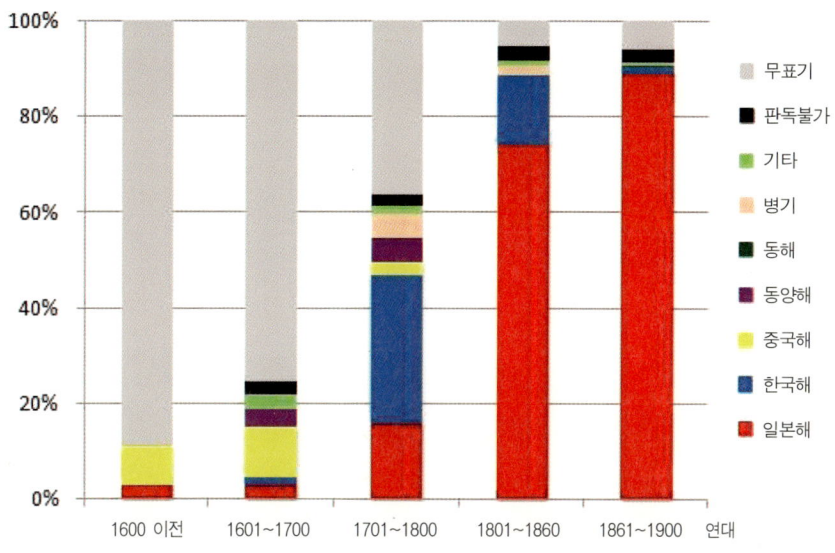

미국 의회도서관 소장 서양 고지도의 동해 해역 명칭 표기의 연대별 추이

4. 근대 한국에서 일본해와 동해

일본에서 일본해 지명의 정착과 영향

일본인들은 고대부터 20세기 초까지 한반도와 일본열도 사이의 바다를 북해北海로 호칭했다. 그러나 일본의 고지도에는 19세기 전후부터 서양 고지도의 영향으로 외래지명 조선해와 일본해가 도입되어 표기되었지만, 전통지명 북해가 기재되는 경우는 드물었다. 이 바다는 고지도를 제외한 고문헌과 지리지, 일상에서 북해로 불리다가 20세기 초에 일본해로 통일되었다.

일본에서 일본해가 정착하게 된 결정적 계기는 1905년 5월 27~28일 동해 해상에서

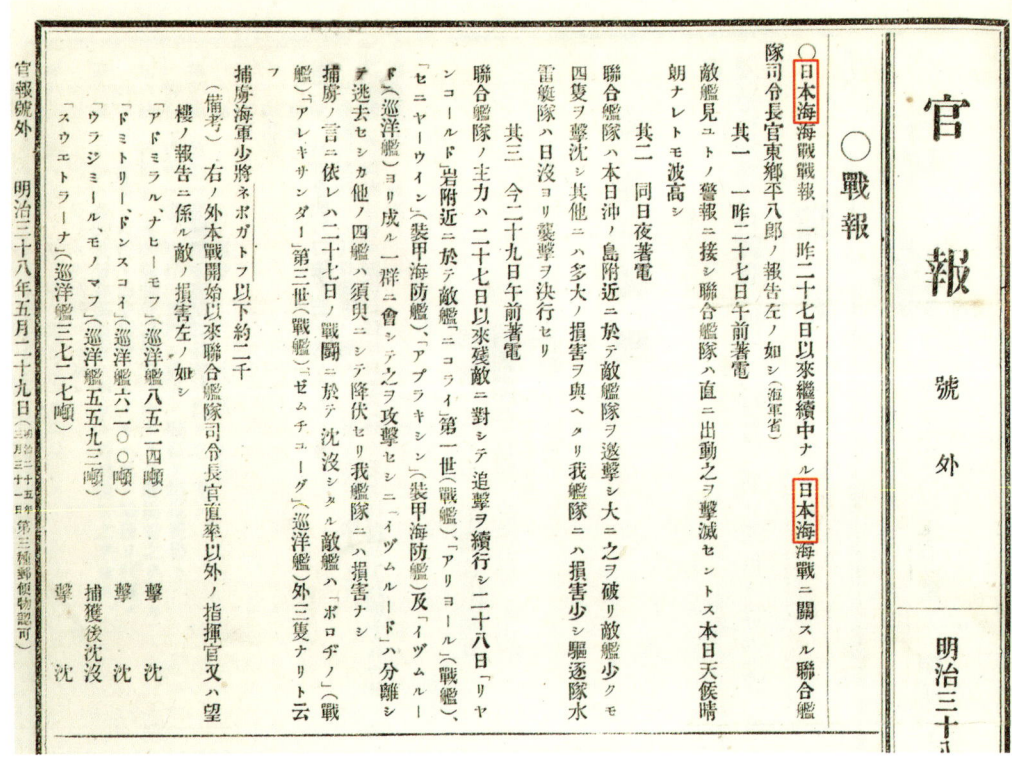

일본 관보(1905.5.29)의 일본해해전 전보

러시아와 벌인 일본해해전이다. 언론은 이 전쟁을 초기에 쓰시마해전, 조선해협해전 등으로 보도했지만, 대본영大本營은 도고 헤이하치로東鄕平八郞의 이름으로 일본해해전으로 명명하였다. 일본의 관보官報에는 5월 29일부터 일본해해전 전보라는 제목을 사용하여 일본이 러시아 함대를 격파하고 침몰시켰다는 내용이 실렸다. 국가에서 발행하는 관보에 최초로 일본해가 명기됨에 따라 마침내 일본에서 일본해 지명은 정착하게 되었다.

이 해전의 승리를 계기로 일본해 명칭을 이전과는 달리 영해의 의미로 사용할 것을 주장하는 사람들도 등장했다. 일본 정부는 이 시기부터 일본의 바다화, 즉 이 바다를 그들의 세력 아래에 두고 장악하려고 했다. 당시 일본 제국주의는 한반도, 일본열도, 러시아 연해주로 둘러싸인 바다 명칭과 관련하여 일본해 지명의 성립은 공해가 아닌, 일본의 영해로 보았던 것이다. 메이지 유신과 함께 부국강병을 내세웠던 일본 제국주의가 동해 바다의 지정학적 중요성을 인식함에 따라 일본에서 일본해 지명은 러일전쟁 직후에 정착하게 되었다. 나아가 일본해 명칭은 한국에 영향을 미쳤다.

통감부에 의한 일본해 지명의 공고화

일본 제국주의는 1905년 11월 을사늑약 이후 서울에 통감부를 설치하여 1906년 2월부터 업무를 시작했다. 통감부는 한국의 지도를 직접 편찬하거나 지도 및 교과서 편찬 작업에 관여하여 일본해 표기의 공고화를 도모했다.

지도의 경우 통감부 통신관리국이 1908년에 간행한 한국통신약도에는 한반도의 동쪽 바다에 일본해日本海가 세로로 표기되었다. 또한 농상공부 수산국이 1908년에 완성한 『한국수산지』에 수록된 한국연해수산물분포도에도 한반도 동쪽 바다에 일본해日本海가 기재되었다. 이 지도는 통감부가 편찬한 지도를 바탕으로 농상공부 수산국이 조사한 지형, 수심, 수산물, 수온선 등의 내용이 상세하다.

한편 통감부는 공립학교 교과서 편찬 사업에도 관여하여 교과서의 내용 기술과 수록 지도에 일본해가 표기되도록 영향력을

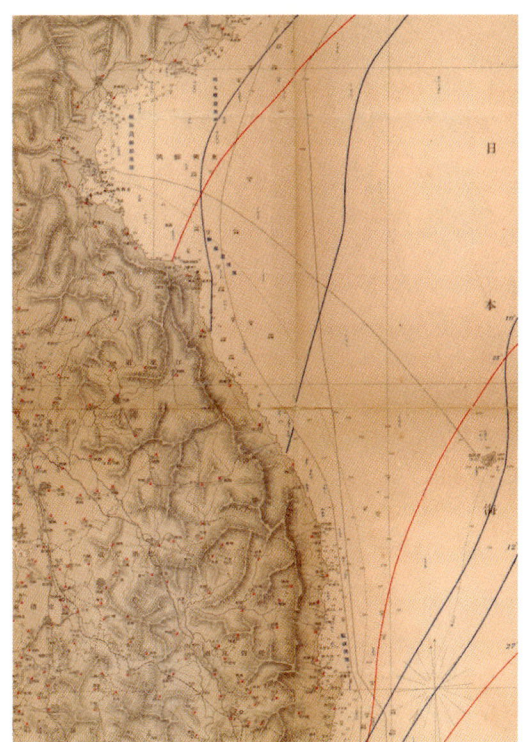

한국연안수산물분포도(1908)의 일본해

행사했다. 통감부는 보통학교의 지리와 역사 과목에 교수 시간을 부여하지 않고, 국어와 일어 시간에 지리 및 역사 내용을 구성해서 가르치도록 했다. 통감부의 관여로 학부가 1907년에 편찬한 대표적 친일 교과서『보통학교 학도용 국어독본』,『보통학교 아동용 일어독본』에는 내용 기술과 수록 지도에 한반도와 일본열도 사이의 바다 명칭으로 일본해가 공식적으로 사용되었다. 당시 보통학교의 국어와 일어 교과서는 일본의 동화교육에 활용되어 한국의 아동들은 점차 전통지명 동해 대신 외래지명 일본해에 동화되었다. 그리하여 이 시기에 한국에서 편찬된 관찬 지도와 공립학교 교과서에는 동해 지명을 거의 찾아볼 수 없게 되었다.

일본해에 대한 민간인의 대응

외래지명 일본해는 통감부의 관여로 제작된 한국의 각종 지도와 교과서에 공식적으로 등장한다. 그렇지만 을사늑약 이후 한국에서는 일본해에 대한 반감으로 이 명칭은 정착하는 방향으로 전개되지 않았다. 민간에서는 저항적 민족주의에 따라 일본해에 대응하기 위해 교과서 집필, 지도 제작, 애국가 작사 등 여러 방안이 표출되었다.

현채는 1896년경부터 학부에서 번역 및 저술 업무를 담당했는데, 한국인의 애국심을 고취하는 서적을 집필했다는 이유로 1907년 1월 해직되었다. 학부를 떠나 같은 해 5월에 완성한 『유년필독』은 민족의식 형성을 위한 사립학교용 국어독본 교과서로 본문의 동해 해역에 조선바다朝鮮海, 동해로 기재하거나 수록 지도에는 동조선만

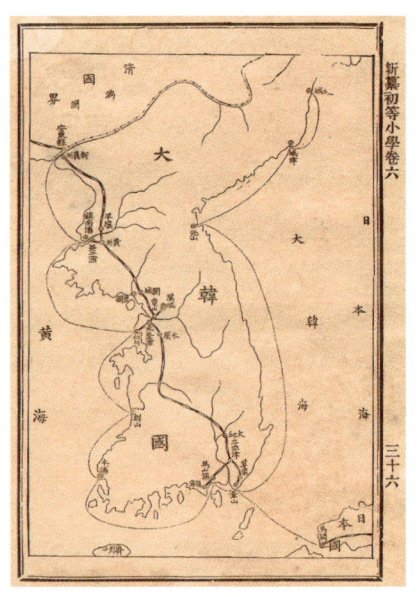

한국교통약도(1909)의 대한해와 일본해

과 일본해를 함께 사용하여 일본해 단독 표기를 피했다. 1909년의 『신찬초등소학』에 수록된 한국교통약도에는 대한해大韓海와 일본해日本海가 세로로 함께 표시되었다.

반면 1907년 장지연의 『대한신지지』와 1908년 조종만의 『초등대한지지』에 각각 수록된 대한전도에는 일본해에 맞서 대한해가 단독으로 표기되었다. 그 외에 민간의 지리교과서 집필자들은 일본해에 대한 대응으로 대한해, 조선해를 표기하거나 다양한 병기(조선해/동해, 대해/창해, 일본해/동해) 지명을 사용하기도 했다.

현채의 의식을 계승한 아들 현공렴은 한국의 전도 및 지리부도를 완성하여 일본해에 대응했다. 그는 한국의 전도로 대한제국지도, 한국의 지리부도로 『신정분도 대한제국지도』를 각각 1908년에 완성했다. 이들 지도와 지도집은 일본에서 제작된 지도를 저본으로 모사한 것이지만, 동해 해역의 명칭은 원본에 기재된 일본해를 수정해서 대한해로 표시되었다.

이 시기에 동해상의 독도를 일제가 시마네현에 편입하고, 바다 명칭은 통감부에 의해 일본해로 공고화되는 가운데, 동해라는 지명은 애국의 상징으로 거듭났다. 한국에서는 구한말부터 서구 열강의 통상 요구와 일제의 침략이 거세짐에 따라 애국의 염원을 담은 노래 가사가 다수 만들어졌다. 현재 한국의 애국가 작사자는 무명으로 되어 있지만, 여러 연구에 따르면 애국가는 1907년 윤치호가 작사한 것이 틀림없다. 그는 1899년에 작사한 무궁화가의 "충군하는 일편단심 **북악**같이 높고, 애국하는 열심 의기 **동해**같이 깊어"라는 가사를 1907년 애국가 첫 구절에 "**동해물과 백두산**이 말으고 달토록"으로 바꾸었다. 윤치호는 대한제국이 망해가는 상황에서 국민의식 형성의 일환으로 충군애국하는 마음이 동해 바닷물처럼 깊고, 백두산처럼 높아야 한다는 염원을 애국가 가사에 담았던 것이다.

한편 1908년 11월 『소년少年』이라는 잡지에는 한반도를 강인한 호랑이에 비유하고, 동해 해역의 형상을 나약한 토끼로 비하한 그림 지도가 실렸다. 이 지도에는 한국과 일본 사이의 바다 명칭이 일본해日本海로 명기되었다. 작자는 당시 한국 사회에서 전통지명 동해와 외래지명 일본해 표기의 갈등을 바라보면서 이 문제를 풍자하기 위해

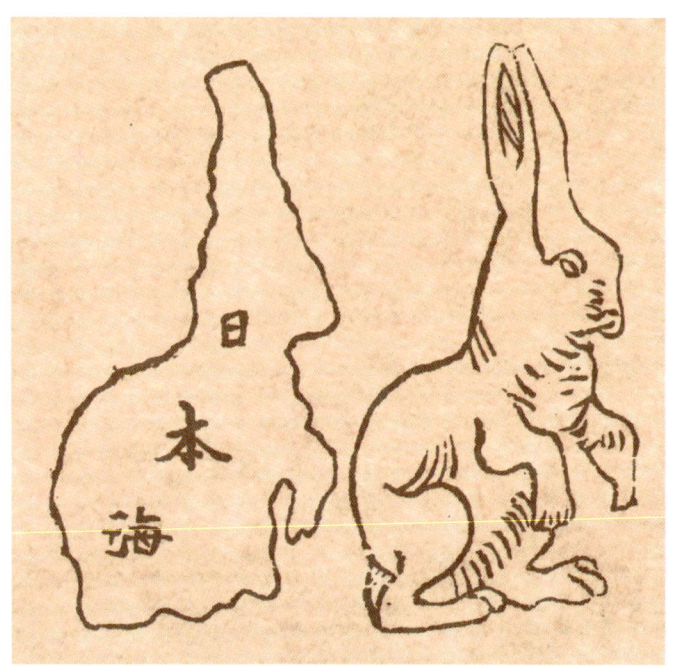
토끼 형상의 일본해 지도(1908)

지도라는 시각에 호소하여 이 바다의 형상을 힘없는 토끼로 비하했다. 토끼 형상의 일본해 지도는 굽은 허리와 굵은 주름에서 느낄 수 있듯이 늙고 쇠락한 모습으로 생명이 다한 것처럼 보인다. 게다가 귀를 곧게 세워 긴장한 모습이 역력하며, 일본 본토를 향해 금방이라도 쓰러질 듯한 이미지이다. 당시 한국의 지식인이 이 바다를 힘없는 토끼에 비유한 것은 한국에 도입된 외래지명 일본해가 오래 가지 않을 것이라는 염원을 담은 것이다.

이처럼 을사늑약 이후 통감부에 의해 일본해 명칭이 한국에서 공고화하는 가운데, 일본해에 대한 반감과 민간인들의 대응도 만만치 않았다. 그럼에도 동해를 비롯한 조선해, 대한해 등 한국 관련 바다 명칭은 1910년 한일병합을 계기로 모두 자취를 감추었다. 그것은 당시 식민지 통치기관이었던 조선총독부가 동해 해역의 명칭을 일본해로 통일했기 때문이다. 그리하여 식민지 조선의 한국인은 1945년 8월까지 동해 대신 일본해 지명을 공식적, 강제적으로 사용할 수밖에 없었다.

5. 한국의 동해 지명 찾기 운동

독립 이후 애국의 상징으로서 동해

일본의 식민지 기간 동안 각종 지도에 표기된 일본해는 1945년 8월 한국의 독립과 함께 소리없이 사라지고, 그 대신 동해 지명이 되살아났다. 역사성이 깊은 전통지명 동해는 한때 일본 제국주의, 식민주의 과정에서 수난을 당하면서 묻혔었지만, 해방 이후에는 한국의 독립과 애국심의 상징이 되어 현재에 이르고 있다. 광복 직후 8월 16일에는 중앙방송국에서 동해물과 백두산으로 시작하는 애국가가 흘러나왔고, 1948년 8월에는 대한민국 정부 수립과 함께 국가國歌로 공식 지정되었다.

한국 정부는 식민지에서 벗어나 한국을 세계에 널리 소개하고 홍보하기 위해 1947년 부터 지속적으로 영문판 한국전도를 제작하여 세계의 여러 국가와 주요 도서관에 배포했다. 외교부가 1956년에 간행한 영문판 한국전도에는 한국의 영토와 행정구역, 하천, 주요 도로와 지방도로, 철도, 주요 도시 등을 비롯하여 바다에는 황해Yellow Sea와 동해Eastern Sea를 표시하고, 동해상의 울릉도Ullung-Do와 독도Tok-Do는 한국 소속으로 나타냈다.

한일 양국은 1965년 한일어업협정 체결 과정에서 한반도와 일본열도 사이의 바다 명칭 표기를 둘러싸고 합의에 이르지 못했다. 그래서 양국은 동해와 일본해를 자국어 협정문에 각각 별도로 사용하기로 결정한 적이 있다. 1970년대에는 일간 신문에 동해 표기 문제, 즉 해외 유학을 경험한 학자와 기자들에 의해 국제사회에서 통용되고 있는 일본해 표기의 부당함이 지적되기 시작했다.

한국전도(1956)의 동해

본격적인 동해 지명 찾기 운동

1980년대 후반부터는 세계적으로 개방화의 물결 속에서 동해에 위치한 한국, 북한, 일본, 러시아, 중국 등 인접 국가들은 동해 해역에서 경제협력과 교류가 한층 활발히 이루어졌다. 한일 간의 국제학술대회에서는 이 해역의 경제개발협력 이외에 바다 명칭으로 환동해권과 환일본해권 등에 대한 논의도 있었다.

1991년 12월에는 두만강 유역 개발사업과 관련하여 유엔개발계획(UNDP) 문서에 동해 해역이 일본해Sea of Japan로 표기된 것에 대한 문제 제기가 이루어져 한국에서는 관계부처 회의 개최 및 민관 전문가 의견 문의가 있었다. 1992년 7월에는 외교부, 교통부, 문화부, 공보처, 교육부 등 관계부처 회의가 이루어져 국제사회에서 동해 해역의 명칭을 동해East Sea로 표기할 것을 공식 결정했다.

이러한 시대적 배경하에서 한국과 북한은 1991년 유엔에 동시 가입했으며, 1992년 8월에는 뉴욕에서 개최된 제6차 유엔지명표준화회의에서 한국과 북한 대표가 처음으로 동해표기 문제를 공식적으로 제기했다. 이 회의에서 한국과 북한은 국제사회에서 널리 통용되고 있는 일본해 단독 표기의 부당함을 지적함과 동시에 동해 표기의 정당성을 주장했다. 이후 동해와 일본해를 둘러싼 지명 표기 문제가 본격적으로 발생하여 현재에 이르고 있다.

동해 표기에 대한 한국 정부의 입장은 역사성, 토속지명 우선의 원칙, 국가 명칭의 부적합성 등을 고려했다. 역사성은 기원전부터 오랫동안 동해를 사용해 왔다는 것이다. 토속지명 우선의 원칙은 외래지명에 비해 해당 지역 주민들의 입장을 고려한 것이

국제수로기구의 총회(2020)

다. 그리고 국가 명칭의 부적합성은 일본해에 일본이라는 국가 명칭이 포함되어 있기 때문이다. 한국인은 이 명칭에 거부감을 갖고 있기 때문에 한국은 국제사회에서 국가 명칭과 무관한 동해 표기를 주장하고 있다.

　한국 정부는 국제수로기구, 유엔지명표준화회의 등에서 동해 표기의 정당성을 지속적으로 주장해 왔다. 국제수로기구는 한국과 일본이 서로 다른 해양 지명 표기를 주장함에 따라 『해양과 바다의 경계』의 개정판을 결정하지 못했지만, 2020년 화상회의 형식으로 개최된 국제수로기구 총회에서는 『해양과 바다의 경계Limits of Oceans and Seas, S-23』에 종래 지명을 대신하여 고유번호로 표기하는 방안을 공식적으로 확정했다.

　그러나 국제사회에서 동해/일본해 표기 문제가 완전히 해결된 것은 아니다. 왜냐하면 여전히 국제사회의 지도에는 일본해 단독 표기가 존재하고, 또한 이 지명을 단독으로 표기하는 지도가 지속적으로 간행되기 때문이다. 특히 흔히 접할 수 있는 국제 스포츠 경기와 관련하여 제작되는 지도, 매일 쏟아지는 각국의 언론 기사, 관광 사이트 등에 일본해가 단독으로 표기되는 경우가 자주 발생한다. 이에 한국인들은 즉각적으로 일본해에 대한 반감을 표출하거나 수정을 요구하는 행동을 취하기도 한다.

Q&A

Q 국제수로국의 S-23에 일본해가 표기된 배경은?

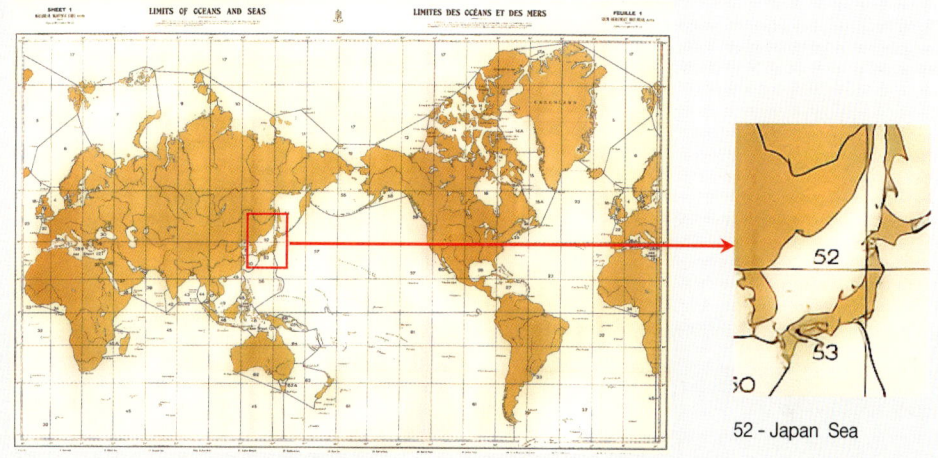

제3판 『해양과 바다의 경계』(1953)의 일본해

A

새로운 해양 질서의 확립과 수로학 분야의 국제협력을 위한 제1차 국제수로회의가 1919년 영국 런던에서 개최되었으며, 1921년에는 국제수로국이 설립되었다. 한국은 1957년 국제수로국에 가맹했으며, 국제수로국은 1970년에 국제수로기구로 명칭이 변경되었다. 이 기구의 주요 목적은 항행의 안전을 위해 해도를 개선하며, 주요 업무는 해양의 명칭과 경계의 기준이 되는 『해양과 바다의 경계』라는 지침서를 간행하는 것이다.

이 지침서는 통상 S-23으로 불리며, 초판이 1928년에 완성된 이래 제2판은 1937년, 제3판은 1953년에 나왔다. S-23은 제3판까지 동해 해역의 명칭이 일본해(Japan Sea)로 명기되었다. 국제수로국은 지침서를 만드는 과정에서 시안을 작성하여 각국에 회람서신 형식으로 배포하여 이의가 없는지 문의했다. 그러나 한국은 초판과 제2판이 나왔을 때는 일본의 식민지였으며, 제3판이 간행되었을 무렵에는 한국전쟁으로 혼란한 시기였기 때문에 대응할 수 없었다. 결국 S-23의 일본해라는 지명은 세계적 표준이 되어 국제사회의 지도에 정착하게 되었다.

독도의 지리적 환경

한국의 극동에 해당하는 독도는 동해 바다에 위치한 작은 섬이다. 독도는 대부분 암석으로 이루어졌지만, 전략적 요충지로서 중요하다. 독도는 울릉도와의 지리적 근접성으로 고대부터 울릉도 주민들의 생활 범위에 속했다. 이 섬은 화산활동으로 형성되었으며, 오랫동안 풍화와 침식 작용을 받았다. 기후는 해양의 영향을 받아 내륙보다 온화하며, 희귀생태계의 보고이다. 주변 바다에는 천연자원도 매장되어 있지만, 상업화 단계는 아니다. 독도는 유인도로 여러 시설이 갖추어져 있으며, 한국은 독도에 대해 영토 주권을 행사하고 있다. 일반인들은 한동안 이 섬에 입도가 어려웠지만, 현재는 독도 탐방이 가능하다. 특히 일본의 독도 영유권 주장이 강할수록 한국인들은 애국의 상징으로 독도 순례가 증가한다.

1. 위치의 특성

동해에 위치한 독도

독도는 한반도와 일본열도 사이의 동해 중남부에 위치한다. 이 섬은 대한민국의 동서남북 4극 가운데 하나로 최동단에 위치하여 아침 해를 가장 먼저 맞이한다. 한국천문연구원에 따르면 금년 새해 대한민국의 일출 시각은 독도가 7시 26분으로 가장 빠르며, 그 다음은 육지부의 울산 간절곶과 울산 방어진이 7시 31분, 포항 호미곶과 부산 해운대가 7시 32분이었다.

독도의 수리적 위치는 북위 37도 14분 26.8초, 동경 131도 52분 10.4초이다. 이 섬과 비슷한 위도는 육지부의 강원도 삼척과 원주, 경기도 여주와 수원 등이다. 독도의 관계적 위치는 과거 한국, 일본, 러시아와 힘의 강도에 따라 가변적이었다. 일본 제국주의는 러일전쟁 당시 동해 바다와 작은 섬 독도를 장악하여 대륙과 한반도 침략의 첫 희생물로 삼았다. 한편 독도를 기점으로 배타적경제수역을 설정하면, 상당히 넓은 바다에서 수산자원 및 지하자원을 배타적으로 사용할 수 있기 때문에 독도의 중요성은 크다.

대한민국의 4극

4극	지점	경·위도
극동	경상북도 울릉군 울릉읍 독도리 동도	동경 131° 52′ 20″
극서	평안북도 용천군 신도면 마안도	동경 124° 11′ 04″
극남	제주특별자치도 서귀포시 대정읍 마라도	북위 33° 06′ 37″
극북	함경북도 온성군 유포면 풍서동 유원진	북위 43° 00′ 42″

독도의 위치와 주변 지역

　동해상의 독도를 중심으로 주요 지역과의 거리를 살펴보면, 북서방향 87.4km 지점에 울릉도가 위치하며, 동남방향 157.5km 떨어진 곳에 일본 시마네현의 오키제도가 존재한다. 육지부까지는 독도에서 울진군 죽변까지 216.8km로 가장 가깝고, 그 다음은 묵호 243.8km, 포항 258.3km, 부산 348.4km이다. 독도는 동해상의 울릉도와 오키제도 사이에 위치하여 지리적으로 울릉도와 더 가깝다.

지리적 근접성과 영유권

　울릉도와 독도는 비교적 가까운 거리이므로 날씨가 맑은 날에 서로 육안으로 섬의 존재를 확인할 수 있다. 맑은 날 북면 천부리 석포와 도동의 독도전망대 등 지대가 약간 높은 곳에서는 독도가 희미하게 하나의 섬으로 보인다. 그러나 독도와 오키제도는 너무 거리가 멀기 때문에 날씨가 아무리 맑아도 서로 보이지 않는다. 따라서 한국은 일본보다 먼저 울릉도 동남쪽에 위치한 독도의 존재를 인지하여 고대부터 울릉도

울릉도에서 바라본 독도

주민들의 생활무대가 되었다.

 한일 간에 독도 영유권과 지리적 근접성은 여러 역사적 문헌에 기록되어 있다. 후술하듯이 17세기 후반 안용복 사건으로 불리는 울릉도 쟁계가 발생했을 때에 일본 정부는 양국의 본토에서 울릉도와 독도까지의 거리 관계를 조사하여 섬의 소속을 결정한 적이 있다. 근대 일본은 메이지 유신 이후 일본 전역의 지적편찬 사업을 추진했는데, 그 과정에서 내무성은 울릉도와 독도가 일본의 영역이 아니라고 판단했지만, 영토문제는 중대한 사안이었기 때문에 이것을 당시 국가최고기관이었던 태정관에 문의했다. 그 결과 태정관은 두 섬과 양국과의 거리 관계 등을 조사하여 울릉도 이외에 한 섬은 일본의 영역과 관계가 없음을 명확히 했다.

 반면 국제사법재판소의 판결에서는 지리적 근접성에 기초한 영유권의 입장이 다르다. 섬이 본토와 가깝지 않더라도 주권적 지배와 같은 선점 또는 불완전한 지배 행위를 했다는 증거가 있다면 지리적 접근성보다 우월한 효력을 갖는다. 그러나 그러한 입증이 어려운 경우 지리적 근접성에 기초한 영유권 문제는 인정 가능성이 존재한다. 이러한 측면에서 일본이 한국 정부와 달리 지리적이라는 용어를 제외하고, 독도가 역사적, 국제법적으로 일본 고유의 영토라고 주장하는 것은 명확하게 비교가 된다.

2. 형성과 지형

섬의 형성과 주변의 해저 지형

일본열도는 약 2천 6백만 년 전부터 유라시아 대륙에서 서서히 분리되었다. 한반도와 일본열도 사이는 함몰로 인해 주변의 바닷물이 유입됨에 따라 약 1500만 년 전에 동해 바다가 형성되었다. 동해의 평균 수심은 약 1,684m이며, 가장 깊은 곳은 4,049m이다. 이 바다는 지중해와 같이 여러 해협을 통해 동중국해, 태평양, 오호츠크해와 연결된다.

독도는 신생대 제3기 약 460만 년 전부터 250만 년 전 사이에 화산활동으로 형성되었다. 2,000m 이상의 해저에서 용암이 분출하여 거대한 지체가 만들어졌고, 약 270만 년 전에는 바다 위에 하나의 섬으로 모습을 드러내었다. 독도는 오랜 세월에 걸친 비바람의 풍화와 파랑의 침식작용으로 약 250만 년 전에는 2개의 섬으로 분리되었으며, 약 210만 년 전에는 현재와 같은 모습을 갖추었다. 울릉도가 약 250만 년 전, 제주도가 약 120만 년 전에 형성된 것과 비교하면, 독도는 한국의 섬들 가운데 형성 시기가 가장 오래되었다. 독도의 기반암은 화산암이며, 응회암과 현무암, 조면암 등으로 이루어져 있다. 독도는 수면 아래에 거대한 화산체가 있으며, 바다 위에 드러난 섬의 모습은 빙산의 일각에 불과하다.

울릉도와 독도 주변의 해저지형

　울릉도와 독도는 해수면 아래에 솟아 있는 봉우리 형태의 해산海山이 서로 연결되어 있다. 바다 속에 잠겨 있는 하부는 훨씬 이전에 시작된 화산활동에 의해 형성된 것으로 울릉도와 독도 사이에는 수심 2,000m 이상의 평원이 있고, 그 가운데 안용복해산이 위치한다. 독도에서 남동쪽 약 15km 지점에는 심흥택해산, 약 55km 떨어진 곳에는 이사부해산이 있다. 이들은 모두 정상부가 파도에 침식되어 평탄해진 평정해산guyot이다. 해저지명으로 심흥택해산은 탐해해산, 이사부해산은 동해해산으로 호칭되었지만, 2006년 한국해저지명위원회는 각각 심흥택해산, 이사부해산으로 새로운 명칭을 부여했다.

　울릉도와 독도는 주로 조면암으로 구성되어 유사한 지질적 분포를 보이지만, 일본의 오키제도는 화산활동과 거의 관계없는 편마암이므로 독도와 오키제도의 지질적 계통은 서로 다르다.

동도와 서도 및 89개의 부속도서

독도는 동도와 서도 이외에 89개의 크고 작은 부속도서로 이루어져 있다. 동도와 서도는 간조 시 해안선 기준으로 폭 151m, 길이 약 330m, 수심 10m 미만의 얕은 물길을 사이에 두고 분리된다. 독도의 총 면적은 187,554㎡로 동도가 73,297㎡, 서도가 88,740㎡이며, 동도와 서도를 제외한 부속도서는 25,517㎡이다. 해발고도는 동도의 우산봉이 98.6m, 서도의 대한봉이 168.5m로 가장 높으며, 섬의 둘레는 동도가 2.8km, 서도가 2.6km이다.

독도지형도

동도의 와지

　동도의 정상부는 비교적 평탄하여 독도 등대와 독도경비대 등의 건물이 입지하며, 주변에는 경사가 완만하고 토양층이 얕게 형성되어 줄기가 없는 초본 식물이 서식한다. 이 섬의 중앙에는 와지가 형성되어 천장굴을 통해 바다로 이어진다. 해안의 둘레는 대부분 높이 30~40m 정도의 경사가 급한 지형으로 식물이 자라기 어렵다. 해안에는 독도선착장이 있으며, 물건을 운반하는 케이블카가 설치되어 정상까지 연결된다.

　서도의 정상부는 좁고 날카로운 암석의 능선이 형성되어 식물이 자라기 어렵지만, 남서쪽의 해발고도 100~140m 사이는 다소 평탄하고 토양층이 형성되어 초본이 밀집 분포한다. 이 섬의 둘레에는 수직에 가까운 절벽이 형성되어 토양층이 거의 없거나 두껍지 않아 식생이 성장하기에 불리하다. 북쪽 해안의 물골은 바위틈에서 흘러나오는 물이 고이는 곳이다. 하루 약 400리터 정도이지만, 섬에서 유일하게 천연 식수를 얻을

독도의 주요 지명

No	지명	지명의 유래
1	우산봉	· 독도가 우산도였던 것을 반영하여 동도 봉우리에 붙여진 이름
2	대한봉	· 독도가 대한민국 영토라는 것을 상징하여 서도 봉우리에 붙여진 이름
3	큰가제바위	· 가제는 강치를 뜻하며, 가제가 자주 출몰한 바위여서 붙여진 이름
4	작은가제바위	
5	지네바위	· 이 바위에서 미역을 채취하던 이진해라는 어민의 이름 진해가 지네로 와전되어 붙여진 이름
6	넙덕바위	· 넓은 바위라는 의미로 현지 어민의 방언이 구전으로 전해진 이름
7	군함바위	· 군함과 흡사한 형태의 바위
8	김바위	· 김은 해태를 의미하며, 해태를 닮은 독특한 모양으로 인한 이름
9	보찰바위	· 보찰은 거북손의 전라도 방언으로 이 바위에 보찰이 많이 붙어 있어서 붙여진 이름
10	삼형제굴바위	· 동굴 입구가 3개로, 큰 바위 뒤로 작은 바위 두 개가 뒤따르는 모습이 마치 두 동생이 큰 형을 따르는 모습과 같아 붙여진 이름
11	닭바위	· 서도의 주민 숙소에서 바라볼 때 마치 닭이 알을 품은 형상에서 유래
12	촛발바위	· 촛발은 갑, 곶 등의 튀어나온 곳을 의미하는 현지 방언
13	촛대바위	· 촛대처럼 생겨 붙여진 이름으로 권총바위라고도 불렸음
14	미역바위	· 이 바위에서 어민들이 미역을 많이 채취하여 붙여진 이름
15	물오리바위	· 물오리 서식지로서 현지 어민들에 의해 불린 이름
16	숫돌바위	· 바위 암질이 숫돌과 비슷하여 붙여진 이름
17	부채바위	· 남서쪽에서 바라보면 마치 부채를 펼친 모양의 바위
18	얼굴바위	· 사람의 얼굴과 흡사한 모양의 바위
19	독립문바위	· 해식아치로서 그 모양이 독립문을 닮아서 붙여진 이름
20	한반도바위	· 배에서 북서쪽을 바라보면 형상이 한반도를 닮아 붙여진 이름
21	탕건봉	· 봉우리 모습이 선비들이 쓰던 탕건과 비슷하여 지어진 이름
22	물골	· 서도의 북서쪽 해안과 접하는 지점에 민물이 고이는 곳
23	코끼리바위	· 서도 남쪽의 해식동굴로 인하여 바위의 모양이 코끼리가 코를 늘어뜨린 모습과 같아 붙여진 이름

자료: 국토지리정보원(2009)

수 있는 장소이다. 서도에 설치된 시설물은 정상까지 계단이 조성되어 있으며, 남동쪽 해안에는 주민숙소가 있다.

한편 독도에는 동도와 서도를 비롯하여 섬을 구성하는 지형에 총 30여 개의 지명이 부여되었다. 지명의 유래는 형상에서 기원하는 것, 울릉도와 독도에서 활동하던 어민들로부터 구전되거나 와전된 것, 정부의 정밀조사로 붙여진 것 등 다양하다. 그 외에 독도 주변의 암초에도 부채초, 동도초, 괭이초, 삼봉초, 강치초, 가지초, 북향초, 가제초, 구함초, 넙덕초, 서도초 등 11개의 지명이 붙여졌다.

자연이 만든 아름다운 지형

독도의 지형은 화산지형, 해안지형, 풍화지형, 기타 지형으로 분류된다. 독도는 화산활동으로 형성된 지형이 존재하지만, 대부분은 오랜 세월에 걸친 파랑의 침식과 퇴적작용, 비바람과 염분에 의한 풍화작용, 중력에 의한 낙하와 미끄러짐 운동으로 현재와 같은 지형이 되었다. 게다가 독도에서 인간의 활동은 독도의 지형 경관에 변화를 초래했다.

용암은 지표면으로 분출하여 식는 과정에서 부피가 줄어드는 수축현상이 발생한다. 이때 용암 표현의 수직 방향으로 육각형 모양의 쪼개짐 현상이 발생하는데, 이를 주상절리라고 한다. 서도의 탕건봉과 그 주변에 주상절리가 전형적으로 나타난다. 동도의 선착장 주변에 숫돌바위와 서도의 동쪽 사면 중앙부에는 수평주상절리가 확인된다.

바다 가운데 위치한 독도 해안은 화산체가 형성된 이후 지속적인 파랑의 침식작용으로 부서져 축소되고 있다. 과거 빙기와 간빙기에 해수면 변동이 반복적으로 나타났으며, 독도 해안에는 해면이 안정된 상태에서 다양한 침식지형이 형성되었다. 파도의 침식과 풍화작용으로 해안 주변의 암석이 평탄한 파식대를 중심으로 그 뒷면에 형성된 절벽 모양의 해식애, 그 아래에 연한 암석이 깎여나가 만들어진 동굴 모양의 해식동, 해식동굴이 더 침식되어 형성된 아치 모양의 해식아치, 그리고 파랑의 침식에도 불구하고 단단한 암석은 촛대와 같은 모양의 바위섬으로 남아 있는 시스택 등이 분포한다.

주상절리(서도)

해식애와 해식동(동도)

타포니(동도)

파식대(동도)

독도의 다양한 지형

　　독도에는 물리적·화학적 풍화작용으로 암석이 벌집 모양을 나타내거나 구멍이 곳곳에 파인 타포니tafoni가 여러 지점에 분포한다. 동도의 해식애 전면에는 파도가 공급한 염분이 쪼개진 암석의 틈을 따라 기계적 풍화작용으로 타포니가 형성되었다. 타포니는 괭이갈매기와 같은 조류의 서식처가 된다. 그 외에 서도의 주민숙소 북쪽 해안에는 풍화된 암석 덩어리가 급사면에서 떨어져 반원추 모양으로 퇴적된 애추talus가 나타난다. 동도 중앙에는 함몰된 와지가 있고, 그 아래에는 파랑의 침식으로 천장굴이라는

독립문바위(동도)   삼형제굴바위(서도)

천장굴(동도)   숫돌바위(동도)

독도의 지질 명소

해식동이 형성되었는데, 현재는 함몰된 암석들이 제거되어 서로 연결되었다.

  한편 울릉도·독도는 제주도와 함께 2012년 국내 최초로 국가지질공원으로 지정되었다. 환경부가 울릉군 전 지역을 국가지질공원으로 인증한 목적은 우수한 지질유산자원을 보전하고 교육·관광자원으로 활용하여 국민의 휴양 및 정서함양에 기여하고 지역경제 활성화에 도모하기 위함이다. 최근 울릉도·독도 국가지질공원은 지질관광, 즉 지오투어리즘에 대한 인식으로 새로운 관광과 지역 이미지를 부각시킬 수 있는 좋은 기회를 맞았다. 울릉도의 지질 명소는 총 23곳으로 울릉도 19개소, 독도 4개소(독립문바위, 삼형제굴바위, 천장굴, 숫돌바위)이다.

동도 동쪽에 위치하는 독립문바위는 파랑과 풍화작용으로 절리를 따라 해식동이 발달하여 자연교 형태로 시아치가 형성되었다. 서도 북동쪽에 위치하는 삼형제굴바위는 높이 약 44m의 시스택으로 동도와 서도를 포함하여 삼봉도로 불린다. 동도 중앙에 위치한 천장굴은 단층작용으로 함몰된 와지 지형으로 주변에는 독도의 수목 가운데 가장 오래된 사철나무가 서식한다. 동도 남서쪽 선착장 주변의 숫돌바위는 독도의용수비대원들이 거주할 당시 칼을 갈던 곳으로 수평절리가 나타난다.

3. 기후와 생태계

해양의 영향을 받는 기후

독도는 유라시아 대륙의 중위도 동쪽 바다에 위치한다. 독도를 둘러싼 동해는 넓은 해역에 수심이 깊으며, 한류와 난류가 교차한다. 독도는 면적이 넓지 않고, 해발고도가 높지 않은 편이다. 이러한 위도, 수륙분포, 해류, 지형 등의 인자는 독도의 기후에 영향을 미친다.

독도는 내륙 지방과 동일하게 겨울에는 대륙의 영향으로 한랭건조하고, 여름에는 해양의 영향으로 고온다습하다. 그러나 독도는 내륙과 다른 기후 특성을 보인다. 독도의 기후에 영향을 미치는 주요 인자는 여름의 동한난류, 그리고 겨울의 북한한류와 동한난류가 울릉도 부근에서 교차하는 것이다. 그 영향으로 독도는 같은 위도의 내륙 및 황해보다 따뜻하다.

연교차는 독도가 21.2℃로 비슷한 위도의 내륙에 위치한 수원의 28.8℃에 비해 7.6℃ 작아 비교적 온난하다. 연평균 기온은 독도가 13.8℃로 수원의 12.8℃에 비

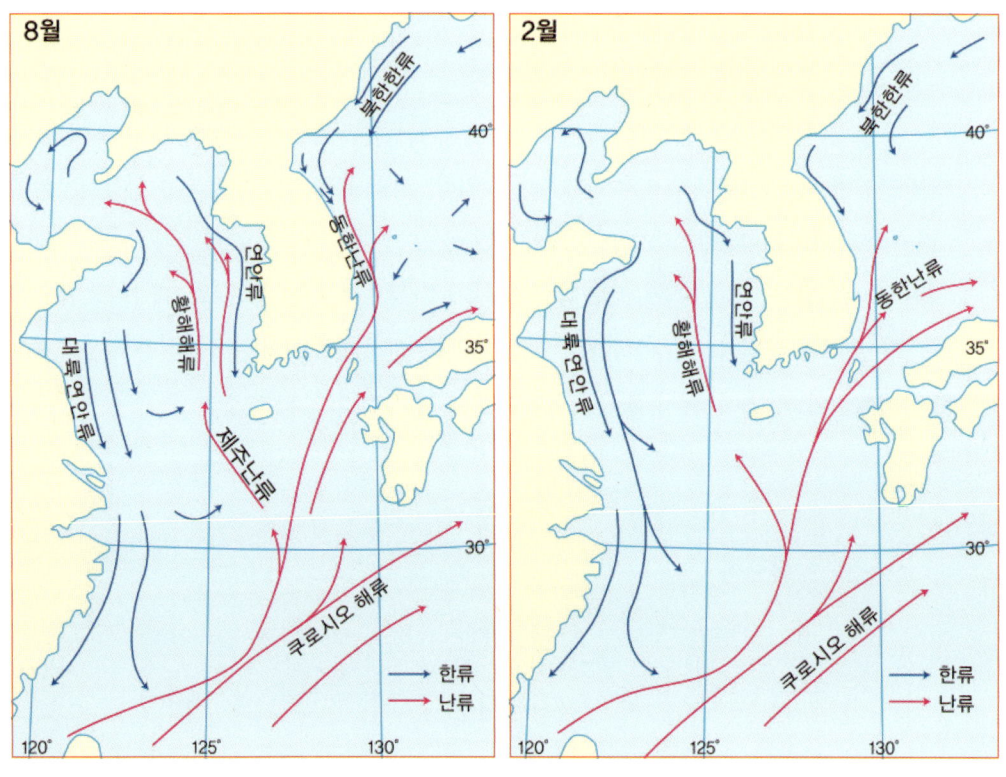

여름과 겨울의 해류 변화

하면 1℃ 높다. 월평균 기온도 겨울과 여름에는 뚜렷한 차이를 보인다. 연중 가장 추운 1월 평균 기온은 해양의 영향을 받는 독도가 3.9℃, 울릉도가 1.9℃로 영상이지만, 대륙의 영향을 받는 수원은 -2.1℃로 대조를 이룬다. 한반도에서 가장 더운 8월은 기온의 지역 차이가 1월에 비해 크지 않다.

독도의 연강수량은 울릉도보다 적다. 울릉도의 연강수량은 1,592.4mm이지만, 독도의 연강수량은 515.4mm에 불과하다. 독도의 강수량이 적은 것은 무인자동기상관측망의 결측 자료가 많기 때문이다. 게다가 울릉도는 겨울에 지형성 강설이 잘 나타나는 것도 하나의 요인이다. 강수량의 월별 분포를 보면, 독도와 울릉도는 태풍의 영향으로

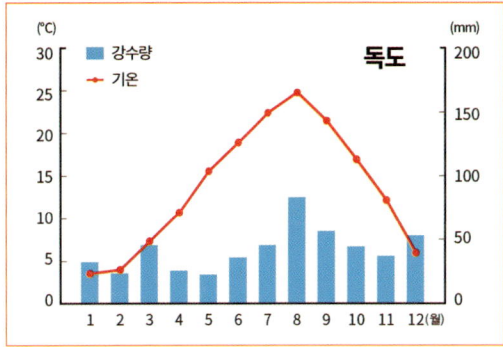 

독도와 울릉도의 기후 그래프

독도와 울릉도의 월평균 기온 및 강수량(2011~2020년)

(단위: ℃, mm)

지역	월	1	2	3	4	5	6	7	8	9	10	11	12	연평균
독도	기온	3.9	4.1	7.4	10.8	15.6	19.2	22.6	25.1	21.6	17.2	12.1	6.1	13.8
	강수	31.7	24.8	46.3	27.1	22.5	38.1	45.3	81.0	58.1	46.8	37.4	52.7	515.4
울릉도	기온	1.6	2.2	6.3	11.1	16.6	19.6	23.3	24.7	20.2	15.4	10.0	3.7	12.9
	강수	196.6	127.9	81.0	119.5	77.3	110.5	129.5	162.9	154.9	141.0	138.6	152.7	1592.4

자료: 기상자료개방포털(data.kma.go.kr)

8월과 9월에 공통적으로 많고, 1월에는 울릉도의 겨울 강수량이 탁월하다. 그러나 독도는 정확한 기상 측정의 어려움으로 사실 파악에 한계가 있다.

독도의 바람은 모든 계절에 걸쳐 남서풍과 동풍이 탁월하며, 평균 풍속이 큰 편이다. 봄과 여름에는 남서풍이 25%, 그리고 봄, 여름, 가을에는 동풍이 20~25%를 차지한다. 독도와 울릉도는 태풍이 지나가는 경로에 위치하여 8월~9월에 많은 비바람과 재산피해를 초래한다. 독도 해역의 파고는 6월이 약 0.7m로 가장 낮으며, 12월에는 약 1.5m 이상으로 가장 높다.

희귀 생태계의 보고

독도는 대부분 바위섬으로 이루어져 토양층이 없거나 얇으며, 경사가 가파르기 때문에 식생의 정착이 어렵다. 게다가 연중 해풍이 불어와 염분이 많기 때문에 식물이 자라기에 좋지 않은 환경이다. 그래서 독도에는 척박한 환경에 살아남은 식물들로 육지보다 종류가 많지 않다. 독도에 서식하는 식물은 약 60여 종이다. 대표적인 초본류는 민들레, 괭이밥, 섬장대, 강아지풀, 바랭이, 쑥, 쇠비름, 명아주, 질경이, 땅채송화, 왕해국, 섬기린초, 갯까치수염, 왕호장근, 번행초 등이다. 목본류는 곰솔(해송), 섬괴불나무, 붉은가시딸기(곰딸기), 줄사철나무, 박주가리, 동백나무, 보리밥나무 등이 완경사지에 분포한다.

곤충류는 약 130 종류로 주로 초본식물에서 먹이를 얻는 매미목, 파리목 등이 대부분이다. 독도는 이동하는 철새의 중간 기착지이며, 태풍이나 폭우와 같은 이상 기상 조건에서는 조류의 피난처 역할을 한다. 독도에서 관찰되는 대표적인 조류는 괭이갈매기, 바다제비, 슴새, 알락할미새, 섬참새, 뿔쇠오리, 매 등이며, 나그네새로는 진홍가슴, 흰배멧새, 유리딱새 등이 관찰된다. 특히 독도는 괭이갈매기, 바다제비, 슴새의 번식지로 법적으로 보호받는다. 번식기는 괭이갈매기가 4월~6월, 바다제비는 7월~8월이다.

독도 주변의 해역은 한류와 난류의 영향으로 해양 생물이 서식하기에 적합한 환경이다. 주요 수산물은 꽁치·방어·복어·전어·붕장어·가자미·도루묵·임연수어·조피볼락·오징어 등의 어류, 전복·소라·홍합 등의 패류, 미역·다시마·김·우뭇가사리·톳 등의 해조류, 기타 새우·해삼·홍게·성게 등이다.

한편 해양포유동물로서 바다사자과에 속하는 강치는 가지어 또는 가제어로 불려 20세기 전반까지 독도에서 무리를 지어 서식했으나, 이후 일본 어부들의 남획으로 그 수가 줄어들어 현재는 거의 사라졌다. 그 외에 점박이물범, 큰바다사자, 물개 등은 울릉도와 독도 인근에서 가끔 목격된다.

해국

섬기린초

괭이갈매기

대황

강치

물개

독도의 생물

4. 주변 바다의 천연자원

독도는 내륙에서 멀리 떨어져 있고, 외관상 암석과 절벽으로 이루어져 단순한 섬으로 보인다. 그렇지만 동해상의 독도는 한국, 일본, 러시아 사이에 위치하여 전략적 요충지이며, 지질 명소로서 경관이 특이하고 아름답다. 게다가 독도 주변 바다에는 한류와 난류가 교차하여 다양한 생물자원이 서식하며, 천연자원도 매장되어 그 가치는 무한하다. 독도 주변 해역에는 석유와 천연가스, 메탄 하이드레이트, 인산염 광물 등의 부존 가능성이 높다.

특히 울릉도에서 남쪽으로 65km, 독도에서 서남쪽 80km 지점의 울릉분지에는 메탄 하이드레이트가 약 6억 톤 가량 매장되어 있다. 이러한 매장량은 한국이 30년간 사용할 수 있는 에너지 자원이다.

메탄 하이드레이트

불타는 얼음으로 불리는 메탄 하이드레이트는 저온과 고압의 조건에서 천연가스와 물이 결합되어 얼음처럼 굳어진 물질이다. 따라서 고온에서는 물과 가스로 분리되며, 가스가 밖으로 나와 불을 붙이면 불꽃을 내며 탄다.

메탄 하이드레이트는 대체로 대륙 연안의 해저에 대량으로 매장되어 있다. 이 연료의 장점은 현재 석유나 석탄이 연소할 때에 발생하는 이산화탄소가 절반 수준이며, 그 외에 일산화탄소, 아황산가스와 같은 오염물질의 배출도 현저히 적다. 화석연료의 일종이기 때문에 재생 에너지에 포함되지 않는다. 문제는 수심이 깊은 해저에 넓게 분포하여 개발에 어려움이 따른다. 현재 채굴의 기술과 경제적인 이유로 상업화 단계는 아니지만, 가까운 미래에 새로운 청정에너지 자원으로 주목받고 있다.

한편 독도 북쪽 한국대지 사면의 퇴적층에는 경제적 가치가 충분한 인산염 광물이 형성되어 개발이 기대되지만, 이에 대한 조사와 연구는 부족한 상태이다. 그리고 울릉도와 독도 주변 해역의 해양심층수는 무균 상태의 청정수로 인기가 높다. 현재 울릉도 부근의 심층수는 개발이 이루어져 소비자에게 판매되고 있다.

5. 주민과 독도 순례

독도를 포함한 울릉도 주민

울릉도는 오랫동안 강원도 소속이었지만, 1906년에는 경상남도, 1914년부터는 경상북도의 행정구역으로 변경되었다. 육지와의 최단 거리는 경상북도 울진군 죽변면으로 직선거리가 216.8km이다. 울릉군의 연장거리는 동서 96.3km, 남북 34.8km이며, 섬의 형상은 5각형에 가깝다. 울릉군의 총 면적은 72.82km²로 경상북도 전체 면적의 약 0.37%에 해당하여 규모가 가장 작은 군이다. 토지는 경지가 약 18%, 임야가 약 76%로 한국 평균보다 산지가 많은 편이다. 울릉군에서 가장 높은 산지는 성인봉(986.7m)이며, 읍과 면의 행정 경계를 구분하는 기준이 된다.

울릉도에는 3세기 무렵부터 사람이 거주했다는 기록이 있다. 행정구역은 울릉읍, 서면, 북면의 1읍 2면으로 구성되었다. 울릉읍의 도동은 행정·경제·교통의 중심지이며, 저동은 어업의 전진기지이다. 인구는 해방 이전에 1943년 16,130명(일본인 포함)으로 가장 많았고, 해방 이후에는 지속적으로 증가하여 1974년 29,810명을 정점으로 감소 추세이다. 2017년에는 9,975명으로 1만 명 선이 무너졌다. 현재 울릉읍 독도리에는 26명(남 25, 여 1)이 거주하고 있다.

주민들의 생업은 오랫동안 1차 산업 중심이었다. 울릉도는 산지가 많아 농사를 짓기에 유리한 환경이 아니지만, 농업은 생계유지를 위해 옥수수와 감자, 약초 재배 등이 이루어졌다. 일제 시대에는 선진화된 어업기술을 통해 수산업이 활발했다. 울릉도

울릉도와 독도 지도

의 주요 산업이었던 농림어업은 지속적으로 감소하여 현재 14.5%에 불과하며, 서비스·판매 종사자와 단순노무 종사자 등 기타 업종이 다수를 차지한다.

독도 최초 주민 최종덕

최종덕은 1925년 평안남도 순안에서 태어나 1930년 울릉도로 이주하여 유년 시절을 보냈다. 그의 생업은 약초재배와 해산물 채취였으며, 1960년대 전반부터 독도에서 미역을 채취하기 시작했다. 1965년에는 울릉군으로부터 독도어장채취권을 획득하여 식수를 구할 수 있는 서도 북쪽의 물골에 움막집을 짓고 어로활동을 시작했다. 1967년에는 추위와 파도의 영향이 적은 현재의 주민숙소가 있는 서도의 남쪽으로 옮겨 함석집을 짓고 어로활동을 했으며, 사공과 해녀들을 고용해서 해산물을 채취했다. 1975년부터는 전복양식 배양법을 개발했다.

최종덕(1925~1987)

최종덕은 아내, 딸과 함께 1981년 독도로 주민등록을 이전함에 따라 독도는 무인도에서 유인도로 바뀌었다. 그는 일본의 독도 영유권 주장이 지속되자 독도지킴이로서 사명감을 갖고 정부에 주민등록 이전 허가를 1977년부터 여러 차례 건의했지만, 울릉군은 독도가 특수작전지역이라는 이유로 거부했다. 그의 부단한 설득으로 가족은 법적으로 독도 주민이 되었다. 1982년에는 동도 선착장 계단 공사와 물골 방파제공사를, 1983년부터는 안정적 식수 획득을 목적으로 주민숙소에

동도 선착장 계단 공사(1982)

제2장 독도의 지리적 환경 79

서 물골로 가는 998 계단 공사를 착수했다.

딸 최경숙은 1979년부터 독도에 들어와 부친과 함께 생활했으며, 1984년 결혼 이후 자식과 함께 주민등록을 독도에 두고 생활했다. 최종덕은 1987년 9월 태풍 다이아나가 독도를 통과하여 주민숙소와 선가장을 파손시키자 이를 복구하기 위해 내륙에 자재를 구입하러 갔다가 돌아오는 길에 뇌출혈로 별세했다. 이후 그의 가족은 1992년에 내륙으로 이주했다.

독도 최초 주민이자 개척자로서 최종덕의 삶은 대한민국의 독도 영유권 공고화에 크게 기여했다. 최종덕 일가가 독도로 주민등록을 신청하여 이전한 조치는 한국 정부의 영토에 대한 정당한 주권 행사였다. 게다가 최종덕이 주거지 마련, 식수 확보 작업, 선착장 건설, 계단 공사, 해산물 채취 등의 활동을 개인적 판단으로 실행했지만, 여기에는 한국 정부의 승인과 지원이 있었다. 따라서 그의 행적은 대한민국 정부의 영토주권 행사와 귀결된다는 점에서 의의가 있다.

독도 최초 이장 김성도

제2대 독도 주민이 내륙으로 이주하기 전에 김성도와 그의 부인 김신열은 1991년 11월 독도로 주민등록을 이전하여 제3대 독도 주민이 되었다. 김성도는 울릉도가 고향으로 1970년대 후반 최종덕에게 고용되어 독도에서 어업활동을 실시했으며, 1996년부터는 태풍의 피해로 독도에서 거주가 어렵게 되었다.

일본 시마네현 의회가 2005년 3월 다케시마의 날을 조례로 제정하고, 2006년 2월에는 기념행사를 개최하여 한일 간에 교류가 중단되는 등 마찰이 심화되었다. 이 시기에 국민성금과 정부의 지원금으로 독도의 주민숙소가 복구되어 김성도 부부는 2006년 2월 다시 섬으로 돌아와 생활하기 시작했다. 시민의 성금으로 건조된 독도호를 타고 어로활동을 재개했으며, 2007년부터는 독도리 이장에 임명되어 임무를 수행했다.

독도리 김성도 이장과 필자(2016.09.27)

  독도리 이장 김성도는 2006년 일반전화 개통과 독도에서의 첫 투표, 2007년 이동통신 개통, 2012년 대통령의 첫 독도 방문 등 역사적인 순간에 항상 독도와 함께 했다. 게다가 2009년에 독도수산과 2013년에 독도사랑카페 등의 사업을 추진하여 2014년부터 국세청에 세금을 납부하기도 했다. 그는 죽는 날까지 독도를 수호하겠다고 다짐했는데, 2018년 10월 21일 지병으로 세상을 떠났다.

  최종덕이 독도 정착의 토대를 마련한 개척자였다면, 김성도는 독도가 대한민국의 땅임을 국내외에 알리고 몸소 실행한 실천자였다. 이와 같이 이들이 내륙과 동떨어진 척박한 환경에 거주하면서 생계 활동을 전개한 것은 독도가 국제법상 암초가 아닌, 유인도로 인정받는 데 크게 기여하여 한국의 독도 영유권을 한층 강화하는 계기가 되었다.

한국인의 독도 밟기

한국은 독도를 1982년 천연기념물로 지정한 이래, 문화재보호법에 따라 공개를 제한했다. 그러나 한국은 일본 시마네현 의회가 소위 다케시마의 날을 조례로 제정하자 2005년 3월 동도에 한해서 입도 허가제를 신고제로 전환하여 일반인들의 출입이 가능하도록 했다. 독도 탐방이 가능해짐에 따라 울릉도를 방문하는 사람들도 크게 증가하였다.

독도 탐방객 수는 독도 방문이 가능해진 2005년 4만 1천, 2007년 10만 1천, 2013년 25만 5천, 2017년 20만 6천 여 명으로 세월호 사건, 일본의 독도 영유권 주장 등의

국군 장병의 독도 밟기

영향으로 증감을 보였다. 탐방객들은 독도를 방문하기 위해 반드시 울릉도를 경유해야 하는데, 이들이 울릉도와 독도를 탐방지로 선정한 요인은 이들 섬이 지닌 독특한 자연성, 독도의 상징성, 휴식성, 사회성, 유인성 등이다. 그 가운데 독특한 자연성과 독도가 지닌 상징성이 독도 탐방의 주된 요인이다.

독특한 자연성은 섬의 위치, 아름다운 자연경관, 생태환경, 원거리와 격리성 등이 다른 지역보다 차별적이다. 울릉도와 독도는 국토의 변경에 위치한 해양 영토로서의 역사, 육지와 멀리 떨어져 희귀한 생태자원의 보고, 신비스런 자연경관, 청정한 바다와 산지에서 생산되는 특산품과 고유한 문화를 간직하여 다른 섬에 비해 정체성이 잘 드러난다. 탐방객은 동해상의 격리된 이들 섬에서 아름다운 자연을 감상하고 느끼며, 일상에서 벗어나 잠시 머물면서 휴양하기를 희망하는 장소이다.

특히 일본의 지속적인 독도 영유권 주장은 한국인의 독도와 영토에 대한 관심을 높이고 애국심을 자극하여 독도 순례에 나서게 한다. 독도는 일제에 의한 한국 침략의 첫 희생물이자 독립의 상징으로 애국심, 국토 수호의 의지, 민족의 긍지, 정의감 등을 불태우게 하는 곳이다. 그래서 성지나 다름없는 독도에서는 한국의 국경일에 해당하는 삼일절과 광복절에 여러 기념행사가 개최되기도 한다.

한국인이라면 일생에 한번 정도는 상징성이 강한 독도라는 장소에 첫발을 내딛고 감격스러운 마음에 준비한 태극기를 꺼내어 흔들고 포즈를 취하기도 한다. 일본의 독도 영유권에 대한 억지 주장이 강하면 강할수록 한국인은 더욱 자극받아 애국적 시민으로서 독도 순례는 증가한다.

Q&A

Q 독도 천연보호구역의 관리는?

A

경상북도 울릉군 울릉읍 독도리 일원은 국유지로 소유 단체는 국토해양부이며, 관리 단체는 울릉군이다. 독도는 동도와 서도 이외에 그 주위에 흩어져 있는 89개의 부속도서로 구성되었다. 독도는 철새들이 이동하는 길목에 위치하고, 동해안 지역에서 바다제비·슴새·괭이갈매기의 대집단이 번식하는 유일한 지역이므로 한국 정부는 1982년 11월 천연기념물 제336호 독도 해조류 번식지로 지정하여 보호해 왔다.

그러나 독도에 독특한 식물들이 자라고, 화산폭발에 의해 만들어진 섬으로 지질적 가치 또한 크고, 섬 주변의 바다 생물들이 다른 지역과 달리 매우 특수하므로 1999년 12월 천연기념물 제336호 독도 천연보호구역으로 명칭이 변경되었다. 독도는 신라 지증왕 이래로 내려온 우리 영토로서 역사성과 더불어 자연·과학적 학술가치가 매우 큰 섬이므로 천연기념물로 지정해서 보호하고 있다.

독도는 섬 전체가 공개제한지역으로 관리 및 학술목적 등에 한해 문화재청의 허가를 받아 출입할 수 있었으나, 독도에 대한 국민적 관심 증대에 따른 접근성 강화 및 방문객 유치를 위해 2005년부터 공개제한지역 일부를 해제하여 일반인의 관람을 허용하고 있다. 동도는 2005년 3월, 그리고 서도는 2009년 6월 일부 공개 제한을 해제했다.

울릉군은 독도 천연보호구역 관리 조례를 제정하였다. 주요 내용은 독도의 관람 장소는 동도 부두로 한정하며, 관람 시간은 8시부터 19시까지이다. 1회 관람 시간은 1시간을 초과할 수 없으며, 입도 인원은 상주하고 있는 인원을 제외하고 1회 470명을 초과할 수 없다. 바닷새 번식기인 5월과 6월에는 1일 여객선박 입도 횟수를 10회 이하로 제한하며, 4월부터 6월까지는 헬기를 이용한 입도가 불가능하다. 다만 1회 관람 시간, 여객 선박의 입도 횟수, 헬기 이용 등은 군수가 특별히 필요하다고 인정하면 예외가 적용된다.

3장

전근대 한국의
독도 인지

동해의 울릉도는 고대부터 사람들이 거주하면서 우산국이라는 소왕국을 형성했다. 독도는 울릉도의 가시거리에 위치하여 울릉도 주민들의 생활권이었다. 6세기 전반에는 우산국이 신라에 병합되어 조공 관계를 유지했다. 고려 시대에도 그러한 관계가 유지되었으며, 정부는 울릉도에 관리를 파견하여 주민들의 지원 및 쇄환, 다시 이주 정책을 추진하려다 중지했다. 조선 전기에는 왜구의 침입으로부터 주민들을 보호하기 위해 쇄환정책을 펼쳤다. 17세기 후반에는 안용복이 울릉도에서 어로 활동을 하다가 일본 어부들을 만나자 2번에 걸쳐 일본에 건너가 울릉도와 독도가 조선의 땅임을 주장하였다. 조선 정부는 안용복 사건을 계기로 수토제를 실시하여 섬을 관리했다. 전근대 조선에서는 여러 문헌과 지도가 편찬되었는데, 여기에는 독도가 조선의 소속으로 표현되었다.

1. 신라 시대의 우산국

한반도의 서쪽과 남쪽 바다는 침수해안으로 해안선이 길고 복잡한 리아스식 해안, 다도해를 이룬다. 반면 한반도의 동쪽 바다는 융기해안으로 해안선이 단조롭고 섬도 소수 존재한다. 동해의 주요 도서는 화산으로 형성된 울릉도와 독도가 대표적이다. 고대부터 울릉도에는 사람들이 거주했지만, 육지에 예속되지 않고 동해 바다를 중심으로 고립된 생활을 유지하면서 우산국于山國이라는 소규모 해상 국가를 형성했다.

우산국 사람들의 생활 문화는 울릉도 곳곳에 존재하는 돌무덤의 유물을 통해 확인할 수 있다. 당시 돌무덤에서는 여러 종류의 토기를 비롯하여 금동 제품, 철기, 유리옥 등이 출토되어 그들의 독자적 문화를 엿볼 수 있다. 우산국 사람들의 성격은 거칠었으며, 한반도 동쪽 해안에 나타나 노략질하는 경우도 있었다. 마침내 우산국은 신라에 병합되었으며, 그 내용은 김부식(1145)이 왕명에 따라 편찬한 삼국시대의 역사서『삼국사기』신라본기와 열전, 그리고 승려 일연(1281)이 편찬한 역사서『삼국유사』기이紀異에 기록되었다. 이들 병합 기술은 서로 유사한데, 역사서『삼국사기』신라본기의 내용은 다음과 같다.

『삼국사기』신라본기의 우산국

512년(신라 지증왕 13년) 여름 6월에 우산국에 항복하고 매년 토산물을 공물貢物로 바쳤다. 우산국은 명주溟州(강릉)의 정동쪽 바다에 있는 섬으로 울릉도라고도 한다. 땅은 사방 백리이다. 이곳 사람들이 지세가 험한 것을 믿고 복종하지 않자, 이찬 이사부가 하슬라주何瑟羅州(강릉)의 군주가 되어 말하기를, 우산국 사람들은 어리석고 성질이 사나워 위엄으로 복종시키기 어려우니 꾀를 써서 복종시키는 것이 좋겠다고 했다. 이에 나무로 된 가짜 사자를 많이 만들어 전선戰船에 나누어 싣고는 우산국 해안에 이르러 말하기를 너희들이 만일 복종하지 않는다면 이 맹수들을 풀어놓아 밟혀 죽게 하겠다고 하니, 사람들이 두려워서 바로 항복했다.

이와 같이 신라의 이찬 이사부는 512년 6월 동해에 위치한 우산국을 정벌하여 신라에 병합했으며, 이때부터 울릉도에 거주하는 사람들은 매년 신라에 토산물을 공물로 바쳤다. 한국 정부는 신라가 우산국을 병합한 512년부터 독도는 한국령이 되었다는 입장이다. 독도는 울릉도에서 보이기 때문에 울릉도 주민들이 독도를 왕래하면서 어업 활동을 지속해 왔기 때문이다. 512년 이래 한국은 독도를 포함한 울릉제도에 행정적 통치력이 미치고, 관리가 이루어졌던 것이다.

2. 고려 시대의 우산도

고려 시대에도 울릉도 사람들은 이전과 동일하게 내륙의 고려 왕조에 토산물을 바치고, 유기적인 관계를 유지했다. 아울러 독도가 울릉도의 부속도서로서 최초로 등장하게 되었다. 이러한 사실은 조선 전기에 완성된 고려 시대의 역사서 『고려사』(1449~1451)에 기록되어 있다.

930년 8월 울릉도芋陵島에서는 백길과 토두를 고려에 사절로 보내어 섬의 특산물을 조공했으며, 고려는 백길과 토두에게 벼슬을 내려 울릉도와의 복속 관계를 유지했다. 울릉도는 1018년에 동북 여진족의 침략으로 많은 인명과 재산 피해가 발생했다. 일부 주민들은 육지로 피난을 가거나 그들에게 잡혀 갔으며, 농기구도 빼앗겨 농사를 지을 수 없었다. 고려 정부는 관리 이원구를 울릉도에 최초로 파견하여 농기구를 지급했으며, 피난민들을 울릉도로 귀환시켰다.

고려와 울릉도의 조공 기록은 1032년을 마지막으로 이후에는 보이지 않는데, 이는 11세기 초반 동북 여진족의 침략을 받은 이후 쇠망했기 때문이다. 울릉도로부터 사절이 단절되자 고려 정부는 관리를 울릉도에 파견하여 섬의 사정을 파악하도록 했다. 먼저 1141년 울릉도를 다녀왔던 이양실은 그곳의 산물을 가져왔다. 다음은 내륙 사람들을 섬으로 이주시킬 목적으로 1157년 김유립을 울릉도에 파견하여 현지의 사정을 답사하도록 했다. 보고에 따르면, 그는 섬 가운데 큰 산을 중심으로 동서남북 해안까지의 거리 관계, 촌락 터와 불교 유적지, 식생 상태 등을 조사했다. 이주와 관련

『고려사』 지리지의 우산

해서는 울릉도에 암석이 많아 사람의 거주가 부적합하다는 것이 확인되었다.

무인정권 최이崔怡는 울릉도에 삼림과 해산물이 풍부하다는 것을 알고, 내륙 사람들의 울릉도 이주를 추진했다. 그는 울릉도에 관리를 파견하여 섬의 사정을 살피고, 동해안 지방의 사람들을 이주시켰지만, 거친 풍랑으로 인명 피해가 발행하자 다시 이주민들을 철수시켰다. 내륙의 관리가 울릉도에 여러 차례 파견됨에 따라 울릉도는 내륙과 가까운 울진현의 관할로 편입되었다. 한편 고려 시대에 울릉도와 독도는 『고려사』 지리지의 강원도 울진현조에 다음과 같은 내용으로 등장한다.

> 현縣의 정동 바다 가운데 있다. 신라 때 우산국이라 일컬었다. … 일설에 이르기를 우산于山 무릉武陵은 본래 두 섬으로 서로 거리가 멀지 않아 날씨風日가 청명할 때 바라볼 수 있다고 한다.

앞에서 언급했듯이 1157년 고려 의종은 울릉도 개척을 위해 김유립을 울릉도에 파견하여 섬의 사정을 조사하도록 명령했다. 김유립은 보고에서 섬 중앙의 큰 산에서 사방 해안까지의 거리관계, 사람들이 거주했던 흔적과 자연환경 등을 언급했으며, 동해상의 두 섬에 대한 관계는 마지막 부분에서 밝혔다. 여기에서 우산은 독도를, 무릉은 울릉도를 가리킨다.

신라 시대와 달리 고려 시대에는 중앙의 관리들이 울릉도에 여러 차례 파견되어 현지 조사를 실시했기 때문에 역사서에 울릉도와 함께 독도의 존재를 명기한 것이 특징이다. 울릉도 이외에 하나의 섬이 가시거리에 위치하며, 날씨가 맑으면 서로의 존재를 확인할 수 있다는 것이다. 울릉도에서 맑은 날씨에 육안으로 볼 수 있는 섬은 독도가 유일하므로 역사서에 기재된 우산이라는 명칭은 현재의 독도에 해당된다.

신라 시대의 역사서 『삼국사기』에는 울릉제도 전체를 가리키는 용어로서 우산국을 사용했지만, 고려 시대의 역사서 『고려사』에는 강원도 울진현조에 울릉도와 함께 독도를 언급하여 두 섬이 고려의 영토임을 명확히 기술했다.

3. 조선 전기의 울릉제도

태종의 주민 쇄환정책

14세기 말에 건국된 조선 왕조는 후대로 갈수록 울릉도와 독도 영유권을 점차 강화하는 방향으로 나아갔다. 이러한 사실은 조선 시대의 역사를 기록한 『조선왕조실록』을 비롯하여 여러 고문헌에서 확인된다. 고려 말기부터 조선 초기에 걸쳐 한반도 동해안 주민들의 울릉도 이주가 다시 시작되었다. 동시에 한반도 동남해안에는 왜구가 출몰하여 주민들을 해치고 재물을 강탈하는 사건이 자주 발생했다.

왜구의 노략질이 심해지자 15세기 전반 태종은 울릉도 주민들을 보호하기 위해 쇄환정책을 실시했다. 태종은 내륙 사람들의 울릉도 이주를 용납하지 않았으며, 1403년에는 울릉도 주민들을 육지로 나오도록 명령했다. 1407년에는 쓰시마의 무장守護 소 사다시게宗貞茂가 자신들의 울릉도 이주를 조선 정부에 요청했다. 그러나 그들의 청원은 허락되지 않았으며, 조선 정부는 오히려 쇄환정책을 강화하는 계기가 되었다.

1416년 태종은 울릉도의 사정을 잘 아는 전 삼척만호三陟萬戶 김인우에게 조선인의 울릉도 거주에 대한 의견을 물었다. 그는 울릉도로 군역을 피하려는 자가 나올 것이며, 섬에 사람들이 많아지면 왜구가 반드시 쳐들어 올 것이며, 나아가 왜구는 강원도를 침입할 것이라고 경고했다. 이에 태종은 김인우를 무릉등처안무사로 임명하고, 병선 2척과 여러 수행원을 구성하여 그에게 울릉도 주민들을 책임지고 데려오도록 명령했다. 마침내 안무사 김인우는 1417년 2월 울릉도에서 거민 3명을 데려왔으며, 태종에게 울릉도 토산물도 바쳤다. 아울러 안무사 일행은 울릉도에 15가구 86명이 거주하고 있다는 것을 확인했다.

김인우가 울릉도에서 돌아와 섬의 사정을 보고하자, 즉시 태종은 섬 주민들의 쇄환 여부를 논의했다. 회의에서 참석자 다수는 울릉도 주민들이 안정적으로 거주하도록 지원하는 의견을 내었지만, 공조판서 황희는 울릉도 주민의 쇄환을 태종에게 건의했다. 결국 태종은 황희의 뜻을 받아들여 울릉도 주민의 쇄환정책을 결정했다. 안무사 김인우는 1417년부터 울릉도 주민을 쇄환하는 책임을 맡아 마무리를 지었다.

그런데 쇄환되었던 남녀 28명이 1423년에 울릉도로 도망가는 사건이 발생했다. 세종 때에 김인우는 1425년 8월 우산무릉등처안무사로 임명되어 동년 10월 울릉도에 거주했던 주민들을 다시 내륙으로 쇄환했다. 이후에도 세종은 부왕 태종의 쇄환정책을 계승하였다. 세종의 쇄환정책에서 주목할 사항은 김인우를 종래 무릉등처안무사에서 독도를 가리키는 우산을 추가하여 우산무릉등처안무사로 임명했다는 사실이다. 세종은 독도를 조선의 영역으로 간주하여 김인우에게 울릉도와 함께 독도를 안무해야 할 지역으로 명심하도록 했던 것이다.

성하신당 기원제

　조선 시대의 쇄환정책과 관련하여 울릉군 서면 태하리에는 성하신당에 얽힌 전설이 있다. 1417년 조선 정부의 명령으로 안무사 김인우는 울릉도에 거주하는 모든 사람들을 육지로 이주시키라는 임무를 맡았다. 그는 울릉도에 건너가 주민들을 모두 모았다. 김인우는 육지로 출항하기 전날 밤에 꿈을 꾸었는데, 꿈속에 수염이 하얀 해신이 나타나 동남동녀를 두고 떠나라고 말했다. 그는 꿈의 내용을 의아하게 생각했지만, 다음 날 별다른 생각 없이 출항하려고 하자 풍파가 심해져 울릉도를 떠날 수 없었다.

　문득 김인우는 전날의 현몽이 생각나 젊고 예쁘장한 남녀를 불러 자기가 머물던 곳에 필묵을 두고 왔으니, 그들에게 그것을 가져오라고 심부름을 시켰다. 두 남녀가 필묵을 찾으러 떠나자 거짓말처럼 날씨가 평온해져 안무사 일행의 배는 출항해서 순풍을 받아 울릉도에서 멀어졌다. 김인우는 울릉도 주민들의 쇄환을 정부에 보고했지만, 마음 한 구석에는 남녀를 두고 온 죄 의식이 남아 있었다.

　김인우는 8년 후에 다시 안무사 자격으로 울릉도를 방문하게 되었다. 그는 울릉도에 두고 왔던 두 남녀가 꼭 껴안은 채 백골이 되어 있는 모습을 발견했다. 안무사는 그곳에 사당을 세워 참회를 했으며, 이때부터 신당의 이야기와 의식이 전해지고 있다. 1969년 3월에는 동남동녀의 영혼결혼식이 치러졌으며, 1978년 2월에는 성황당을 성하신당으로 개칭했다.

　현재에도 울릉군 서면 태하리에 위치한 성하신당에서는 이들을 기리는 제사가 매년 음력 3월 1일 또는 2일에 문화제 형식으로 진행된다. 성하신당의 기원제는 제사와 함께 농업의 풍년, 어업의 풍어, 해상의 안전 등도 기원한다. 그리고 선박을 만들어 처음 바다에 띄울 때에는 성하신당에 제사하여 해상작업의 무사 안전과 어업의 번창 등을 기원한다.

사료에 나타나는 울릉도와 독도

조선 왕조는 조선 초기부터 쇄환정책을 추진하여 울릉도 주민을 여러 차례에 걸쳐 내륙으로 이주시켰지만, 조선의 영역에서 울릉도와 주변의 섬을 포기한 적은 없었다. 이러한 사실은 관찬 및 사찬 지리지와 고지도에 울릉도와 함께 독도가 조선의 영역으로 포함된 것을 통해 알 수 있다. 반면 같은 15세기 전반에 일본에서 간행된 지리지와 고지도에는 울릉도와 독도가 일본의 영역으로 다뤄지는 사례는 보이지 않는다.

조선 전기에 울릉도와 독도를 조선의 영역으로 다룬 대표적 고문헌은 『세종실록』 지리지와 『신증동국여지승람』 등을 들 수 있다. 조선 시대에 지리지 편찬 사업은 1424년 세종의 명령으로 시작되었다. 1425년부터 각 도의 지리지가 순차적으로 완성되어 1432년에는 『신찬팔도지리지』로 재편집되었으며, 이것을 보완하여 1454년 『세종실록』 지리지

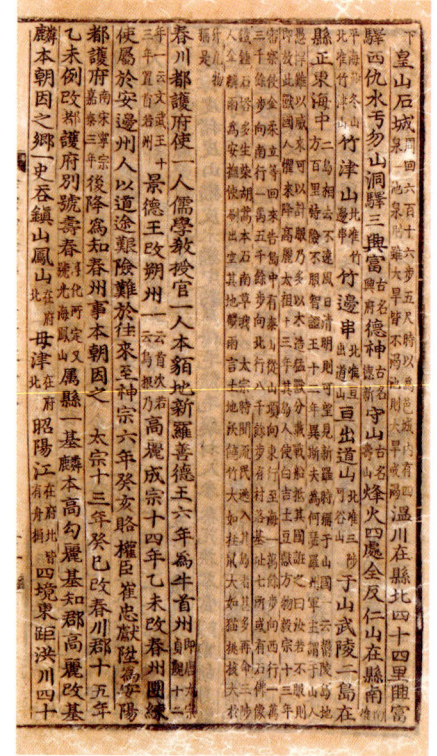

『세종실록』 지리지(1454)의 독도

가 편찬되었다. 이 문헌의 지리지는 당시 지리적 지식과 인식의 결정체로서 강원도 울진현조에는 다음과 같이 울릉도와 독도가 기술되었다.

> 우산于山과 무릉武陵 두 섬이 현縣 정동의 바다 가운데에 있다. 두 섬은 서로 거리가 멀지 아니하여 날씨風日가 청명하면 바라볼 수 있다. 신라 때에는 우산국이라 칭했으며, 울릉도라고도 한다.

울릉도에서 바라본 관음도와 죽도

　이 내용에서 울릉도와 독도가 오랜 옛날부터 한국의 영역이었다는 사실을 살펴보면, 첫째는 두 섬을 강원도 울진현조의 소속으로 다뤘다는 것, 둘째는 우산은 독도이며, 무릉은 울릉도로 두 섬을 별개로 보았다는 것, 셋째는 이들 섬을 신라 때는 우산국으로 불렀다는 것 등이다. 특히 두 섬은 서로 거리가 멀지 않아 날씨가 청명하면 바라볼 수 있다는 내용은 두 섬 사이가 아주 가까운 거리가 아니라는 뜻이며, 또한 조금이라도 날씨가 흐려진다면 서로 보이지 않는다는 의미가 내포되어 있다.

　울릉도 주변에는 여러 개의 부속 도서와 암초가 있는데, 그 대표적인 것이 울릉도 북서 방향의 바다에 위치한 죽도와 관음도라는 작은 섬이다. 죽도는 대나무가 많아 댓섬이라고도 불리며, 울릉도에서 약 2㎞ 떨어져 있다. 그 북쪽에는 깍새섬이라고도 불리는 관음도가 있다. 그런데 이들 섬은 날씨가 맑지 않아도 울릉도에서 가깝기 때문에 육안으로 보는 것은 문제가 없다. 따라서 『세종실록』 지리지에 날씨가 청명하면 바라볼 수 있다고 명기한 우산于山은 울릉도 바로 옆에 위치한 죽도나 관음도가 아님을 알 수 있다.

한편 『세종실록』 지리지 이후에도 국가 통치의 필요성에서 1481년에는 성종의 명령으로 『동국여지승람』이 편찬되었으며, 이를 증보하여 1530년에는 『신증동국여지승람』이 완성되었다. 이 문헌에도 울릉도와 독도가 다음과 같이 기록되었다.

우산도 울릉도

무릉武陵이라고도 하고 우릉羽陵이라고도 한다. 두 섬은 현의 정동 바다 가운데에 있다. 세 봉우리가 곧게 솟아 하늘에 닿았는데, 남쪽 봉우리가 약간 낮다. 날씨가 청명하면 산 위의 나무와 산 아래의 모래사장까지 역력히 볼 수 있다. 바람이 좋으면 이틀에 도달할 수 있다. 일설에 우산과 울릉은 본래 한 섬이라고 한다.

『신증동국여지승람』(1530)의 우산도

이 내용도 『세종실록』 지리지와 동일하게 울릉도와 독도를 강원도 울진현의 소속으로 다뤘으며, 우산도 울릉도라는 제목에서 알 수 있듯이 두 섬은 별개로 인식되었다. 날씨가 청명하면 산과 모래사장이 보인다는 것은 내륙의 울진에서 바라본 울릉도의 모습이다. 그리고 일설에 우산과 울릉이 본래 한 섬이라고 기술한 것은 앞에 두 섬은 현의 정동 바다 가운데에 있다는 사실을 명확히 언급하고 나서, 일설에 두 섬을 동일한 섬으로 기술한 자료도 있다는 것이다. 고려 시대부터 정부의 관리가 울릉도에 파견되어 섬의 사정을 살폈는데, 그들은 두 섬을 인지하는 과정에서 혼란도 있었다는 것으로 해석할 수 있다.

한편 『신증동국여지승람』에는 전국지도와 8도의 지방도가 각각 수록되어 있다. 전국지도에 해당하는 팔도총도와 강원도라는 지방도에는 수많은 한국의 고지도 가운데 독도가 최초로 표현되었다. 이들 고지도에 독도는 우산도于山島라는 명칭으로 울릉도 서쪽에 위치하는 것은 동일하다. 그러나 두 섬의 형상이 팔도총도는 세로형이며, 강원도는 가로형으로 서로 다르다. 이들 고지도에 최초로 등장하는 독도는 이후에 간행된 관찬 및 사찬의 독도 관련 고지도에 영향을 미쳤다. 후대의 지도 제작자들은 관찬 『신증동국여지승람』에 수록된 팔도총도와 강원도 지도를 신뢰하여 독

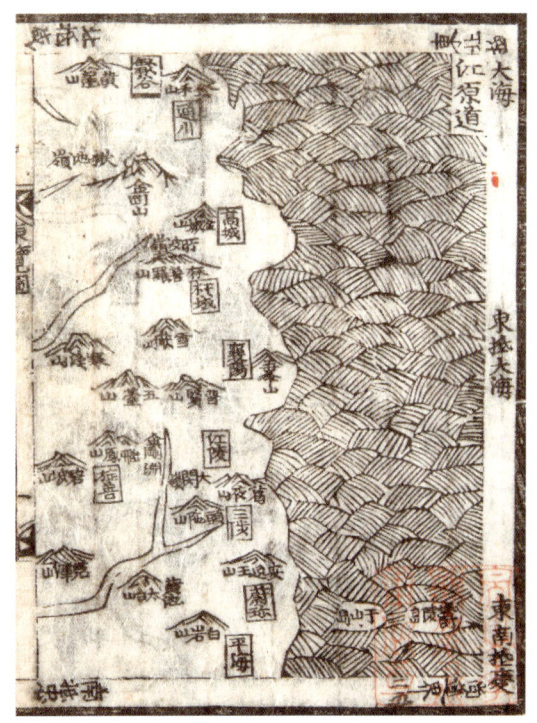

『신증동국여지승람』 강원도(1530)의 우산도

도와 울릉도를 그대로 모사하거나 응용하는 경향이 오랫동안 지속되었다.

국가적 사업으로 편찬된 『신증동국여지승람』에 수록된 지도를 비롯하여 조선 전기에 완성된 지도에 나타나는 울릉도와 독도는 그림 수준이다. 지도에는 독도와 울릉도라는 2개의 섬이 한반도 동쪽 바다에 그려져 있으며, 독도가 울릉도 서쪽에 위치하며, 독도于山島의 크기가 울릉도와 비슷하거나 약간 작은 정도로 표현되었다. 현실과 비교하면 두 섬의 위치, 거리 관계, 크기, 형상 등은 정확성이 결여되었다.

특히 제작자가 독도를 울릉도 서쪽에 한반도의 동해안과 가깝게 나타낸 것은 가장 큰 오류이다. 그 이유는 여러 가지 설이 있는데, 가장 설득력이 있는 것은 지도를 만든 사람들이 두 섬을 직접 현지 답사하지 않고, 다른 사람이 조사한 지리적 정보를 바탕으로 지도를 편찬했기 때문이다. 조선 전기에 간행된 지리지에 두 섬이 독도于山島,

울릉도 순으로 기술됨에 따라 지도 편찬자는 지도에 내륙을 기준으로 독도, 울릉도 순으로 표시했다는 것이다.

4. 안용복의 영토 수호 활동

독도지킴이 안용복

한일 간에 독도를 둘러싼 최초의 영유권 문제는 조선 시대의 어부 안용복에 의해 시작되었다. 안용복(1654~?)은 오충추의 외거 노비로 부산에 거주했으며, 부산의 초량 왜관倭館에 출입하여 일본어를 어느 정도 했다. 신체는 146cm 정도로 왜소한 편이며, 외모는 얼굴이 검푸르고 턱수염이 있었다. 성격은 거칠었으며 술을 좋아했으며, 고집이 있어 쉽게 타협하는 스타일은 아니었다.

그는 1693년과 1696년 두 차례 일본에 건너가 울릉도와 독도가 조선의 땅임을 주장했다. 이 일로 양국 사이에 외교 문제가 발생했는데, 이 사건을 한국은 울릉도 쟁계, 일본은 다케시마 일건竹島一件 또는 겐로쿠 다케시마 일건元禄竹島一件이라고 한다. 1693년의 제1차 도일은 울릉도에서 일본인에게 강제로 연행된 사건이며, 1696년의 제2차 도일은 안용복이 울릉도와 독도 수호를 목적으로 치밀하게 준비하고 계획한 사건이었다.

양국에서 안용복의 활동에 대한 평가는 정반대이다. 한국에서는 천민 출신의 안용복에 대해 장군이라는 호칭까지 부여하면서 영웅 이미지를 부각시키고 있다. 하지만 일본에서는 역사적 문헌에 나타나는 안용복의 진술을 부정하여 그를 거짓말쟁이 또는 모든 악의 근원으로 보았다. 그로 인해 일본에서는 울릉도와 독도 영유권에 대한 불리한 역사가 전개되었고, 한국에서는 두 섬을 수호하는 계기가 되었다.

제1차 도일 사건과 행적

1692년 3월 무라카와 집안의 선원들이 울릉도에 도착했을 때에 조선인 다수가 전복 채취와 어로 활동을 하고 있는 모습을 발견했다. 무라카와 선원들은 조선인들이 자신들의 어로 도구와 배를 사용해서 불쾌했지만, 자신들보다 조선인의 숫자가 훨씬 많아 어로 활동을 단념하고 고향으로 돌아왔다. 그들은 이 사실을 돗토리번과 중앙 정부에 보고했지만, 정부는 조선인이 울릉도를 떠난다고 했기에 크게 문제를 삼지 않았다.

1693년 3월 하순에는 안용복이 울산 출신의 어부 10여 명과 함께 울릉도에 건너가 어로 작업을 실시했다. 4월 중순에는 오야大谷 집안의 선원들이 울릉도에 도착하여 조선인들이 여기저기에서 작업하는 장면을 목격했다. 일본의 어부들은 조선인들에게 이 섬에 다시는 오지 말라고 위협하는 한편 안용복과 박어둔을 일본으로 데려갔다.

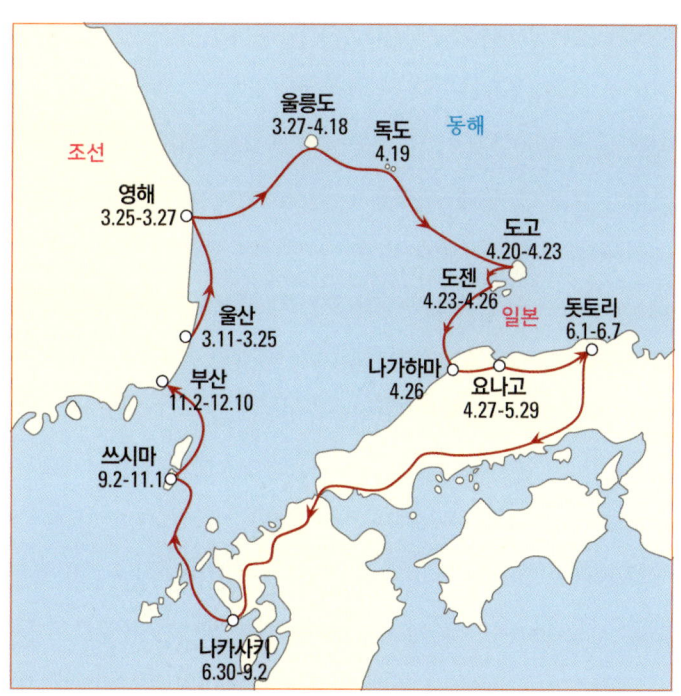

안용복의 제1차 도일 경로
(1693)

제3장 전근대 한국의 독도 인지 97

그들은 자신들의 배타적 영역으로 생각했던 울릉도에 조선인의 도항을 금지하도록 중앙 정부에 호소하기 위한 증인으로 두 사람을 연행했던 것이다.

안용복과 박어둔은 4월 하순 돗토리번 요나고에 도착하여 상부의 지시가 있을 때까지 오야의 집에 감금되었다. 오야 집안의 보고를 받고, 돗토리번은 중앙 정부에 안용복을 어떻게 처리할 것인가와 일본인 어민을 위해 조선인의 울릉도 도해를 금지해 줄 것을 요청했다. 중앙 정부는 돗토리번의 보고 내용에 동의하여 조선과의 외교 업무를 전담했던 쓰시마번을 통해 두 사람을 조선에 인도하고, 조선 측에 조선인의 울릉도 도해를 금지해 달라는 의사를 전달하도록 지시했다.

이에 안용복과 박어둔은 5월 하순 요나고를 출발하여 6월 하순 나가사키에 도착했다. 두 사람은 이송 과정에서 다수의 수행원들로부터 귀한 대접을 받았다. 그러나 나가사키 봉행소에 인도된 이후에는 죄수의 신분으로 조사에 임했다. 두 사람은 9월 초에 다시 쓰시마번으로 인도되어 억류된 상태로 취조를 받았다. 나가사키와 쓰시마는 중국과 조선의 대외 창구로서 이곳을 통하지 않은 조선인의 입국을 불법으로 간주했기 때문에 그들은 죄인으로 취급받았던 것이다. 마침내 안용복과 박어둔은 쓰시마번의 송환 담당자와 함께 11월 초순 부산의 초량 왜관에 도착해서 12월 10일까지 구금되어 있다가 조선의 동래 부사에게 인도되었다.

안용복은 이 과정에서 자신들을 연행한 일본인, 오키와 요나고의 관리들에게 울릉도와 독도는 조선의 땅임을 주장하고, 자신들의 부당한 연행에 항의했다. 제1차 도일사건과 관련하여 안용복은 에도에 가서 관백으로부터 울릉도와 독도子山島는 일본 땅이 아니므로 일본 어민들의 출어를 금지하겠다는 내용의 외교문서(서계)를 받았는데, 그것을 나가사키 봉행의 취조 과정에서 빼앗겼다는 진술이 『숙종실록』에 기록되어 있다.

외교문서를 받았는가와 관련하여 한일 연구자들의 견해는 다른데, 대체로 가능성은 낮다. 이유는 요나고에서 에도까지의 육로 거리, 일반인의 하루 이동 거리 등을 고려할 때에 시간적 여유가 되지 않기 때문이다. 게다가 불법으로 월경한 개인에게 외교문서를 전달한다는 것은 외교관례상 있을 수 없다는 것이다. 제1차 도일 사건으로 안용복은 불법 월경한 죄로 감옥에 구금되었으며, 이후 쓰시마번은 조선인의 울릉도 도해 금지를 목적으로 조선 정부와 외교 교섭에 들어갔다.

제2차 도일 사건과 행적

안용복의 1차 도일 사건 이후 조선과 일본은 울릉도의 소속을 둘러싸고 2년 정도 줄다리기가 지속되었다. 마침내 일본은 울릉도를 조선의 소속으로 인정하고, 1969년 1월에 울릉도도해금지령을 내렸다. 그러나 이러한 내용은 즉각 돗토리번과 조선에 전해지지 않았기 때문에 울릉도는 여전히 조선과 일본의 어민들이 왕래하면서 어로 활동 무대가 되었다.

이런 사실도 모르고 감옥에서 나온 안용복은 울릉도와 독도를 지키기 위해 재차 도일을 계획하고 실천했다. 안용복과 울산 출신의 어부, 승려 등 11명은 1696년 3월 울릉도에 들어갔으며, 2개월 정도 어로 활동을 하다가 5월 중순에 일본 어부를 만났다. 1696년의 『숙종실록』에 따르면, 안용복은 우리 땅 울릉도에 침입한 일본인을 꾸짖었

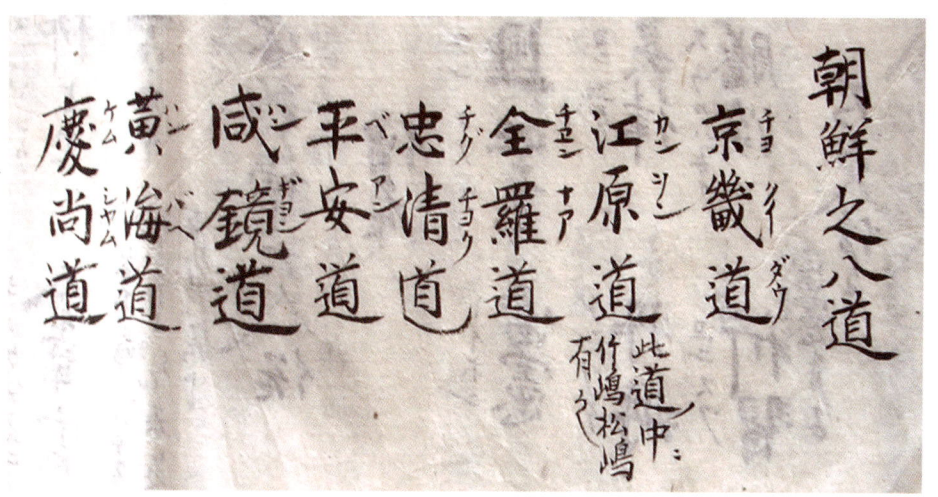

조선지팔도(1696)의 독도

다. 그들이 독도로 도망가자 그곳까지 쫓아가 마쓰시마松島는 자산도子山島로서 이곳 또한 우리의 땅이라고 호통을 쳤으며, 일본으로 건너가 두 섬이 조선의 소속임을 주장했다.

오키까지 쫓아간 안용복의 제2차 도일 목적과 경위, 배에 대한 정보와 실린 물건 등이 『겐로쿠구병자년조선주착안일권지각서元祿九丙子年朝鮮舟着岸一卷之覺書』에 사실대로 기록되어 있다. 이 문헌은 안용복 일행이 1696년 5월 18일 오키에 도착한 이후, 오키의 관리가 5월 23일 조사하여 이와미주石見州에 보고한 진술서이다. 소장자 무라카미 스케구로村上助九郎는 이 자료를 통해 한국과 일본이 독도 영유권 문제로 더 이상 분쟁하지 않고 잘 해결되었으면 좋겠다는 생각으로 2005년 5월 17일자 산인중앙신보에 공개했다.

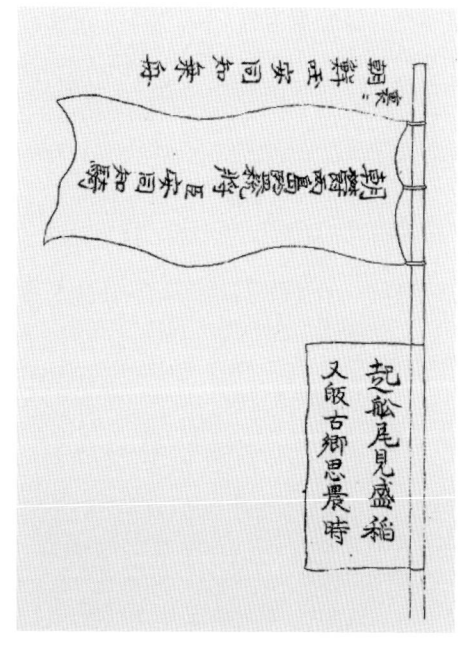

조울양도감세장신안동지기(1696)

이 문헌은 총 8매로 구성되었으며, 주요 내용은 배를 타고 온 11명의 신상, 안용복·뇌헌·김가과 3인은 그들이 소지했던 8매로 구성된 조선팔도지도를 보였다. 관리는 팔도의 명칭을 조선어로 표기했으며, 안용복은 다케시마竹嶋에 대해 조선국 강원도 울릉도로 대나무섬이라고 불리며, 마쓰시마松嶋는 강원도 내의 자산子山이라는 섬이다. 우리 11인은 돗토리 호키伯耆 태수에게 담판을 지으려고 한다. 울릉도와 조선 사이는 30리이며, 조선과 독도 사이는 30리이다. 그리고 안용복이 조선팔도지도의 강원도 내에 울릉도와 독도가 있다고 진술했는데, 이 문헌의 마지막 부분에는 관리가 그 내용을 옮겨 적은 조선지팔도가 수록되었다.

안용복 일행은 오키의 관리와 조사를 마치고, 뱃머리에 조울양도의 세금 관리 장수를 의미하는 조울양도감세장이라는 깃발을 달고 호키주(시마네현)로 건너가 태수와 담판을 하려고 했다. 이 일은 바로 돗토리번을 통해 중앙 정부에 보고되었다. 이후 일본 정부는 그들을 나가사키로 보내지 않고, 쓰시마번의 제안을 받아들여 추방할 것을 지시했다.

결국 안용복 일행은 1696년 8월 말경 강원도 양양으로 귀국하여 비변사에서 조사를 받았다. 조선 정부는 허가 없이 월경한 죄로 그에게 사형을 선고했지만, 일본에 건너가 울릉도와 독도가 조선의 땅임을 주장한 그의 공을 감안하여 유배형으로 감해 주었다.

안용복 사건의 영향

조선 정부는 안용복의 제1차, 제2차 도일 사건으로 동해의 울릉제도에 대한 중요성이 부각되자 변방의 섬들을 더욱 적극적으로 관리하는 정책을 펼쳤다. 먼저 조선의 숙종은 1694년 9월 삼척 첨사 장한상을 울릉도에 파견하여 섬의 사정을 조사하도록 했다. 장한상 일행의 조사단은 150여 명, 선박 6척, 양식 200석을 준비하여 울릉도에 13일 동안 머물면서 섬의 상태를 조사했다. 장한상이 울릉도를 수토하고 기록한 보고서 『울릉도 사적』(1694)에는 울릉도의 지형, 토질, 날씨, 수목과 동물, 대나무밭, 주거 흔적, 포구 등이 비교적 상세하게 기술되었다. 아울러 독도를 가리키는 내용도 다음과 같이 등장한다.

> 비가 개이고 구름이 걷힌 날, 산 속으로 들어가 중봉中峰에 오르니 남쪽과 북쪽에 두 봉우리가 우뚝 솟아 마주하고 있는데, 이것이 이른바 삼봉三峯입니다. 서쪽으로는 구불구불한 대관령의 모습이 보이고, 동쪽으로 바다를 바라보니 동남쪽에 섬 하나가 희미하게 있는데, 크기는 울릉도의 3분의 1이 안 되며 거리는 300여 리에 지나지 않습니다.

이 기록과 같이 장한상은 울릉도에서 가장 높은 중봉 즉 성인봉(984m) 정상에 올라 울릉도 주변의 지세를 살폈다. 정상에서는 가을의 쾌청한 날씨 덕분에 멀리 내륙

『절도공양세비명』(1694)의 울릉도사적

서쪽에 위치한 대관령의 모습을 보았고, 울릉도 동남쪽 바다에는 희미한 섬이 존재한다고 언급했다. 비록 섬의 명칭은 언급하지 않았지만, 그것은 울릉도의 동남쪽에 위치하고, 거리가 멀어 희미하게 보이며, 크기가 울릉도의 1/3이 안 된다는 사실에서 독도임이 틀림없다.

장한상의 보고를 받은 조선 정부는 내륙에서 주민을 울릉도로 이주시키는 것은 어렵다고 판단해서 울릉도에 정기적으로 수토관을 보내는 것을 제도화했다. 울릉도 수토제는 정부에서 수토관을 정기적으로 파견하여 섬의 사정을 조사하고, 조선의 주민을 찾아 내륙으로 데려오는 것이며, 일본인이 섬에 들어왔는가를 유심히 살펴보는 것도 임무의 하나였다.

울진군 기성면의 대풍헌

　조선 정부는 1699년부터 1894년까지 울릉도 수토제를 실시했는데, 처음에는 3년 간격으로 수토관을 파견했지만, 18세기 말부터는 2년마다 파견하여 섬의 사정을 살펴보도록 했다. 수토관은 울진에서 준비 및 휴식을 취하면서 울릉도를 왕래했다.

　동해 바다를 마주하고 있는 울진군 기성면 구산리에 소재한 대풍헌待風軒은 18세기 말부터 구산항에서 울릉도로 가는 수토관들이 순풍을 기다리며 머물렀던 장소이다. 정확한 건립 연대는 알 수 없으나, 1851년에 중수해서 대풍헌이라는 현판을 달았다. 이후 몇 차례 보수 과정을 거쳐 여러 부분이 변형되어 2010년 해체 및 복원되었다. 대풍헌에 소장된 문서는 수토 절목으로 조선 정부가 울릉제도를 조선의 영토로 인식하고, 장기적으로 순찰했음을 알 수 있다.

제3장 전근대 한국의 독도 인지

5. 조선 후기의 독도 지식

조선 전기에는 울릉도와 독도에 대한 지리적 지식이 부족했기 때문에 두 섬을 둘러싼 여러 혼란도 존재했다. 그러나 안용복 사건을 계기로 독도에 대한 지식이 증가함에 따라 두 섬의 위치, 크기, 명칭, 소속 등이 이전에 비해 더욱 현실에 가까워졌다. 이러한 사실은 조선 후기에 간행된 관찬 및 사찬의 여러 고문헌과 고지도에 구체적으로 드러난다.

먼저 조선 후기에 간행된 고문헌의 울릉도와 독도 관련 내용은 조선 전기에 비해 확연히 다르다. 실학자 유형원이 임진왜란 이후 1656년에 완성한 『동국여지지』는 최초의 사찬 지리지로서 조선 전기의 미진했던 관찬 지리지를 보완한 것이다. 독도와 관련하여 주목할 사항은 조선 전기까지 일설에 따르면 울릉도와 독도를 하나의 섬으로 보는 경향도 있었지만, 소위 1도 설을 전면 부정하여 울릉도와 독도는 별개의 두 섬이라는 것을 명확히 했다. 게다가 한 섬은 일본이 독도를 가리키는 마쓰시마松島라는

조선 후기의 울릉도와 독도 인식

고문헌	기술 내용
동국여지지 (1656)	• 일설에는 우산(于山)과 울릉은 본래 한 섬이라고 하나, 여러 도지(圖志)를 상고하면 두 섬이다. 하나는 곧 왜(倭)가 말하는 마쓰시마(松島)인데, 대개 두 섬은 모두 우산국(于山國)이다.
숙종실록 (1696)	• 마쓰시마(松島)는 곧 자산도(子山島)로서 이곳 또한 우리나라의 땅이다.
강계고 (1756)	• 내가 살펴보니 여지지(輿地志)에 일설에 우산과 울릉은 본래 한 섬이라고 하나 여러 도지(圖志)를 상고하면 두 섬이다. 하나는 왜가 말하는 마쓰시마(松島)라고 했으니 대체로 두 섬은 모두 우산국이다.
동국문헌비고 (1770)	• 여지지(輿地志)에 이르기를 울릉과 우산은 모두 우산국 땅인데, 우산은 바로 왜인들이 말하는 마쓰시마(松島)이다.
만기요람 (1808)	• 여지지(輿地志)에 이르기를 울릉과 우산은 모두 우산국 땅인데, 우산은 바로 왜인들이 말하는 마쓰시마(松島)이다.
증보문헌비고 (1908)	• 여지지(輿地志)에 이르기를 울릉과 우산은 모두 우산국 땅인데, 우산(于山)은 왜인들이 말하는 마쓰시마(松島)이다.

사실을 최초로 언급했으며, 두 섬은 모두 신라 시대에 우산국에 속했다는 것을 강조했다. 이러한 유형원의 독도 인식은 20세기 초까지 관찬 및 사찬의 고문헌 편찬에 영향을 미쳤다.

안용복 사건을 기술한 1696년의 『숙종실록』에도 일본에서 독도를 호칭하는 마쓰시마松島가 등장하는데, 이 섬은 자산도子山島로 이것 역시 조선의 땅이라고 명기되었다. 안용복은 일본에 건너가 독도 영유권을 주장했으며, 이러한 사실은 안용복의 공술에 근거한 조선 정부의 『숙종실록』에 그대로 나타난다. 자산도子山島는 한자 우于를 자子로 잘못 적은 것이다.

유형원의 사찬 『동국여지지』와 조선 정부의 관찬 『숙종실록』에 기술된 독도 관련 내용은 20세기 초까지 조선의 관찬 및 사찬 고문헌에 그대로 계승되었다. 특히 일제는 1905년 2월 독도를 침탈했지만, 그 뒤에 편찬된 『증보문헌비고』(1908)에도 여전히 독도가 대한제국의 영토로 기술된 것은 의미가 있다. 이와 같이 한국은 고대부터 20세기 초까지 독도를 울릉도의 일부, 즉 울릉제도의 한 섬으로 인식했던 것이다.

한편 조선 후기에 간행된 고지도에서 울릉도와 독도의 표현도 조선 전기에 비해 확연히 다르다. 안용복 사건 이후 만들어진 고지도에 울릉도와 독도는 조선 전기와 달리 더욱 현실에 가까워졌다. 그것은 독도于山島의 위치가 울릉도 서쪽에서 옮겨와 주로 동쪽 또는 동남쪽에 그려졌으며, 독도의 크기도 울릉도보다 작게 표시되었다. 주요 사례를 조선전도, 강원도, 울릉도 등의 지도에서 살펴보면 다음과 같다.

18세기 전반에 완성된 정상기(1678~1752)의 동국대지도는 조선 전기의 지도학적 성과를 집대성하고, 안용복 사건을 계기로 증대된 독도 지식을 반영하였다. 조선 전기의 지도는 한반도의 동서 폭이 길고, 남북은 짧으며, 특히 북부 지방은 왜곡이 심하다. 그러나 이 지도는 한반도의 윤곽이 어느 정도 제 모습을 갖췄으며, 다양한 기호와 백리척이 사용되었다. 아울러 전통적인 산지와 하천 인식을 충실히 반영하여 백두산에서 지리산으로 이어지는 백두대간의 산줄기가 명확하게 제시되었다. 독도于山島는 조선 전기와 달리 울릉도 동쪽에 위치하며, 그 형상도 작게 그려졌다. 이 지도는 당대

동국대지도(1740년대)의 독도

최고의 역작이었기 때문에 후대의 지도 제작자들에게 많은 영향을 미쳤다.

  작자 미상의 해좌전도는 19세기 중반에 유행한 지도로 일반인들의 지역 인식에 크게 기여했다. 이 지도는 전체적으로 정상기의 지도를 계승하여 한반도의 형상, 지형, 도로 등의 표현 방식이 거의 유사하다. 산줄기와 하천, 군현 등은 간략하며, 육로와 해로, 8도의 경계 등은 비교적 상세하다. 한반도 주변의 여백에는 조선의 지리 및 역사와 관련하여 주요 명산과 산수, 섬, 정계비 등에 대한 설명을 담았다. 동해상의 울릉도에는 산 모양과 함께 성인봉을 가리키는 중봉中峯이 기재되었다. 울릉도 동쪽에는 독도를 작은 섬으로 나타내고 우산于山이라는 명칭이 표기되었다. 울릉도와 독도

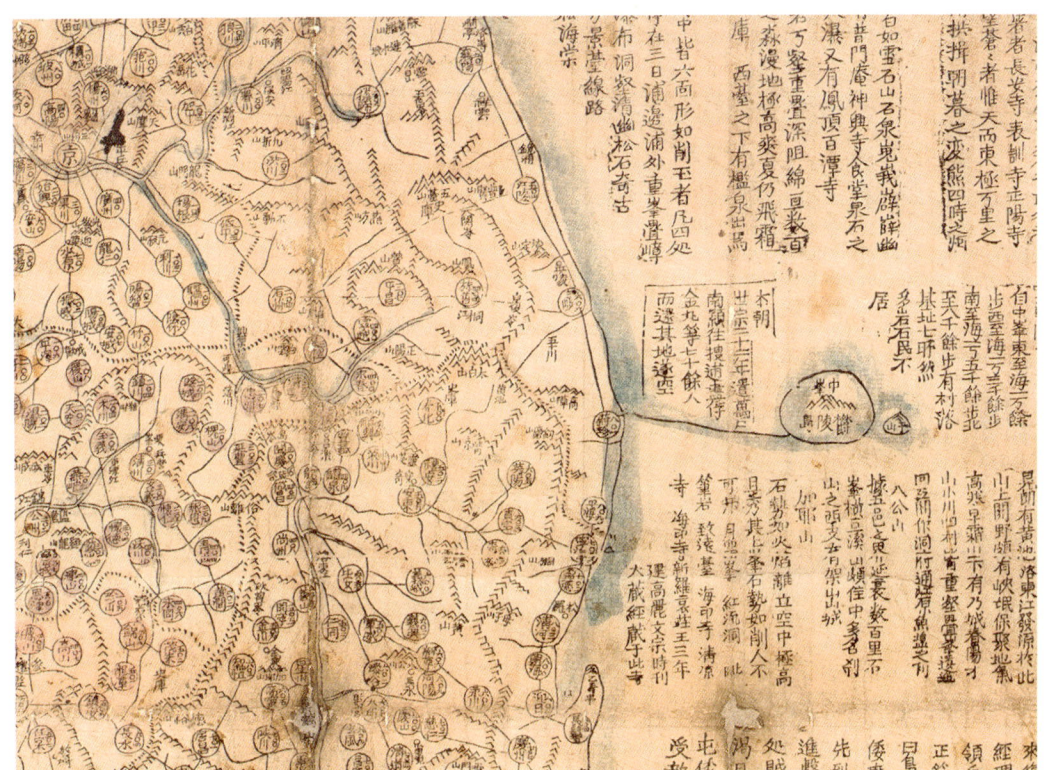

해좌전도(19세기 중반)의 독도

　옆의 여백에는 섬의 역사와 위치 등의 내용이 간략하게 기술되었다.
　조선 시대에 울릉도와 독도는 강원도 울진현 소속이었기 때문에 지방도에도 자연스럽게 등장한다. 19세기 후반의 필사본 『여지도輿地圖』라는 지도책에 수록된 강원도 지도의 형식과 내용이 정상기의 팔도분도 유형으로 산줄기와 하천을 연속적으로 나타내었다. 강원도에는 26개 군현의 위치와 명칭, 군현 간의 도로, 관동팔경과 석호 등이 표시되었다. 우측 상단에는 강원도 26개의 군현(영동 9, 영서 17), 4개의 역驛과 5개의 보堡 등이 기재되었다. 울릉도와 독도는 공간 부족으로 강원도 강릉 동쪽 바다에 나타내었다. 울릉도는 둥근 섬 모양으로 울진에서 뱃길로 순풍을 만나면 이틀 만에 도착한

제3장 전근대 한국의 독도 인지　　　107

『여지도』 강원도(19세기 후반)의 독도

울릉도(18세기 중반)의 독도

다는 글귀가 있고, 바닷길은 붉은색으로 표시되었다. 독도는 공간 부족으로 울릉도 동쪽이 아닌, 동북쪽에 섬을 나타내고 명칭은 간산도杆山島로 표기되었다.

 독도는 로컬 수준의 울릉도라는 지도에도 나타나는데, 이는 독도가 울릉도 소속의 섬이라는 것을 의미한다. 18세기 중반에 완성된 울릉도는 채색필사본으로 『조선지도』라는 지도책에 수록되었다. 이 책은 총 7책으로 울릉도는 3책의 강원도에 포함되어 있다. 지도에는 울릉도 중앙에 성인봉을 가리키는 중봉中峯이 표시되어 있으며, 여기에서 사방의 해안을 향해 여러 산지가 연속적으로 나타난다. 산지 아래에는 중봉까지의 거리가 기재되어 있으며, 하천은 산지 사이의 계곡을 따라 바다로 유입되는 모습이다. 울릉도 곳곳에는 죽전竹田이 기재되어 당시 대나무가 많았음을 알 수 있다. 울릉도 주변에는 여러 섬을 그렸지만, 명칭은 부여하지 않았다. 울릉도 동쪽 바다에는 독도가 우산干山으로 표기되었다.

조선 시대에는 국가적, 지방적, 지역적 수준에서 여러 유형의 고지도가 간행되었지만, 정확성은 다소 결여되었다. 이들 고지도에는 한반도 주변의 주요 도서만 나타나며, 그 외에 수천 개의 섬은 표시되지 않았다. 그럼에도 조선 시대의 여러 고지도에는 작은 섬 독도가 등장하는데, 그것은 조선 정부와 민간이 이 섬을 조선 변방의 중요한 영토로 인식했기 때문이다.

Q&A

Q 영유권 문제에서 지도의 증거력은?

A

지도는 간행 시기와 제작 기법에 따라 고지도와 현대지도로 구분된다. 현대지도와 달리 고지도는 제작 연대가 오래되었고, 현대적 측량 기법을 사용하지 않았기 때문에 정확성을 기대할 수 없다. 그럼에도 고지도는 당시 국가와 민간인들의 지역 인식을 파악할 수 있는 귀중한 자료이다. 독도 영유권 문제에서 고지도는 시간과 공간을 한정할 필요가 있다. 시간적으로는 1905년 일본의 독도 편입 이전에 간행된 것, 공간적으로는 한국, 일본 이외에 제3국의 입장이 담긴 서양 고지도를 주목할 만하다.

국가 간의 영유권 문제를 다루는 국제재판에서 당사국은 자국의 권원에 유리한 모든 자료를 증거로 제출한다. 이들 가운데 지도는 영역을 표시하고 구분한 증거 자료로서 대상에서 제외할 수 없다. 당사국은 자국의 영유권 주장을 정당화하거나 상대국의 영유권 주장의 부당성을 지적하기 위해 지도를 증거로 사용할 수 있다. 지도의 종류는 간행 주체에 따라 관찬지도와 사찬지도, 작성 방법에 따라 편찬도와 실측도, 내용에 따라 일반도와 주제도 등 다양하다.

지도는 영유권 문제와 관련하여 성격, 목적, 제작자, 제작 시기, 기능, 가치 등의 변수에 따라 증거력은 달라진다. 지도가 증거력을 갖추기 위해서는 공식성, 정확성, 객관성 등의 요소가 중요하다. 공식성은 국가의 정부 기관이 제작한 것으로 국가의 공식 입장이 지도에 담겨 있기 때문에 절대적으로 중요하다. 특히 국가가 작성한 공문서에 첨부된 지도는 증거력이 탁월하다.

공식지도는 지도 제작국의 영역 의사를 표시한 것이므로 사적지도와 달리 승인(recognition), 묵인(acquiescence), 금반언(estoppel)의 효과가 인정된다. 묵인 또는 승인의 효과는 공식지도 제작국이 지도에 특정 영토를 자국의 영토로 표시할 경우, 이해 관계국이 아무런 항의를 하지 않는다면, 그 영토는 지도 제작국의 영토로 이해하게 된다. 금반언의 효과는 공식지도 제작국이 지도에 특정 영토를 자국의 영토가 아닌 것으로 표시할 경우, 이해 관계국이 이를 신뢰할 때에 차후 그 영토는 자국의 영토라고 주장할 수 없게 된다. 반면 개인이 제작한 지도는 증거력이 인정되지 않거나 제한되는 경우가 많지만, 국가의 입장을 반영하거나 제작자의 명성에 따라 달라진다.

고지도는 지리적 정확성이 결여된 경우가 많은데, 특정 지역의 위치, 형상, 지형, 거리관계, 범위, 경계, 지명 등이 정확하면 지도의 증거력으로서 가치가 있다. 그러나 부정확한 지도라도 당시 지리적 인식에 대한 합의를 도출할 수 있다면 의의가 있다. 게다가 객관성·중립성도 지도의 증거력으로 중요하다. 지도 제작자가 지도를 제작할 때에 비정치성에 입각하여 지리 자료를 얼마나 객관적으로 다뤘는가를 살펴야 한다. 따라서 독도 관련 지도는 1905년 일본의 독도 편입 이전에 제작된 것이 객관성을 지닌다.

일반적으로 지도에서 특정 지역을 자국의 영토에서 누락시킨 것보다 타국의 영토로 표시한 것이 더 높은 증명력을 갖는다. 한국의 관찬 및 사찬 지도에는 독도를 일본의 영토로 표시한 것이 없지만, 일본의 관찬 및 사찬 지도에는 독도를 일본과 무관하게 또는 한국의 영토로 표시한 것이 상당수 존재하는 것은 주목할 필요가 있다.

4장
전근대 일본의 독도 인지

일본 혼슈 서부의 산인지방 사람들은 예부터 울릉도와 독도의 존재를 인지하고 있었지만, 이 섬들은 일본의 영역 바깥이라고 생각했다. 17세기 전반부터 산인지방 사람들은 정부의 허가를 받아 섬을 왕래하면서 경제 활동을 시작했다. 17세기 후반에 편찬된 오키의 지리지에는 울릉도와 독도가 최초로 등장하지만, 일본 북서의 경계는 오키제도라고 보았다. 17세기 말에는 안용복의 도일 사건으로 한일 간에 영유권 문제가 발생했으며, 일본은 조사를 통해 일본인의 울릉도도해금지령을 내렸다. 19세기 전반에는 일본인의 울릉도 도해가 일본 정부에 발각되어 관련자가 처형당했으며, 재차 울릉도도해금지령이 나왔다. 한편 이 시기의 사찬 및 관찬 지도에는 울릉도와 독도가 일본의 영역과 무관하게 또는 조선과 동일하게 채색되었다.

1. 산인지방 사람들의 도해 활동

독도와 가까운 산인지방

산인山陰지방은 혼슈 서부의 동해 바다와 접하는 돗토리현, 시마네현, 야마구치현 북부를 포함하는 지역이다. 이 지방의 사람들은 예부터 동해를 통해 한반도와 교류해 왔기 때문에 울릉도와 독도의 소재를 오래전부터 인지하고 있었다. 특히 산인지방의 오키, 요나고, 마쓰에, 이즈모, 하마다 등의 주민들은 경제활동을 위해 이들 섬을 왕래하기도 했다. 과거의 교류를 바탕으로 현재에도 한국의 동해안 지역과 산인지방의 지자체들은 자매결연을 맺어 교류 활동을 지속하고 있다.

시마네현은 크게 이즈모, 이와미, 오키 지역으로 구분되며, 총 면적은 6,707㎢, 현청 소재지는 마쓰에이다. 지형은 해안을 따라 동북에서 남서로 긴 형태를 이루며, 전반적으로 평지가 적다. 지형상 경지 면적은 6%에 불과해 농업이 적은 반면, 임업과 어업으로 유명하다. 임업은 약 80%를 차지하여 전국 유수의 삼림지역이며, 어업은 오키제도를 중심으로 어장이 풍부하기 때문에 서부 일본에서 손꼽히는 수산물 공급지이다.

혼슈 서부의 산인지방

일본에서 독도와 가장 가까운 오키제도는 시마네현에서 북방 약 50km 해상에 위치한다. 총 면적은 242.95㎢로 4개의 주요 섬과 180여 개의 부속도서로 구성되어 있다. 주요 섬은 도젠島前과 도고島後로 대별되며, 독도는 도고의 북서 약 157.5km 거리에 위치한다. 인구는 약 1만 3천 명 정도로 매년 감소 추세이다. 전통적으로 어업 활동의 중심지였으며, 경관이 아름다워 국립공원으로 지정되었다.

시마네현 동부에 위치한 돗토리현은 해안을 따라 동서로 긴 형상이다. 총 면적은 3,507㎢, 현청 소재지는 돗토리이다. 지대가 낮은 바다 주변에는 평야와 모래사장으로 이루어진 사구가 넓게 펼쳐져 있다. 특히 돗토리 사구는 돗토리현의 상징으로 사막과 같은 이미지와 웅대한 자연경관에 압도되어 국내외에서 많은 관광객이 방문한다. 이 지역의 수산업은 1990년대 초반까지 번성하여 일본 최대의 어획량을 자랑했지만, 그 후에는 감소 추세이며, 대표적인 수산 도시는 요나고이다.

오야 및 무라카와 집안의 울릉도 도해

16세기 말경 산인지방 사람들은 조선의 쇄환정책으로 무인도나 다름없던 울릉도에 들어가 인삼 등을 채취하여 일본에서 유통하기도 했다. 17세기 초반에는 울릉도 주변에서 어로 활동을 하던 어부들이 풍랑을 만나 조선의 동해안에 표착하는 사건도 발생했다. 이처럼 일본에서 울릉도 및 독도와 가장 가까운 산인지방 사람들은 울릉도에 삼림과 해산물 등이 풍부하여 경제적 가치가 높다는 것을 인식하게 되었다.

일본의 국경 밖에 위치한 울릉도에 산인지방 사람들의 산발적, 비공식적 도해가 이루어지는 가운데, 17세기 전반에는 정기적, 공식적으로 울릉도에 건너가 경제적 이득을 취하려는 움직임이 돗토리번의 요나고에 거주하는 오야大谷와 무라카와村川 두 집안에 의해 본격적으로 나타났다. 울릉도 도해를 공식적으로 시작했던 오야 진키치大谷甚吉는 원래 해상 운송업자였다. 그는 1617년 니가타에서 요나고로 돌아오다가 뜻하지 않게 울릉도에 표착했다. 무인도였던 울릉도를 둘러보고 사람들의 손이 닿지 않은 섬의 울창한 삼림과 주변 바다에서 어로 활동을 실시하면 경제적 가치가 높다는 것을 깨달았다.

오야 진키치는 고향으로 귀환하여 울릉도 도해를 본격적으로 추진했다. 그는 동료 무라카와 이치베에村川市兵衛와 함께 중앙 정부 막부에 울릉도 도해를 신청하여 1625년 막부로부터 울릉도도해면허竹島渡海免許를 발급받았다. 이 문서에는 요나고의 오야와 무라카와 집안의 울릉도 도해를 허가한다는 내용이 담겨 있다. 이후 두 집안은 매년 교대로 울릉도를 왕래하면서 전복을 비롯하여 해삼, 버섯, 목재, 바다사자 등 여러 토산물을 획득하여 예상대로 큰 수익을 올렸다.

오야와 무라카와 집안은 에도에서 쇼군將軍을 알현하고 울릉도 특산품으로 전복을 헌상했다. 게다가 그들은 돗토리 번주, 요나고 성주에게도 울릉도 토산물을 헌상했으며, 나아가 상업을 영위하여 특권 상인으로서 지위를 확보했다. 그리하여 이들 집안은 17세기 말 안용복 사건이 발생하기 전까지 약 70년 동안 울릉도 도해를 지속했다. 그들은 울릉도와 독도에서 어업 활동을 실시하면서 섬의 모습을 그림 지도로 남겼다.

이와 관련하여 일본 외무성의 홍보자료 『다케시마 문제를 이해하기 위한 10가지 포인트』에는 세 번째 포인트에 "일본은 17세기 중엽에는 독도 영유권을 확립했다"는 주장을 펼치고 있다. 오야와 무라카와 집안은 정부로부터 울릉도도해면허를 발급받아 울릉도에서 독점적으로 어업 활동을 실시했으며, 독도는 울릉도로 가는 길목에 있어 항해의 목표나 도중의 정박장으로 또는 가지이나 전복 포획의 좋은 어장으로 자연스럽게 이용했기 때문에 일본은 늦어도 17세기 중엽에는 독도 영유권을 확립했다는 것이다.

이에 대해 한국은 당시 중앙 정부의 도해면허는 자국의 섬을 도해할 때는 필요가 없는 문서이므로 이는 오히려 일본이 울릉도와 독도를 자국의 영토로 인식하지 않았다는 사실을 반증한다는 입장이다. 그 외에도 일본 정부의 주장과 달리 17세기 후반에 일본이 울릉도와 독도를 조선의 영토로 인정한 역사적 사료는 오키의 지리지로 편찬된 1667년의 『은주시청합기』, 1695년 에도 막부의 질의에 대한 돗토리번의 회답서 등이 존재한다.

2. 독도가 최초로 등장하는 은주시청합기

오키제도 북서의 울릉도와 독도

일본에서 최초로 독도가 명기된 문헌은 1667년에 편찬된 『은주시청합기隱州視聽合紀・合記』이다. 에도 시대 초기에 저술된 이 문헌은 오키제도를 기술한 현존 최고의 지지地誌이다. 원본의 소재는 명확하지 않지만, 사본이 여기저기 남아 있다. 문헌에 저자명이 없기 때문에 저자를 정확히 알 수 없다. 그러나 1941년에 간행된 『마쓰에시사松江市史』에 따르면, 당시 마쓰에번松江藩의 번사藩士였던 사이토 간스케齊藤勘介, 豊宣가 오키의 군다이郡代로 부임했기 때문에 그를 유력한 저자로 본다. 그는 약 2개월에 걸쳐 오키제도를 순찰하면서 보고 들은 내용을 그대로 채록했으며, 그것을 정리하여 상부 기관에 보고했다.

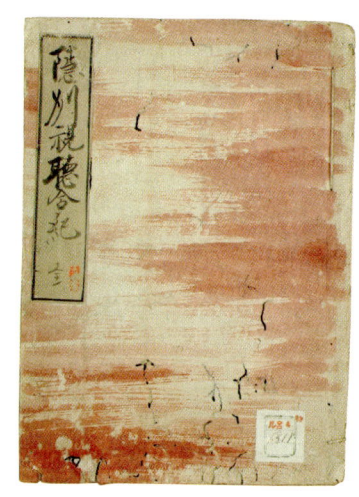

『은주시청합기』(1667)

책의 서문에는 오키제도를 실제 답사했을 때에 토지의 노인, 오래되고 유서 깊은 사찰로부터 묻고 들은 것을 기록했다고 쓰여 있듯이 지세, 인구, 명승, 유적, 신사불각, 예의 등이 기행문 형식으로 기술되었다. 당시 오키제도의 지리적 현황이 비교적 상세하게 기록되었으며, 지명과 거리 관계를 자세히 언급했기 때문에 현재와 대비할 때 크게 참고가 된다.

이 지리지는 총 4권에 1장의 지도가 수록되어 있다. 권1은 총론에 해당하는 국대기國代記로 오키제도의 위치 개요와 역사에 관한 내용이다. 권2~권4는 각론으로 각 지역을 다뤘다. 권1의 국대기에는 오키제도와 함께 그 북서의 독도와 울릉도의 위치 관계도 기술되어 있으며, 내용은 다음과 같다.

> 오키는 북해 가운데 있다. 생각건대 일본 고유의 말로 바다 가운데를 오키라고 하므로 이와 같이 이름 붙인 것일까? 그 남동에 있는 땅을 도젠島前이라고 한다. 치부리군知夫郡과 아마군海部郡이 여기에 속한다. 그 동쪽에 있는 땅을 도고島後라고 한다. 스키군周吉郡과 오치군穩地郡이 여기에 속한다. 그 관청은 스키군 남안의 사이고 도요사키西鄕豊崎이다. 오키에서 남쪽, 시마네현의 미호노세키美保關까지는 35리. 동남에 있는 돗토리현의 아카사키우라赤碕浦까지는 40리. 남서에 있는 시마네현의 유노쓰溫泉津까지는 58리. 북에서 동에 이르는 사이에는 기준이 되는 땅이 없다. 북서 사이에는 2일 1야를 가면 독도가 있다. 여기에서 하루 일정의 지점에 울릉도가 있다. 일반적으로 이소타케시마磯竹島라고 한다. 대나무, 물고기, 바다사자가 많다. 생각건대 신서神書에 기술되어 있는 이소타케의 신일까? 이 독도와 울릉도 두 섬은 무인도이다. 여기에서 고려가 보이는 것은 정확히 이즈모出雲로부터 오키를 원망遠望하는 것과 같다. 그런즉 일본 북서의 땅은 이 주此州를 경계로 한다.

지리지의 주요 내용은 오키 중심의 위치, 지명의 유래, 주요 섬과 지역, 관청, 오키에서 주변 지역까지의 거리, 북서 바다에 위치한 독도와 울릉도까지의 소요 시간, 울릉도의 다른 명칭과 주요 산물, 두 섬이 무인도라는 사실, 일본 북서의 경계 등이다.

일본 북서의 경계에 대한 해석

오키의 지리지 『은주시청합기』에서 독도 영유권과 관련된 내용은 마지막의 "일본 북서의 땅은 이 주를 경계로 한다"는 부분이다. 일본 북서의 경계를 가리키는 '이 주此州'가 오키인가 아니면 독도인가를 둘러싸고 한일 양국의 정부와 학자들 사이에 주장이 서로 다르다. 이 주를 한국의 연구자들은 오키로, 일본의 일부 연구자들은 울릉도로 해석하였다. 즉 일본 북서의 영토 경계를 한국은 오키까지, 일본은 울릉도까지 본 것이다.

일본 정부가 독도 영유권과 관련하여『은주시청합기』를 최초로 언급한 것은 1954년의 외교문서이다. 일본 측은 일본 북서의 경계를 오키가 아닌 울릉도까지 확대 기술함으로써 이 주의 해석을 둘러싼 논쟁이 비롯되었다. 논쟁은 그동안 양국 학자들에 의해 오랫동안 팽팽하게 전개되었지만, 이케우치 사토시池內敏가『은주시청합기』의 다른 판본과 전문을 고찰하여 이 주=오키임을 논리적으로 증명했다. 이 주가 울릉도와 독도가 아니라는 사실은 이 문헌의 용어와 내용 기술에서도 파악할 수 있다.

첫째, 이 문장에서 '원망遠望'이라는 용어의 사용이다. 원망이라는 말은 멀리서 바라볼 수 있다는 의미로서 이는 하나의 생활권이 형성될 수 있음을 가리킨다. 울릉도에서 독도까지는 87.4km, 독도에서 오키까지는 157.5km의 거리이다. 울릉도에서는 날씨가 맑은 날에 독도를 육안으로 바라볼 수 있지만, 오키에서는 거리가 멀어 아무리 날씨가 맑더라도 독도가 보이지 않는다. 하물며 일본 시마네현의 이즈모에서 육안으로 독도를 바라보는 것은 불가능하지만, 오키까지는 가능하다. 따라서 일본 북서의 땅으로 '이 주'에 대한 해석은 오키이다.

둘째, 이 문헌은 오키제도의 지리지임에도 불구하고, 각 지역을 다루는 각론에서 울릉도와 독도를 제외시켰다는 것이다. 지리지의 권1은 서문과 국대기國代記, 권2는 스키군周吉郡, 권3은 오치군穩地郡, 권4는 치부리군知夫郡과 아마군海部郡·사찰일람·몬가쿠文覺에 대한 인물평 등을 다뤘다. 집필자가 울릉도와 독도를 일본의 영역으로 판단했다면, 권3의 오치군에 이들 섬이 포함되어야 한다. 그러나 지리지에는 최북단에 대한 내용 기술은 있지만, 울릉도와 독도에 대한 언급은 없다. 오키의 지리지에서 울릉도와 독도를 제외시킨 것은 두 섬이 일본의 영토 바깥에 위치한다는 것을 의미한다.

오키제도의 지리를 구체적으로 기술한『은주시청합기』는 오키제도를 개인적으로 조사하여 편찬한 것이 아니다. 각 지방의 막부 직할지를 다스리던 군다이라는 관직의 관리와 그 일행들이 함께 오키제도 곳곳을 실제 답사하여 완성한 것이다. 따라서 이 문헌은 관찬 지리지로서 절대적으로 신뢰할 수 있는 빛나는 성과물이다.

17세기 후반의 『은주시청합기』는 오키의 지리지로서 위대한 업적이었기 때문에 그 내용은 이후부터 19세기 후반의 메이지 시기까지 관찬 및 사찬 지리지 편찬에 지대한 영향을 미쳤다. 게다가 이 책에 나오는 일본 북서의 경계에 대한 글귀도 저명한 지도학자와 지도제작자의 지도에 적극적으로 수용 및 반영되어 계승되었다. 그 결과 대부분의 일본인들은 오랫동안 울릉도와 독도를 자신들의 영역과 무관하다고 인식했다.

3. 안용복 사건과 울릉도도해금지령

쓰시마번과 조선의 외교 교섭

앞에서 언급했듯이 안용복의 제1차 도일 사건과 관련하여 중앙정부 막부는 쓰시마번으로 하여금 안용복과 박어둔 두 사람을 조선에 인도하고, 앞으로 조선인이 울릉도에 건너오는 일이 없도록 조선 정부에 전달하도록 지시했다.

지시를 받은 쓰시마번은 울릉도에 대한 조사와 회의를 거쳐 조선 정부와 이 섬을 둘러싼 영토 교섭을 추진하기로 결정했다. 쓰시마번은 회의에서 울릉도는 조선의 영토라는 사실을 인식하면서도 울릉도는 일본령이라는 전제로 조선과의 교섭에 나섰으며, 조선에 전달할 외교문서에 본국다케시마本國竹島라는 표현을 사용했다. 쓰시마번의 관계자는 1693년 10월 하순 쓰시마번을 출발하여 11월 초순 부산 초량 왜관에 도착했으며, 12월 10일 안용복과 박어둔을 조선 측에 인도하면서 그들의 외교문서도 전달했다.

쓰시마번이 작성한 외교문서의 내용은 안용복의 도일 경위와 일본령 울릉도에 조선인의 출입을 금지한다는 것이다. 조선 측은 안용복 일행을 불법 월경한 죄로 처벌할 것이고, 앞으로 조선인이 울릉도에 건너가지 못하도록 엄하게 지시할 것이라고 답변했다. 아울러 조선 측이 쓰시마번에 전달한 회답 문서에 우리나라는 어부들이 먼 바다로 나가지 못하도록 단속하고 있으며, 비록 우리나라 경계 안의 울릉도敝境之鬱陵島라고 해도 멀리 있다는 이유로 왕래를 허락하지 않고 있으며, 이 어선이 감히 귀국의 경계에 있는 다케시마貴境竹島에 들어가 번거롭게 했지만 돌려보낸 이웃나라의 호의를 고맙게 생각한다는 내용이 담겼다.

이 내용에서 알 수 있듯이 조선은 일본이 말하는 다케시마竹島가 조선의 울릉도라는 사실을 알고 있었지만, 울릉도를 포기하지 않으면서 일본과 외교적 마찰을 피하고자 했다. 그 방법은 조선이 내버려둔 울릉도에 일본 어부들의 월경 행위를 묵인하자는 것으로 한 섬에 두 명칭一島二名이라는 애매한 표현을 사용했던 것이다. 조선은 마땅히 다케시마竹島에 조선인 어부가 건너가는 것을 금지하여 외교적인 성의를 다하겠다는 입장을 표명했다. 이러한 조선의 애매모호한 전략은 일본과 울릉도를 둘러싸고 외교적인 논쟁을 수년 동안 제공하는 계기가 되었다.

쓰시마번은 조선으로부터 외교문서를 받고 혼란스러운 문장에서 울릉도鬱陵島라는 글자를 삭제해 줄 것을 조선에 요청했지만, 조선은 그들의 요구에 부응하지 않고 거부했다. 쓰시마번은 재차 동일한 내용을 조선에 요청하기 위해 관계자를 1694년 5월 조선에 파견했다. 그런데 당시 조선에서는 갑술옥사에 의해 국정 운영의 주체가 남인 정권(노론 중심)에서 서인(소론 중심) 정권으로 옮겨갔다. 숙종은 남구만을 영의정으로 기용하는 등 소론 정권을 성립시켰다. 이들 소론 세력에 의해 대일정책은 강경책으로 전환되었다.

영유권 문제로서 울릉도와 다케시마竹島는 일도이명一島二名으로 조선령이다. 아울러 일본인이 국경을 침입했음에도 불구하고, 오히려 조선인을 연행하고 구속한 것은 도리에 어긋난다고 했다. 이러한 조선의 상황이 일본에 전해지자 쓰시마번은 이것을 인정하지 않고, 앞으로 조선과의 관계에 악영향을 미친다는 내용의 회신을 보냈다. 쓰시마번과 조선 정부는 울릉도의 소속을 둘러싸고 팽팽하게 맞섰지만, 좀처럼 문제 해결의 실마리는 보이지 않았다. 이에 쓰시마번은 관계자를 1695년 5월 조선에서 귀국하도록 명령했다.

조선 정부가 1차 회담 때와는 전혀 다른 태도의 변화를 보인 것은 소론 정권으로의 정치 세력의 변화와 함께 임진왜란 이후 추진된 대일본 정책의 외교 자세도 바뀌었기 때문이다. 조선은 임진왜란 이후 일본과의 조용한 외교를 지향했지만, 쓰시마번이 외교문서에서 울릉도라는 글자를 지속적으로 완강하게 삭제해 줄 것을 요청하면서 기존의 외교자세는 변경되었던 것이다.

막부의 조사와 울릉도도해금지령

쓰시마번은 조선과의 교섭이 정체 상태에 빠지자 그동안의 교섭 경과를 중앙 정부 막부에 보고하고, 막부의 지시에 따라 울릉도의 소속에 대해서 조선과 교섭하기로 결정했다. 쓰시마번의 관계자는 1695년 8월 말경 쓰시마를 출발하여 10월 초순 에도에 도착하여 안용복을 송환한 이후 조선과 주고받은 외교문서를 막부에 제출하고, 막부와 교섭 방침에 관한 협의에 들어갔다. 쓰시마번이 외교문서로 조선과 장기간 교섭을 진행하는 한편, 막부는 12월 24일 울릉도 도해와 밀접한 관련이 있는 돗토리번에 울릉도의 소속에 관한 7가지 항목의 질의서를 보냈다.

돗토리번은 막부의 질의에 신속하게 회답서를 작성하여 12월 25일 막부에 제출했다. 질의와 회답에서 주목할 사항의 하나는 "인슈因幡(돗토리현 동부), 하쿠슈伯耆(돗토리현 서부)에 부속한 울릉도는 언제부터 두 지역에 속했는가?"라는 질문이다. 이에 대한 돗토리번의 회답은 "울릉도는 이나바와 호키(돗토리현)의 소속이 아니다"는 것이다. 그리고 다른 하나는 "울릉도 이외에 두 지역에 속하는 섬이 있는가?"라는 질의에 돗토리번은 "울릉도와 독도, 그 외에 두 지역(이나바, 호키)에 부속하는 섬은 없다"라고 답변하여 울릉도와 함께 독도는 돗토리번과 관련이 없음을 명확히 했다.

한편 돗토리번의 번사藩士 고타니 이헤에小谷伊兵衛는 막부의 질의와 관련하여 죽도지회도竹嶋之繪圖를 그려 1696년 1월 막부에 제출했다. 이 회도에는 울릉도를 중심으로 독도, 오키, 그리고 외곽에는 이즈모, 한반도의 동해안이 그려져 있다. 회도에 그려진

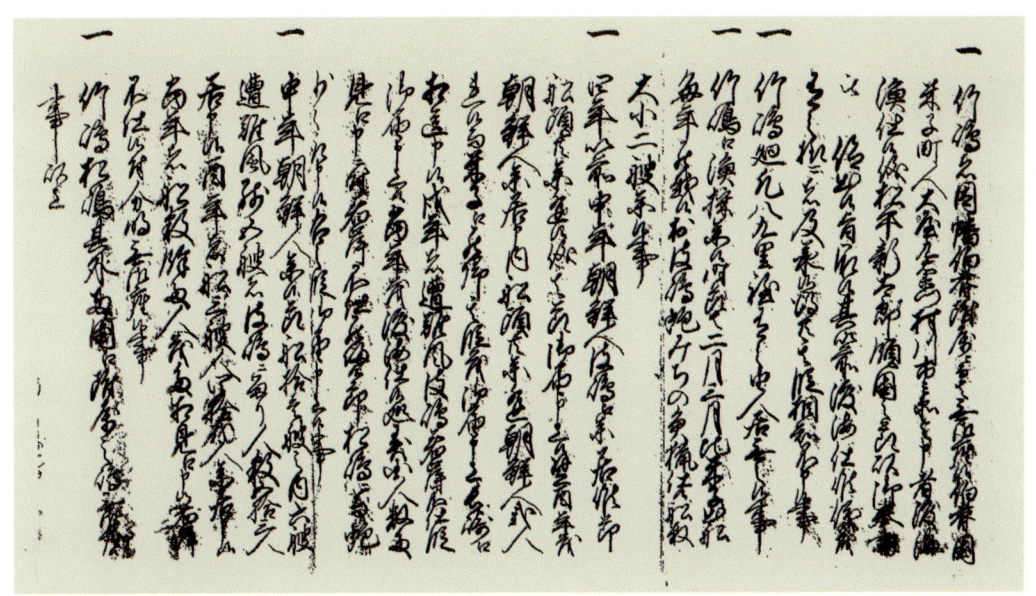

돗토리번의 회답서(1696.12)

각 섬의 형상과 산지 지형, 지명, 거리 관계 등은 비교적 상세하다. 조선의 내용이 충실한 것은 제작자가 오야와 무라카와 두 집안의 회도를 참조했거나 실제로 이 섬들을 왕래한 경험이 있는 사람들로부터 지역의 사정을 듣고 그렸기 때문이다.

조선의 명칭은 고려, 울릉도는 이소다케시마磯竹島, 독도는 마쓰시마松島로 각각 표기되었다. 독도는 동도와 서도, 그리고 섬 주변의 6개 부속도서를 나타내었다. 동도에는 작은 집 하나를 그렸으며, 후미에는 선착장이라는 글자가 기재되었다. 섬의 둘레는 울릉도가 7리 반, 독도가 30정으로 표시되었다. 거리 관계는 항로로 울릉도에서 독도까지 40리, 후쿠우라에서 독도까지 80리, 조선에서 울릉도까지 50리로 표기되어 울릉도는 일본보다 조선에 더 가깝다는 것을 알 수 있다.

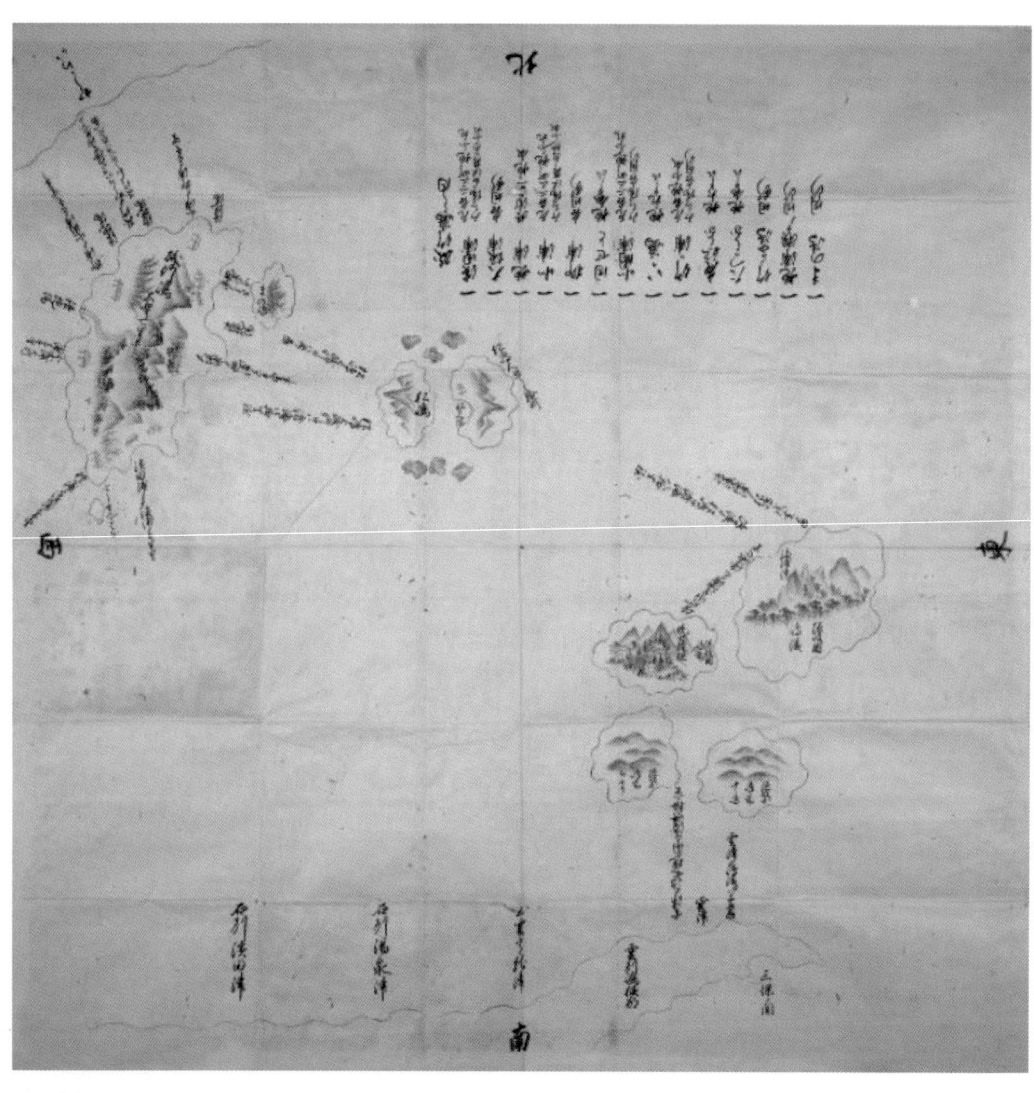

죽도지회도(1696)

이상과 같이 막부는 돗토리번의 회답서와 거리 관계 등의 사실에 근거해서 1696년 1월 쓰시마번과 협의하여 울릉도를 포기하기로 결정했다. 일본은 이치에 맞지 않은 일을 무리하게 주장할 필요가 없다는 입장이었다. 마침내 막부는 1월 28일자로 쓰시마번에 울릉도도해금지령이라는 결정을 통보했다. 아울러 막부는 돗토리번에도 울릉도도해금지령을 알렸다. 그러나 돗토리 현지에 울릉도도해금지령이 전달된 것은 8월 1일로 늦어졌다. 또한 막부의 울릉도도해금지령은 조선에도 늦어져 10월 16일 역관(통역 관리)에게 전달되었고, 그들이 1697년 1월에 귀국했으므로 조선의 조정이 이 사실을 알게 된 것은 그 이후이다. 중앙 정부의 결정은 쓰시마번과는 반대의 입장이었기 때문에 그러한 내용은 조선에 쉽게 전달될 수 없었다.

쓰시마번은 울릉도가 일본보다는 조선에 가깝다는 것, 이 섬에 조선인과 일본인이 난입하여 밀무역을 할 가능성이 있다는 이유 등을 들어 일본인의 울릉도도해금지령을 공식적으로 조선에 알렸다. 70년 이상에 걸친 오야와 무라카와 두 집안의 울릉도 도해는 마침내 마침표를 찍었다. 1693년 안용복의 제1차 도일 사건에서 비롯된 쓰시마번과 조선 정부 사이에 전개된 울릉도의 소속 문제는 쉽게 해결되지 않고 정체 상태에 빠졌지만, 막부가 사실 관계를 조사하여 울릉도를 조선의 영토로 인정함으로써 오랜 영유권 문제는 막을 내렸다. 일본의 제1차 울릉도도해금지령은 신뢰할 수 있는 정부 최초의 결정이었기 때문에 이후 에도 시대(1603~1868)와 메이지 시대(1868~1912)까지 울릉도와 독도의 영유권 결정에 영향을 미쳤다.

4. 이마즈야 하치에몬 사건과 울릉도도해금지령

해상 운송업자로서 성장

일본에서는 안용복 사건 이후 울릉도 도해가 공식적으로 금지되었지만, 그럼에도 종종 배를 타고 울릉도에 불법으로 건너가는 일본인이 있었다. 에도 시대는 기본적으로 쇄국정책을 유지했기 때문에 개인이나 번藩이 외국과 교류 및 무역을 할 수 없었다. 19세기 전반 일본에서 울릉도 도해가 공식적으로 문제가 된 것은 이마즈야 하치에몬今津屋八右衛門이 비밀리에 울릉도를 왕래하고, 그 일이 일본 정부에 발각되어 처형되었기 때문이다.

이것은 제2차 울릉도도해 사건으로 일본 내부의 문제로 다루어져 조선과의 외교적 마찰과 갈등은 발생하지 않았다. 이 사건은 그동안 다케시마 일건竹島一件, 다케시마 사건竹島事件, 하마다번 다케시마 사건浜田藩竹島事件, 하마다번 다케시마 밀무역사건浜田藩竹島密貿易事件, 하마다번 하치에몬사건浜田藩八右衛門事件, 다케시마 밀무역사건竹島密貿易事件 등으로 불렸는데, 최근 일본에서는 겐로쿠 다케시마 일건元祿竹島一件과 구분하기 위해 덴포 다케시마 일건天保竹島一件으로 호칭하는 경우가 일반적이다.

사건의 핵심 인물로서 이마즈야 하치에몬은 1798년 출생으로 하마다번浜田藩을 무대로 해상 운송업에 종사했던 부친 기요스케清助의 영향을 받으면서 운송업자로 성장했다. 부친은 하마다번의 공용 선박으로 운송업을 했으며, 주로 하마다번의 종이, 철강 등의 물품을 선박에 실어 오사카와 에도를 왕래했다. 그런 가운데 그는 오사카 남부의 와카야마和歌山 앞 바다에서 폭풍을 만나 선박이 침몰했으며, 자신은 바다에 표류하다가 가까스로 구조되었다. 기요스케는 고향으로 돌아왔지만, 공용선 업자로서 지위를 잃고, 막대한 손실 배상으로 재산을 탕진했다.

이마즈야 하치에몬은 부친으로부터 운송업 관련 경험을 들으면서 성장했으며, 나아가 남양南洋 등 여러 지역을 알게 되어 해상 무역에 대한 구상도 형성되었다. 그는 부친의 사망 이후에 한 척의 배로 가까운 지역을 운행하면서 생계를 유지했으며, 나아가 큰 선박으로 홋카이도까지 물자를 수송하고 왕래했다. 그 과정에서 울릉도라는 무인도의 존재를 알게 되었고, 이 섬의 경제적 가치에 눈뜨게 되었다.

울릉도 도해와 사건의 발각

이마즈야 하치에몬은 가업이라 할 수 있는 해상 운수업을 부흥시켜 부를 축적하고, 집안의 명예를 회복하고자 울릉도에 도해하기로 결정했다. 그러나 이러한 계획의 실행에서 난제는 울릉도 도해를 위한 자본 조달과 울릉도에서 가져온 물건의 판로였다. 그래서 그는 반드시 하마다번의 지원과 약속이 절실하다는 것을 깨달았다.

어느 날 저녁 이마즈야 하치에몬은 하마다번의 회계 담당 하시모토 산베에橋本三兵衛를 만나 울릉도竹島에 건너가 울창한 삼림을 벌채하고, 해산물도 가져오면 번의 재정에도 큰 도움이 된다고 말했다. 아울러 부친 기요스케가 번에 끼친 손해를 보상하고 가문의 명예를 회복하고 싶다는 마음도 전했다. 그러나 하시모토 산베에는 울릉도를 외국으로 간주했으며, 아무리 돈을 벌어도 처벌을 받으므로 울릉도 도해에 부정적 입장이었다. 하마다 번주도 허가 없는 도항은 일대 사건이 되므로 그 뜻은 명심하도록 했다. 결국 그는 허가를 받지 못했지만, 밀항은 묵인되었다.

이마즈야 하치에몬은 하마다에서 울릉도 도해를 위한 자본 조달을 시도했지만, 그의 이야기를 들은 사람들은 그를 신용할 수 없었기 때문에 쉽지 않았다. 또한 그는 오사카에 머물면서 투자할 사람들을 물색해 보았지만 마찬가지였다. 우여곡절 끝에 오사카 상인을 통해 울릉도 도해 자금을 조달했다. 우선 80석 선적의 배를 건조하여 선박의 명칭을 진토마루神東丸로 정하고, 선장은 이마즈야 하치에몬이 맡았다. 선장을 포함한 8명이 진토마루에 승선하여 1833년 6월 15일 하마다의 후쿠우라를 출항했다.

북방의 바다를 항해하면서 독도松島를 가까이에서 보았지만, 작은 바위섬으로 수목이 없었다. 그래서 독도에 상륙하지 않고, 그대로 북서쪽으로 항해하여 7월 21일 울릉도竹島에 도착했다. 울릉도는 무성한 초목으로 뒤덮여 일행은 가져온 낫, 도끼, 손도끼 등으로 이들을 치면서 산속으로 들어갔다. 인삼뿌리와 느티나무, 뽕나무, 삼나무, 벚나무 등 40~50 그루를 벌채하여 선박에 가득 실었다. 일행은 모두 유익한 섬으로 생각하고, 이러한 내용을 빨리 보고하기 위해 8월 9일 울릉도를 출항했다. 해상에서는 풍랑을 만나자 신의 노여움으로 생각하여 조수와 목재 등 과반을 바다에 버리고 운행하여 마침내 8월 15일 하마다로 되돌아 왔다.

이후 승선했던 선원과 오사카 상인들에 의해 이마즈야 하치에몬의 울릉도 도해가 사실로 소문났다. 많은 사람들은 울릉도의 사정을 알게 되었고, 이 섬은 막대한 이익을 낼 수 있는 땅으로 인식되어 관심의 대상이었다. 그러나 이러한 상황은 오사카에서 1836년 6월 지방의 동향을 감시하던 정부의 관리 마미야 린조間宮林藏에게 발각되었다.

관련자 처벌과 울릉도 도해금지령

제2차 울릉도 도해 사건은 하마다 번주를 비롯하여 다수가 개입된 일대 사건이었다. 1836년 6월 10일 오사카마치봉행소大坂町奉行所는 사건 관련자의 명단과 처리 등을 정부의 최고 재판소인 에도평정소江戶評定所에 인도했다. 그로부터 6개월 이상 조사가 이루어져 1836년 12월 23일 관련자들에 대한 최종 선고문이 나왔다. 주도자 이마즈야 하치에몬과 울릉도 도해를 묵인·승인·협조했던 하시모토 산베에가 사형되었으며, 조사 중에 자살하는 사람도 나왔다. 그 외에 여러 명이 무기징역, 면직, 근신, 에도 밖 추방, 질책, 수수료 압수, 벌금 등을 판결받았다.

당시 오사카마치봉행소가 이 사건을 조사하면서 이마즈야 하치에몬의 진술 내용을 정리한 것이 『죽도도해일건기竹嶋渡海一件記』(1836)이다. 이 문헌의 마지막에는 죽도방각도竹嶋方角圖라는 제목의 지도가 수록되어 있다. 지도의 제목 아래에는 "전서前書에서 말한 진술을 참고로 그렸음"이라는 글귀가 적혀 있다. 죽도방각도는 이마즈야 하치에몬의 진술을 근거로 완성된 지도인데, 여기에는 울릉도竹嶋와 독도松嶋가 조선과 동일하게 붉은색으로 채색되었다.

이후 에도평정소가 관련자를 조사하여 작성한 『조선죽도도항시말기朝鮮竹嶋渡航始末記』(1836)에 죽도지도竹嶋之圖가 수록되어 있는데, 이 지도에도 울릉도와 독도가 조선과

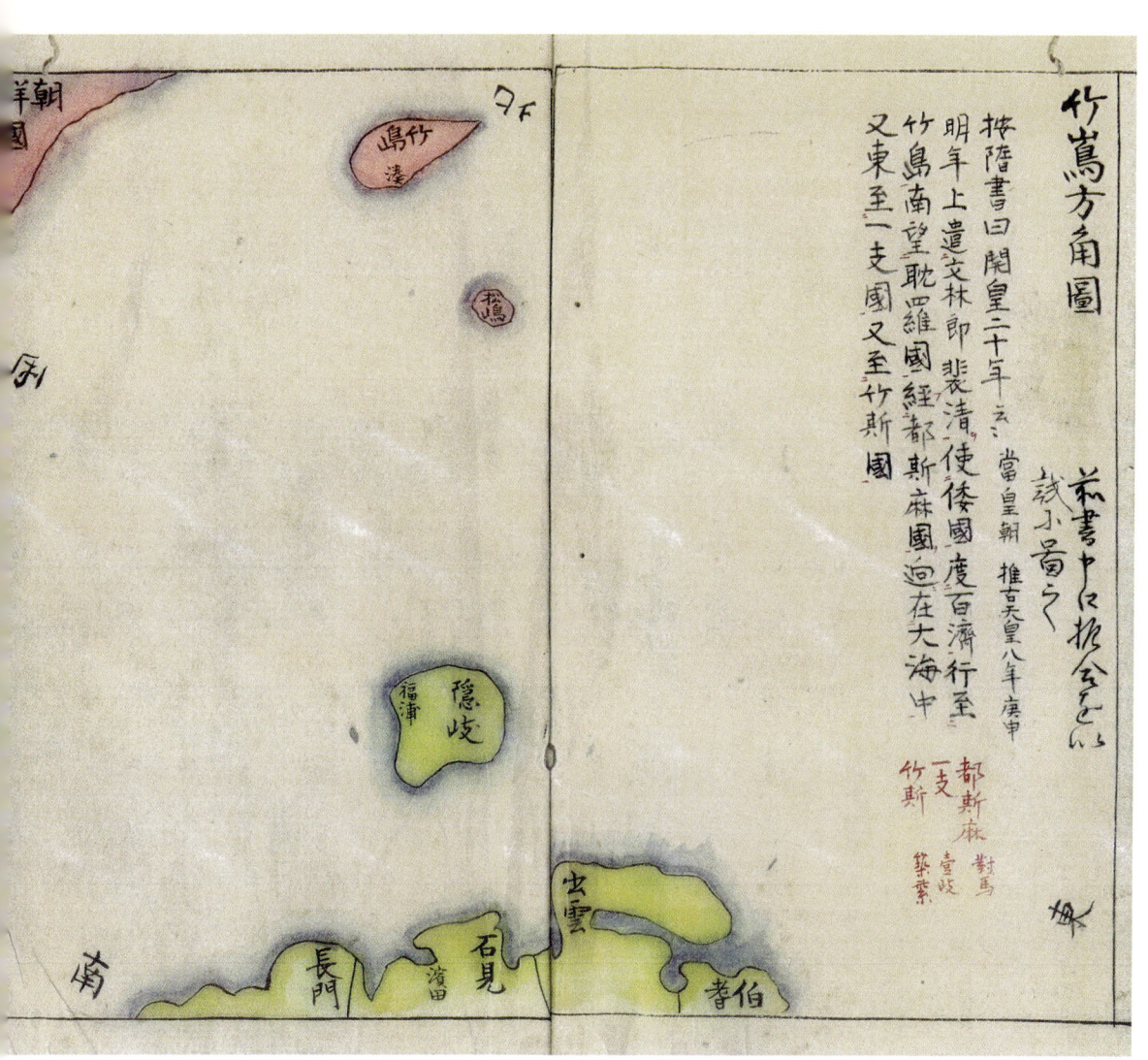

『죽도도해일건기』죽도방각도(1836)의 독도

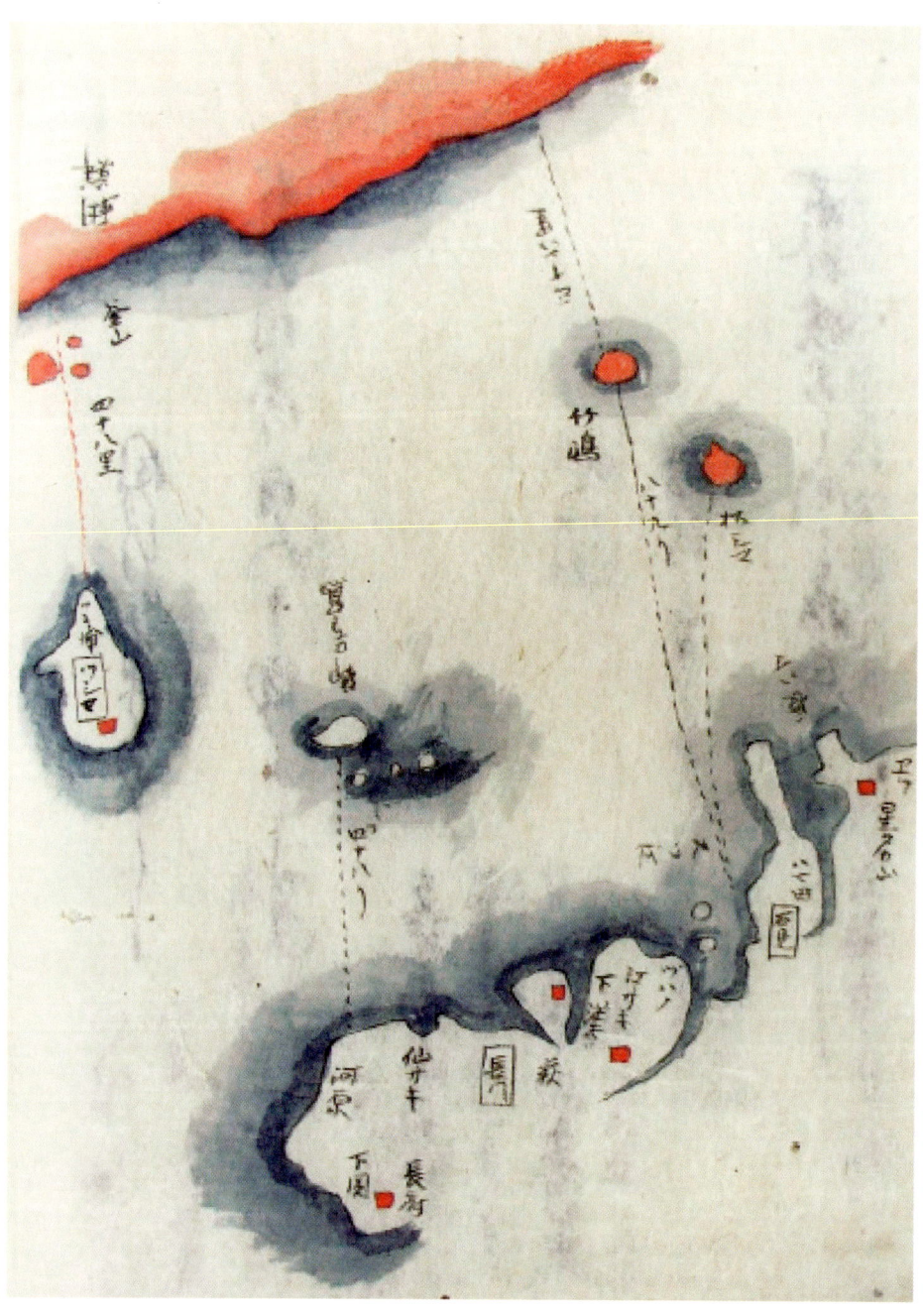

『조선죽도도항시말기』 죽도지도(1836)의 독도

니카타 해안의 고찰(高札)

같은 붉은색으로 채색되어 두 섬이 조선의 영토로 인식되었음을 알 수 있다. 게다가 이 지도에는 죽도방각도와 달리 하마다에서 독도松嶋까지 항로를 표시하고, 하마다~울릉도竹嶋~조선 동해안 사이에 항로와 해리가 기재되어 있다.

일본에서 이마즈야 하치에몬이 불법으로 울릉도를 도해한 사건은 안용복 사건 이상으로 여파가 컸다. 막부는 1837년 2월 21일 죽도도해금지어촉竹島渡海禁止御觸을 발포하여 재차 일본인의 울릉도도해금지를 널리 알렸다. 어촉御觸의 주요 내용은 하치에몬이 울릉도에 도해한 사건을 조사하여 관련자들을 엄벌에 처했다는 것, 울릉도는 옛날에 요나고 사람들이 도해하여 어로 활동을 했으나 겐로쿠元祿 시대에 도해 정지를 명했던 곳으로 향후 도해해서는 안된다는 것, 일본 각지를 항해하는 운송선은 해상에서 이국선異國船과 만나지 않도록 주의할 것, 가능한 먼 바다遠洋 지역을 항해하지 않도록 할 것 등이다. 이러한 내용을 막부는 전국의 각 항구와 마을에 빠짐없이 공지하고, 목판에 기재하여 울릉도 도해를 금지하는 고찰高札을 세우도록 했다.

이와 같이 막부는 안용복 사건 이후 내려진 제1차 울릉도도해금지령에 근거하여 제2차 울릉도도해금지령을 내렸다. 그러나 일본은 당시 일본인의 울릉도 도해 금지는 인정하지만, 독도 도해는 허락되었다고 주장하여 독도는 오랜 옛날부터 일본의 영토라는 입장이다. 이러한 주장이 옳지 않다는 것은 일본의 여러 고문헌에 울릉도·독도竹島

松島, 울릉도 내의 독도竹島之內松嶋, 울릉도 근처의 소도竹島近所之小嶋, 울릉도 근변의 독도竹嶋近邊松嶋 등과 같이 항상 두 섬이 세트로 또는 독도를 울릉도의 부속도서 등과 같이 언급되어 서로 분리될 수 없다는 사실이다. 고지도에도 울릉도와 독도는 항상 함께 나오며, 영역 구분과 관련해서도 두 섬은 동일하게 채색되었다는 것이 이를 증명한다.

5. 고지도에 표현된 독도

사찬 지도의 울릉도와 독도

전근대 일본에서 편찬된 전국 수준의 지도 가운데 독도를 최초로 나타낸 인물은 나가쿠보 세키스이長久保赤水이다. 그는 에도 시대 중·후기에 활동한 농민출신의 지리학자로 17세부터 농업과 함께 한학을 배웠고 주자학과 천문지리 등을 연구했다. 당시 수입 금서였던 『직방외기』(1623)를 교토에서 자신의 수첩에 옮겨 적으면서 세계 각국의 지리 사정을 알았고, 나아가 지리에 흥미를 갖게 되었다. 주요 저작은 일본 및 만국의 여러 지도와 지리 관련 도서가 있다.

나가쿠보 세키스이(1717~1801)

나가쿠보 세키스이가 1760년대에 완성한 일본도日本圖와 개제일본부상분리도改製日本扶桑分里圖에는 일본전도 수준에서 독도가 최초로 등장한다. 간행 연대가 불명확한 1760년대의 일본도에는 오키제도 북서에 두 섬의 모양과 함께 울릉도竹島와 독도松島 명칭이 기재되어 있다. 경위선이 표시된 1768년의 개제일본부상분리도는 울릉도竹島一云磯竹島와 독도松島, 그리고 두 섬 옆에는 "견고려유운주망은주見高麗猶雲州望隱州"라는 글귀가 있는데, 이것은 오키제도의 지지를 기술한 1667년의 『은주시청합기』에

개제일본부상분리도(1768)의 독도

나오는 내용으로 일본 서북의 경계는 오키제도까지를 가리킨다.

그는 일본전도 만들기에 전념하여 더욱 발전된 일본여지로정전도를 제작했으며, 1779년에는 20여 년에 걸쳐 다수의 자료를 수집하고 섭렵하여 획기적인 개정일본여지로정전도改正日本輿地路程全圖를 완성했다. 이것은 경위선이 표시된 대형의 지도로서 일본의 형상과 내용 등이 현실과 같이 비교적 정확하고 구체적이다. 동해상의 울릉도와 독도는 1768년 개제일본부상분리도의 내용과 동일하게 표현하여 일본 서북의 경계가 오키제도까지임을 재차 강조했다.

두 섬 옆의 "견고려유운주망은주見高麗猶雲州望隱州"라는 글귀는 여기에서 고려(조선)가 보이는 것은 정확히 이즈모出雲로부터 오키를 원망遠望하는 것과 같다는 뜻으로 『은주시청합기』권1의 국대기에 나오는 내용을 옮겨 적은 것이다. 나가쿠보 세키스이

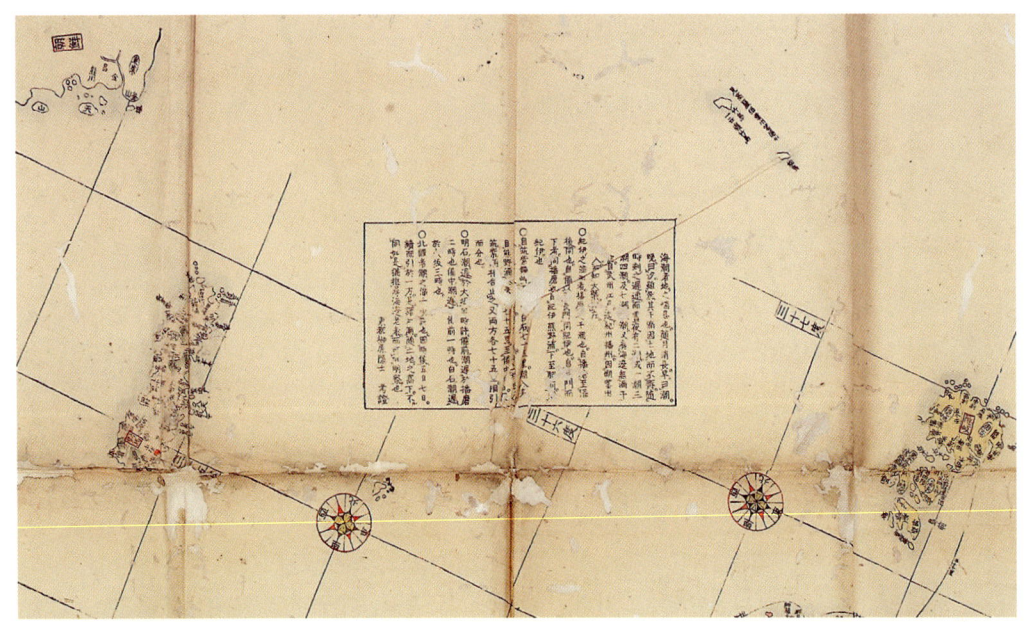

개정일본여지로정전도(1791)의 독도

는 지도를 만들면서 『은주시청합기』의 내용을 신뢰하여 울릉도와 독도를 지도에 나타내고, 글귀도 그대로 적었던 것이다. 게다가 조선 부분은 일본의 영토와 무관하다는 의미에서 경위선 자체를 한반도 남동부의 부산, 동해상의 울릉도와 독도 부분에는 나타내지 않았다.

이 지도는 전국의 토지를 직접 측량하지 않고, 지리적 정보를 집적하여 제작한 편집도이다. 그럼에도 일본열도의 윤곽은 매우 양호하고, 일본에서 이른 시기에 경위선을 지도에 표시하는 등 지도제작 방식이 진보했다. 그래서 제1판이 1779년에 간행된 이래, 더욱 구체적이고 진전된 제2판이 1791년에 나왔으며, 그가 1801년 별세한 이후에도 이 지도는 1811년, 1833년, 1840년, 1846년, 1871년에 중판되어 19세기 후반까지 서민들의 지리적 지식의 보급과 국가 및 국토 의식 형성에 지대한 역할을 했다. 나아가 민간의 지도제작자들에게도 영향을 미쳐 다양한 지도가 나왔다.

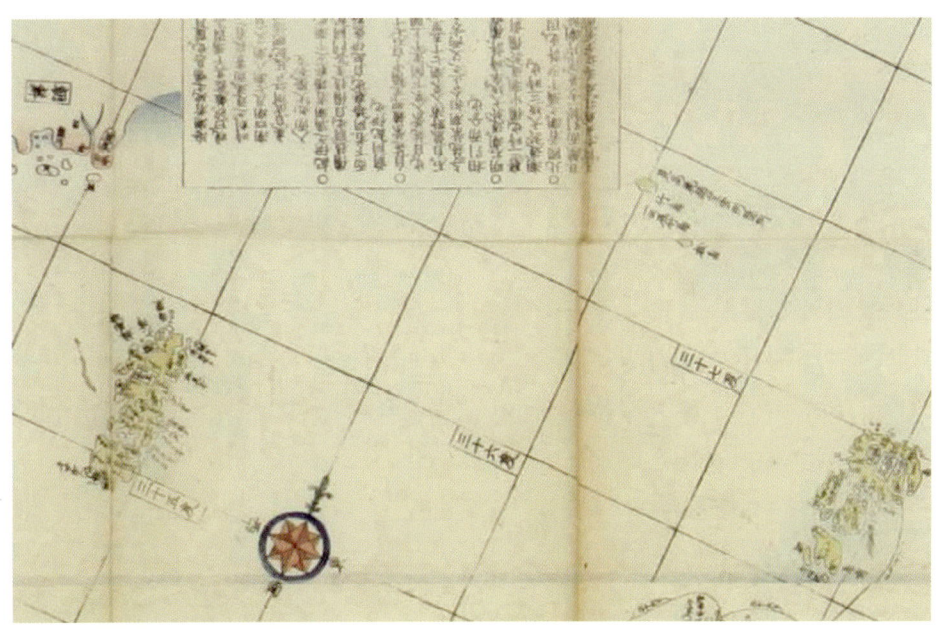
개정일본여지로정전도(1846)의 독도

현재 일본 외무성은 독도가 왜 일본의 영토인가를 분명히 알 수 있는 팸플릿 『다케시마 문제를 이해하는 10가지 포인트』를 만들어 독도를 홍보하고 있다. 여기에는 첫째 포인트로서 "일본은 옛날부터 독도의 존재를 인식하고 있었습니다."라는 내용에서 지도와 문헌으로 확인할 수 있다고 언급하면서 1846년에 모사된 개정일본여지로정전도를 사례로 제시하였다.

일본 외무성은 이 지도를 근거로 일본이 독도를 자신들의 영토로 인식했다고 주장하고 있다. 비록 이 지도에는 부산, 울릉도와 독도가 일본 본토와 동일하게 경위선이 표시되어 일본령으로 보일 수 있지만, 일본 서북의 경계가 오키섬까지라는 의미의 "견고려유운주망은주見高麗猶雲州望隱州"가 기재되어 있는 점으로 미루어 이 지도에서 울릉도와 독도는 일본의 영토가 아님을 파악할 수 있다.

한편 에도江戶 시대에 민간이 만든 지도 가운데, 독도와 관련하여 제외할 수 없는

하야시 시헤이(1738~1793)

것은 1785년 하야시 시헤이林子平의 삼국통람여지로정전도(=삼국접양지도)이다. 이 지도는 독도 영유권과 관련하여 한국의 초·중등학교 사회과 교과서에 가장 많이 소개될 정도로 중요하다. 저자는 에도 시대 후기의 경세가, 난학자, 지리학자였다. 그는 여러 지역의 풍토, 생업, 풍속 등을 조사하기도 했으며, 나가사키長崎에 체류하며 네덜란드의 지리지와 세계지도 등을 접하면서 세계의 지리와 정치 사정에 대한 지식을 획득했다. 주요 저서로는 『삼국통람도설』, 『해국병담』 등이 있다.

하야시 시헤이의 역작은 1785년의 『삼국통람도설』이라는 경세서, 지리서이다. 이

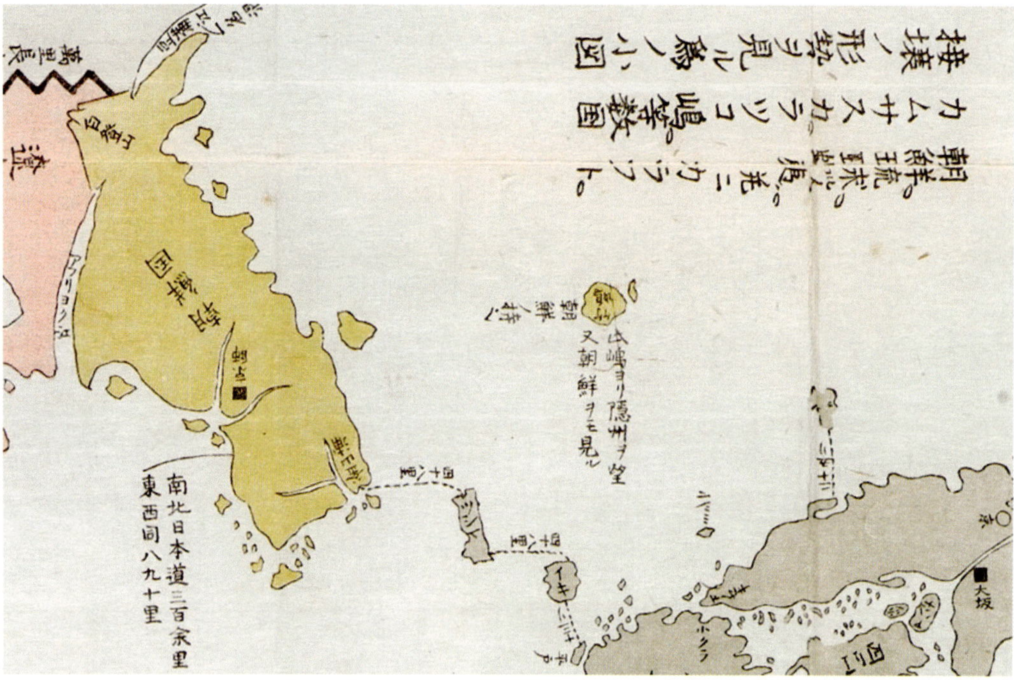

『삼국통람도설』 삼국통람여지로정전도(1785)의 독도

책의 제목에서 삼국은 일본과 인접한 조선, 유구, 하이蝦夷를 가리키며, 여기에 일본 주변의 섬들을 추가하여 각국 및 지역의 지리, 역사, 풍속, 산물 등을 그림과 함께 해설하였다. 책에는 부도로서 삼국통람여지로정전도, 유구전도, 무인도지도, 조선국전도, 하이국전도 등 5매의 지도가 수록되어 있다. 이들 지도는 비록 정확성이 결여되었지만, 당시 일본의 쇄국 상황에서 주변 나라와 지역의 개략을 이해하는 데 유용하다.

삼국통람여지로정전도(1785)는 사회과 교과서뿐만 아니라, 한일 간의 독도 영유권 논쟁에서도 자주 언급된다. 저자 하야시 시헤이는 지도에서 영역을 구분하기 조선은 황색, 일본은 녹색으로 채색했다. 동해상의 울릉도와 독도는 조선과 동일하게 황색으로 나타내었다. 울릉도에는 일본에서 호칭했던 다케시마竹嶋와 그 아래에 일본 북서의 경계를 나타내는 『은주시청합기』의 이 섬에서 오키를 바라보고 또 조선도 본다此島ヨリ隱州ヲ望又朝鮮ヲモ見ル, 좌측에는 조선의 것朝鮮ノ持也이라는 글귀가 기재되었다. 울릉도 우측의 작은 섬은 독도로서 섬의 명칭은 표기하지 않았다.

하야시 시헤이의 『삼국통람도설』은 독일의 동양학자 클라프로트Julius Klaproth에 의해 1832년 『삼국개요APERCU GÉNÉRAL DES TROIS ROYAUMES』라는 제목으로 프랑스어로 번역 간행되었다. 이 책에 수록된 삼국통람여지로정전도는 원본과 동일하게 울릉도와 독도가 조선과 동일하게 황색으로 채색되었으며, 울릉도는 Takenosima와 함께 그 옆에 조선의 소유a la Corée라고 번역 기재되었다. 울릉도 옆의 독도도 원본과 동일하게 작은 섬으로 그렸지만, 원본에 충실하여 섬의 명칭은 나타내지 않았다.

그러나 이들 섬 가운데 다케시마竹嶋(Takenosima)는 울릉도에 해당하지만, 그 동쪽의 작은 섬이 독도인가 아닌가를 둘러싸고 한일 간에 주장이 다르다. 한국은 울릉도 옆의 작은 섬을 독도로 간주하고 있다. 그러나 일본에서는 이 섬이 독도가 아니며, 그것은 현재 울릉도 북동쪽 2km 지점에 위치한 죽도(댓섬)라고 주장하고 있다. 이러한 논쟁이 지속되는 가운데, 하야시 시헤이가 별세하고 1802년에 간행된 대삼국지도는 그것이 독도임을 말해준다.

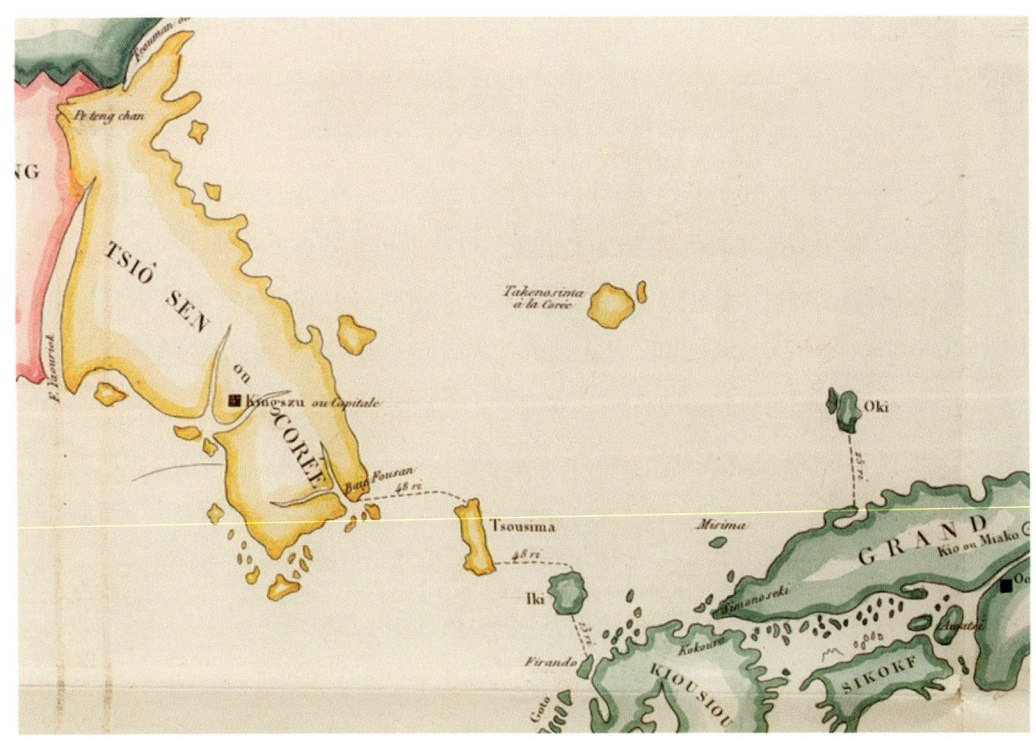

『삼국개요』 삼국통람여지로정전도(1832)의 독도

　대삼국지도는 나카고미 쇼에몬中込庄右衛門이 삼국통람여지로정전도를 바탕으로 모사했는데, 국가 및 지역의 형상, 영역 구분을 위한 채색, 지명 표기 등이 원본 지도와 유사하다. 울릉도가 다케시마竹嶋로 표기되었고, 좌측에 조선의 것朝鮮ノ持也으로 적은 것도 원본 지도와 동일하다. 게다가 원본에는 없는 명칭 표기가 울릉도 우측의 작은 섬 옆에 마쓰시마松嶋로 기재되었다. 따라서 이 명칭은 당시 일본에서 독도를 가리키는 것이므로 삼국통람여지로정전도의 울릉도 옆에 있는 작은 섬은 독도가 분명하다.
　비록 이 지도는 관찬이 아닌 사찬에 해당하지만, 당시 저명한 학자의 저작이기 때문에 일본은 영토문제에서 이 지도를 활용하여 영유권을 인정받은 적이 있다. 페리 제독의 미국 함대가 1854년 일본 정부와 통상조약체결의 교섭 과정에서 오가사와라군도小

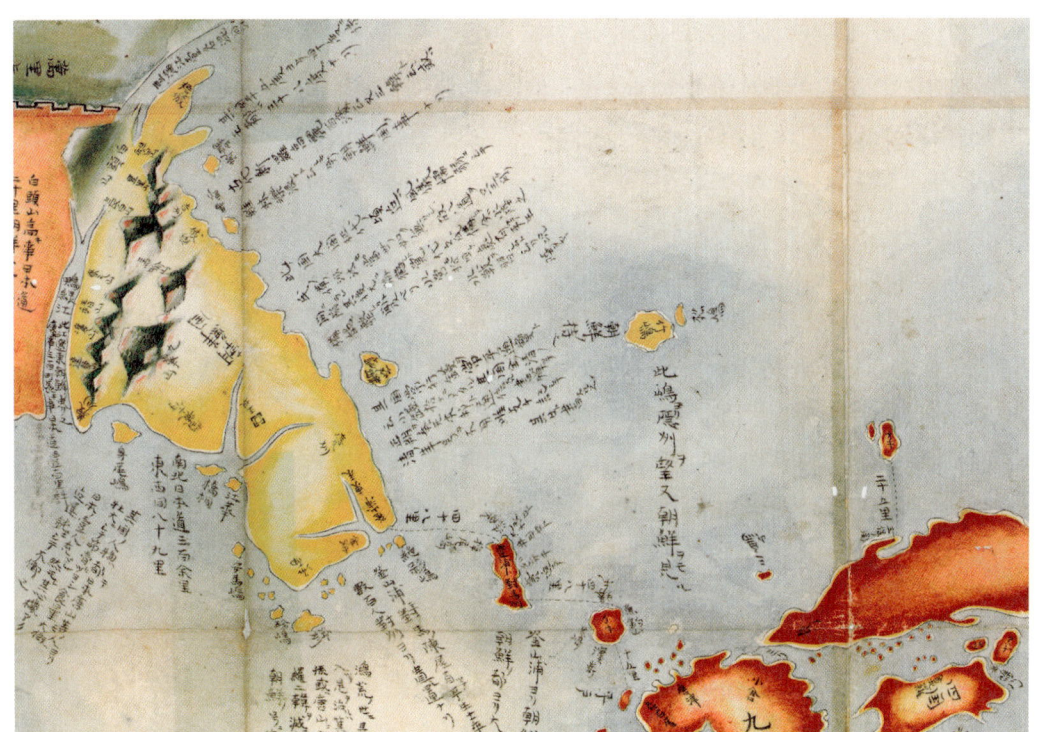

대삼국지도(1802)의 독도

笠原群島의 귀속문제를 꺼냈다. 미국 측은 이 섬들을 발견하여 지배했으며, 보닌섬Bonin Island이라는 섬의 명칭을 부여했으므로 미국령이라고 주장했다. 이에 일본은 1591년 기록을 제시하여 도쿠가와 이에야스德川家康에 의해 이 섬은 오가사와라섬으로 명명되었고, 자신들의 영토가 되었다고 주장했다.

그러나 미국은 일본의 그러한 기록을 인정하지 않았다. 그래서 일본은 하야시 시헤이의 『삼국통람도설』과 여기에 수록된 지도를 오가사와라군도의 영유 증거로서 제시했다. 그렇지만 미국 측이 일본어 자료는 국제법상 증거능력이 없다고 주장함에 따라 일본 측은 프랑스어 번역본 『삼국통람도설』과 지도를 미국 측에 건넸다. 이 책에는 오가사와라군도의 발견 경위가 프랑스어로 기술되어 있다. 이 자료를 검토한 미국은 오가사와라군도에 대한 영유권 주장을 철회함에 따라 일본은 이 섬의 영유권을 미국으로부터 인정받았다. 영유권 문제에서 사찬 지도를 내세워 지도의 증거력을 인정받았다는 점에서 의미가 있다.

관찬 지도의 울릉도와 독도

18세기 말까지 관찬 일본전도에는 동해상의 울릉도와 독도가 나타나지 않는다. 일본은 19세기에 들어와 서양인들의 동해 해역 탐사, 러시아의 남하 등에 자극을 받아 세계의 정세를 파악하고자 1807년에 천문방 다카하시 가게야스高橋景保에게 세계전도를 만들도록 명령을 내렸다. 그는 최신의 서양 및 일본 자료를 활용하여 1809년에 일본변계약도를, 1810년에 신정만국전도를 완성했다.

신정만국전도에는 울릉도와 독도가 나타나지 않지만, 일본변계약도에는 두 섬이 표시되어 있다. 일본변계약도는 일본열도를 중심으로 주변을 제시한 지도로서 국가 및 지역의 형상이 비교적 정확하다. 특히 홋카이도北海道는 기존의 실측 성과를 반영하여 거의 현실에 가깝다. 한반도와 일본열도 사이의 바다 명칭은 한반도 우측의 바다에 세로로 조선해朝鮮海가 기재되었다. 동해상의 원산만에는 울릉도菀陵島와 독도千山島가 표시되었다. 이 부분은 조선의 문헌을 참고하여 두 섬을 표시하고 명칭을 나타내었지만, 옮겨 적는 과정에서 섬들의 위치와 명칭 표기에 오류가 발생했다.

19세기 초에는 일본의 지도학사에서 한국의 김정호 만큼이나 저명한 지도학자 이노 다다타카伊能忠敬가 활약했다. 그는 정부의 지원을 받아 최초로 일본 전역을 20년 동안 실측하여 정확하고 상세한 일본전도와 지방도를 다수 제작했다. 이노 다다타카가 1818년에 별세한 뒤에 그의 제자들은 이들 지도를 바탕으로 1821년에 대형의 대일본연해여지전도를 완성했다. 이 지도에는 울릉도와 독도가 일본의 영역에서 제외되었는데, 그것은 두 섬을 일본의 영토로 인식하지 않아 지도측량 작업을 오키제도까지 실시했기 때문이다.

일본변계약도(1809)의 독도

19세기 중반에는 미국과 러시아가 차례로 일본과 조약 체결을 요구하여 1854년에는 미일화친조약, 1855년에는 러일화친조약이 체결되었다. 그 결과 일본은 오랫동안 쇄국정책에서 개국정책으로 전환하면서 최신의 세계 사정을 파악하고자 했다. 1810년 막부의 천문방 다카하시 가게야스가 완성한 신정만국전도는 40년 이상 경과하여 일본정부는 최신의 세계전도를 제작할 필요성을 인식했다.

일본 정부는 지도의 개정 작업을 천문방 야마지 유키타카山路諧孝가 책임지도록 명령했다. 지도의 크기나 형식은 이전의 신정만국전도를 따랐으며, 그 외에 서양의 여러 지도를 참조하여 1855년에 새로운 내용을 담은 중정만국전도를 완성했다. 중정만국전도는 신정만국전도와 비교할 때에 한반도와 일본열도 사이의 바다 명칭으로 조선해朝

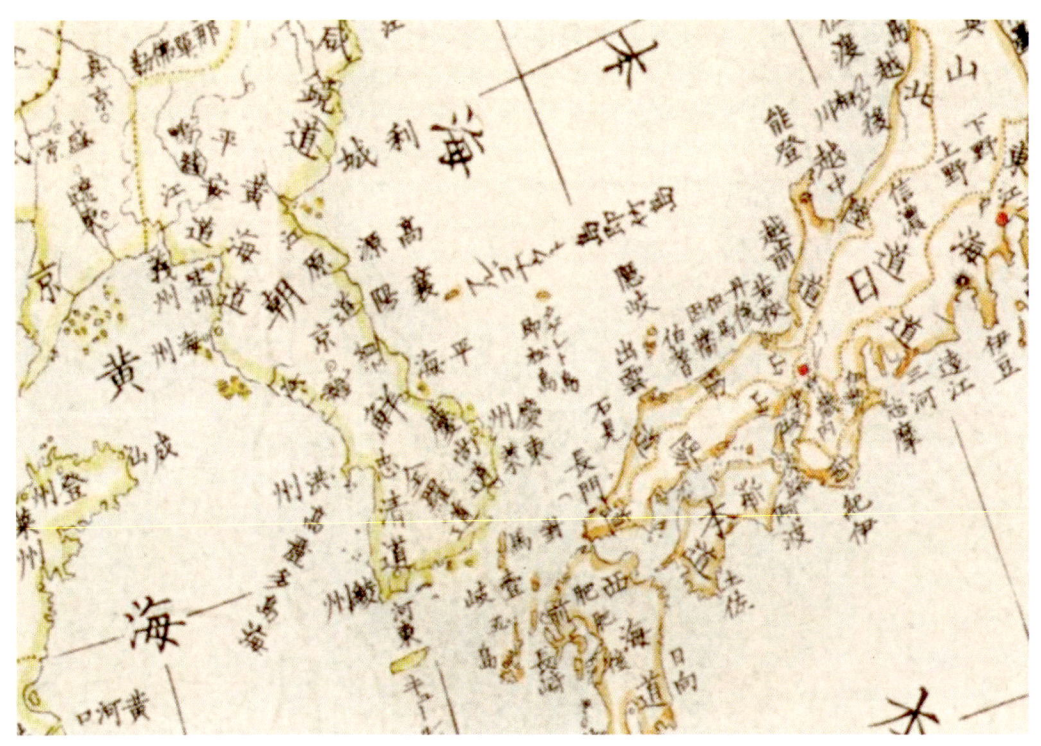

중정만국전도(1855)의 독도

鮮海가 삭제되고, 그 대신 일본해日本海가 바다 가운데에 새롭게 기재되었다. 게다가 신정만국전도에는 울릉도와 독도가 없었지만, 중정만국전도에는 두 섬이 새롭게 추가되었다. 즉 강원도 양양 동쪽 바다에 섬의 모양과 함께 '아르고노트 즉 울릉도竹島', 그 남동쪽에 '다줄레섬 즉 독도松島'라는 명칭이 표시되었다.

후술하듯이 19세기 전반 서양 고지도에서 시작된 울릉도와 독도의 위치 및 명칭 혼란은 1840년 이후 관련 지도가 일본에도 수입되어 일본에서도 두 섬의 위치와 명칭 표시에 심각한 혼란이 발생했다. 천문방 야마지 유키타카는 중정만국전도에서 가상의 섬 아르고노트를 울릉도竹島로, 서양에서 울릉도를 가리키는 다줄레섬을 독도松島에 비정하는 오류를 범했다. 올바른 지도라면 아르고노트섬은 삭제되고, 다줄레섬은 울릉도로 나타내고, 그 동남쪽에 독도가 새롭게 표시되어야 한다. 이와 같이 정부가 만든 지도의 오류로 에도 막부 말기 이후 메이지 시대에 제작된 관찬 및 사찬 지도는 울릉도와 독도 표현에 혼란이 지속되었다.

Q&A

Q 영유권 문제에서 공문의 증명력은?

A

공문은 국가나 지방의 공무원이 공무상 작성하거나 접수한 문서이다. 공문은 일반 문서와 달리 상당한 공신력을 가지며, 각종 업무 수행과 국가의 정책에도 영향을 미치기 때문에 작성에 합리성, 객관성이 요구된다. 완성된 공문은 중앙 정부와 지방 정부, 정부와 민간, 국가와 국가 사이에 교환된다. 과거와 현재에 있어서 공문의 작성과 전달 방식은 차이가 있지만, 공문의 내용에 대한 사고방식은 변함이 없다.

17세기 말 안용복 사건이 발생함에 따라 조선과 일본은 울릉도의 영유권 문제를 해결하기 위해 외교문서를 작성하여 서로 자국의 의사를 교환했다. 당시 조선과 쓰시마번은 이 섬의 소속을 둘러싸고 조금의 양보도 없었기 때문에 문제해결의 실마리가 보이지 않았다. 마침내 중앙정부 막부가 여러 조사를 바탕으로 울릉도는 조선의 영토라고 결론짓고 일본인에게 울릉도도해금지령을 내렸으며, 조선에 외교문서를 전달하여 이러한 사실을 알렸다.

일본은 외교문서를 통해 조선의 울릉도 영유권을 명시적으로 인정했으며, 조선의 독도 영유권을 묵시적으로 동의했다고 할 수 있다. 독도가 조선의 소속이라는 사고는 당시 관습으로서 양국에서 이 섬까지의 거리 관계, 그리고 울릉도와 독도는 서로 분리할 수 없는 부속의 관계라는 것이다. 조선과 일본은 해양의 경계선을 명시적으로 언급하지 않았지만, 대체로 독도 남부, 즉 독도와 오키제도 사이를 묵시적 경계로 보았다.

양국 사이의 교환공문은 법적으로 구속의 기능이 있으며, 울릉도와 독도 영유권에 대한 직접적·1차적 증명력을 지닌다. 따라서 한일 간에 울릉도와 독도 영유권 문제는 17세기 말에 공신력·신뢰성이 있는 교환공문으로 이미 종결되었다. 이후 1837년 일본의 제2차 울릉도도해금지령, 1870년 외무성의 조선국교제시말내탐서, 게다가 1877년 태정관 지령 등은 일본 정부가 울릉도와 독도를 조선의 영토 또는 일본과 무관한 섬이라는 것을 재확인한 것이다.

전근대 서양의
독도 인지

서양인들에게 한국은 오랫동안 미지의 세계로 존재했지만, 16세기 후반부터 서양 고지도에 한반도가 등장하기 시작했다. 한국 관련 중국의 자료가 유럽에 전달되고, 지리적 지식이 증가함에 따라 지도에서 한반도의 형상은 점차 현실과 가까워졌다. 그러나 동해에 위치한 울릉도와 독도는 여전히 정확성이 결여되었다. 이들 섬의 존재가 보다 정확하게 된 계기는 18세기 말부터 19세기 전반에 걸쳐 프랑스, 영국, 러시아 등이 동해에서 탐사와 고래잡이 등을 실시한 것이다. 그러나 지도에는 발견한 섬을 잘못 표시하거나 기존의 지도에 있는 섬을 함께 나타내는 경우도 적지 않았다. 특히 일본학의 권위자였던 지볼트가 1840년에 완성한 일본전도에는 울릉도와 독도가 바르게 표시되지 않아 서양인의 독도 인식에 혼란을 주었다. 게다가 이 지도는 일본에도 전해져 일본인의 독도 인식에 혼란을 초래하기도 했다.

1. 최초로 등장하는 울릉도와 독도

황여전람도의 조선도

서양에서 극동에 위치한 한국은 오랫동안 미지의 세계였으며, 그 존재는 동아시아의 중국이나 일본에 비해 늦게 알려졌다. 서양 고지도에 한반도는 16세기 후반부터 등장하기 시작하지만, 한반도의 형상은 지리적 정보의 부족으로 왜곡이 심하다. 서양 고지도에 최초로 표현된 한국은 1554년 포르투갈의 로포 호멤Lopo Homem이 완성한 아시아 지도로 한반도는 북서의 대륙에서 남동 방향으로 돌출한 형상이다. 제작자는 이 지도를 동아시아에 진출한 서양인, 예수회 선교사로부터 획득한 지리적 정보를 바탕으로 만들었다.

서양 고지도에 등장하는 한국은 유럽에 전해진 중국 고지도와 관련이 있다. 중국에서는 1136년 송나라 때에 화이도華夷圖가 완성되었으며, 이 지도에는 중국을 중심으로 외곽에 위치한 한반도가 포함되었다. 1555년 명나라의 나홍선羅洪先(1504~1564)은 『광여도廣輿圖』라는 중국 지도집을 제작했는데, 여기에는 개별의 조선도朝鮮圖가 수록되어 있다. 조선도에는 주요 산과 하천의 모습, 도읍과 행정구역 등의 명칭이 비교적 상세하다. 그러나 여전히 해안선의 윤곽은 부정확하며, 내륙 주변의 섬들도 거의 제외되었다. 그럼에도 유럽에 전해진 『광여도』는 18세기 전반까지 서양인의 아시아지도 제작에 널리 활용되었다.

18세기 전반에는 한반도의 형상이 한층 현실에 가까워지고, 울릉도와 독도가 표시된 지도가 중국에서 완성되어 서양인들의 동아시아에 대한 지리적 지식을 확대시켰다. 이러한 변화는 청나라 강희제康熙帝(1654~1715)의 명령으로 제작된 『황여전람도皇輿全覽圖』가 프랑스에 전달된 것이 계기였다. 청나라는 1644년에 중원을 장악했으며, 1689년에는 러시아와 네르친스크 조약을 체결하여 국경선을 획정하였다. 강희제는 국가 통치의 효율성과 러시아의 동방 진출에 따른 위기감으로 『황여전람도』라는 중국 지도집

편찬 사업을 기획하게 되었다.

강희제는 서양의 진전된 학문을 절대적으로 신뢰하여 중국에 체류하던 부베J. Bouvet 신부를 프랑스에 보내어 측량 사업을 할 수 있는 선교사를 모집하여 오도록 요청했다. 부베 신부는 10여 명의 선교사들을 이끌고 측량 사업에 참가했으며, 그 외에 포르투갈과 오스트리아의 예수회 인력도 투입하였다. 사업의 책임자는 레지Jean-Baptiste Régis 신부였으며, 그를 중심으로 1708년부터 1717년까지 중국 전토에 대한 측량이 전개되었다. 1718년에는 편집 과정을 거쳐 필사본『황여전람도』가 강희제에게 헌정되었다. 이 지도집의 지도는 중국 최초로 천체관측법, 삼각측량법 등을 활용한 실측도로서 경도와 위도가 그려져 비교적 과학적이다.

총 36장으로 구성된『황여전람도』에는 조선도가 수록되어 있다. 중국 지도집에 조선도가 포함된 것은 청나라의 발상지인 만주와 경계하고 있는 조선을 명확히 구분하고 파악하기 위함이다. 청나라는 조선도를 제작하기 위해 1709년에는 국경 일대를, 1712년에는 백두산 일대를 조사했다. 1713년에는 목극등穆克登 일행을 조선에 파견하여 조선도 완성의 기본이 되는 한성의 위도와 경도를 측정했으며, 만주에서 의주까지, 의주에서 한성까지의 거리를 측정했다. 게다가 그들은 조선 측에 조선전도와 백두산 일대의 자세한 지도를 요구했지만, 조선 정부는 지리적 정보의 민감성을 고려하여 상세하지 않은 조선전도 하나를 그들에게 건네주었다.

마침내『황여전람도』의 조선도는 청나라와 선교사들이 접경지대에서 실시한 조사 및 측량의 성과, 그리고 조선 측에서 제공한 지리적 정보를 바탕으로 완성되었다. 조선도에 제시된 한반도의 형상은 이전에 조선에서 만들어진 전국 지도에 비하면 한층 진전되어 양호하다. 특히 청나라와 경계를 이루는 압록강과 두만강 일대는 현실에 가까워졌다. 그러나 조선도는 북부에서 남부로 갈수록 면적이 확대되어 동서의 폭이 실제보다 훨씬 넓고, 황·남해안의 복잡한 해안선도 단순하게 표현되었다.

최초로 경도와 위도가 표시된 조선도에는 한반도 주변의 동쪽, 서쪽, 남쪽 바다에 명칭이 단지 보통명사 바다海로 표기되었는데, 이는 당시 동양에서 바다에 고유명사

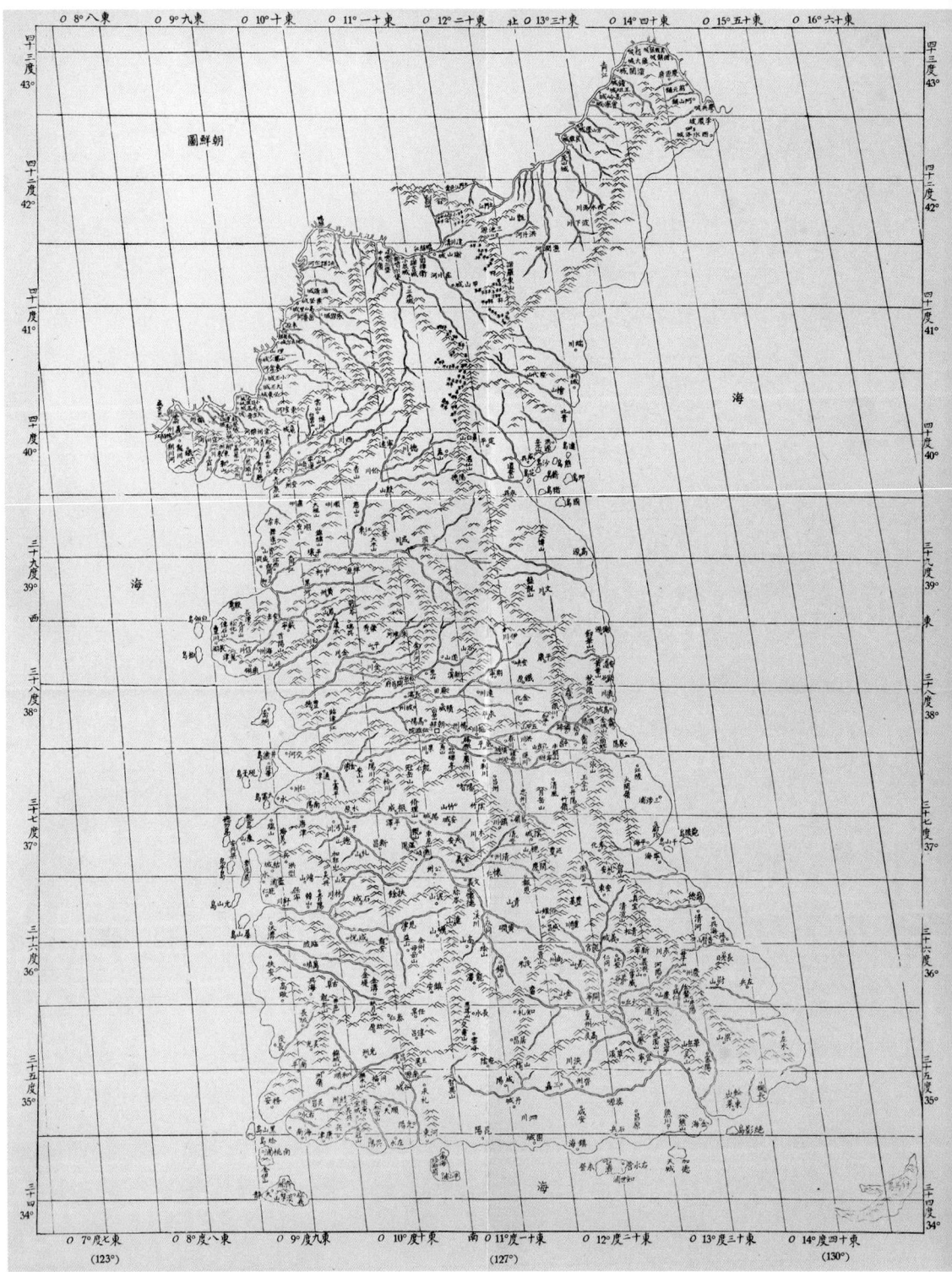

『황여전람도』조선도(1720년 전후)의 독도

조선도(1720년 전후)의 독도

지명을 부여하는 풍습이 없었기 때문이다. 내륙에는 산줄기와 물줄기를 연속적으로 나타내었고, 주요 도읍과 지역 명칭은 비교적 상세하며, 도서 지역은 간략하게 제시되었다. 지도에 표기된 지명은 중국식으로 오류도 보인다. 접경 지역의 백두산은 장백산長白山으로, 두만강은 토문강土門江으로 기재되었다. 수도 한성은 인천 주변이 아닌, 내륙의 중앙에 국가 명칭 조선朝鮮으로 표시되었다.

『황여전람도』의 조선도에는 동해 바다에 울릉도와 독도가 최초로 등장하지만, 조선에서 만든 지도와 달리 두 섬은 훨씬 내륙 가까이에 표시되었다. 게다가 제작자는 강원도 평해 동쪽 바다에 울릉도는 울릉도菀陵島로, 독도는 울릉도 서남쪽에 천산도千山島로 표기하는 오류를 범했다. 울릉도는 울鬱을 울菀로, 천산도는 우산도의 우于를 천千으로 잘못 옮겨 적은 것이다. 조선도에는 자연과 인문, 지역 등의 지명 표기에 오류가 적지 않다. 예컨대 강원도의 삼척三陟은 삼섭포三涉浦로, 충청도의 태안泰安은 태산泰山으로, 경상도의 대구大邱는 화구火丘로, 현풍玄風은 원풍元風으로, 전라도의 순창淳昌은 순려淳呂로 잘못 표기되었다.

중국 전도의 역작이라 할 수 있는 『황여전람도』는 1718년 필사본이 황제에게 열람된 이후 1719년 동판본(한자·만주어), 1721년 목판본(한자), 1728년 동판본(만주어), 1760년 동판본(한자)이 제작되었다. 그러나 이들 『황여전람도』는 외부에 공개되지 않아 일반인들은 그 존재를 거의 알지 못했다. 반면 18세기 전반 예수회 선교사가 『황여전람도』의 원고를 파리에 전달하여 유럽에서는 동아시아의 중국, 한국 등의 지리적 지식이 한층 정확하고 풍부해졌다. 번역 간행된 조선도에는 중국어 발음으로 울릉도는 판링타오fan Ling tao, 독도는 챤챤타오tchian xan tao로 각각 표기되었다.

당빌의 조선왕국도

프랑스에서는 『황여전람도』의 원고를 바탕으로 중국의 지리지와 지도를 간행하는 작업이 진행되었다. 지도 제작은 당빌Jean Baptiste Bourguignon d'Anville이, 지리지 편찬은 뒤알드Jean-Baptiste Du Halde 신부가 담당했다. 파리에서 『황여전람도』의 조선도는 1720년대 전반에 조선왕국도ROYAUME DE CORÉE라는 제목으로 완성되었다. 이 지도는 1735년 뒤알드의 『중국백과전서』, 1737년 네덜란드에서 간행된 『신중국지도첩Nouvelle Atlas de la Chine』에 각각 수록되었다. 또한 이 지도첩은 영어로도 출판되어 유럽 전역에 소개되었다.

당빌(1697~1782)

16세기 후반부터 서양 고지도에 한국이 등장하지만, 한반도의 형상은 막대기 또는 긴 섬 모양으로 왜곡이 심하다. 당빌의 조선왕국도는 『황여전람도』의 조선도를 바탕으로 했으며, 그 밖에도 한국 관련 자료를 비판적으로 검토했기 때문에 원본과는 다른 새로운 지도로 재탄생했다. 조선왕국도에 제시된 한반도는 더욱 진전된 형상으로 현실에 가까워졌으며, 지도의 우수성으로 서양에서 한국 전도의 전형이 되었다. 특히 당빌은 프랑스의 왕실지리학자로서 당대 최고의 지도제작자였기 때문에 유럽의 여러 지도제작자들에 의해 19세기 전반까지 당빌 계통의 한반도 지도가 지속적으로 간행되었다.

당빌의 조선왕국전도는 이전에 간행된 아시아지도, 중국지도에 포함된 일부가 아닌, 한반도 단독 지도로서 의미가 있다. 지도의 명칭 아래에는 고려 인삼을 들고 있는 노인의 모습이 그려져 있다. 1709년 자르투Jartoux 신부는 『황여전람도』 편찬 사업과 관련하여 만주와 조선의 접경 지역에서 측량을 실시했다. 그는 측량 작업을 실시하면서 압록강 주변의 조선인 마을에서 인삼을 먹었는데, 피로가 풀리는 놀라운 효능을 경험했다. 당빌은 이 내용을 지도에 그림으로 표현하여 한국에 대한 이미지로 고려 인삼을 부각시켰던 것이다.

조선왕국도의 특징으로 중국과의 경계선이 『황여전람도』의 조선도와 완전히 다른 것은 주목할 만하다. 청나라는 『황여전람도』의 조선도에서 두만강과 압록강을 국경선으로 삼았지만, 당빌의 조선왕국도는 중국과의 경계선이 녹둔도, 두만강, 압록강 이북

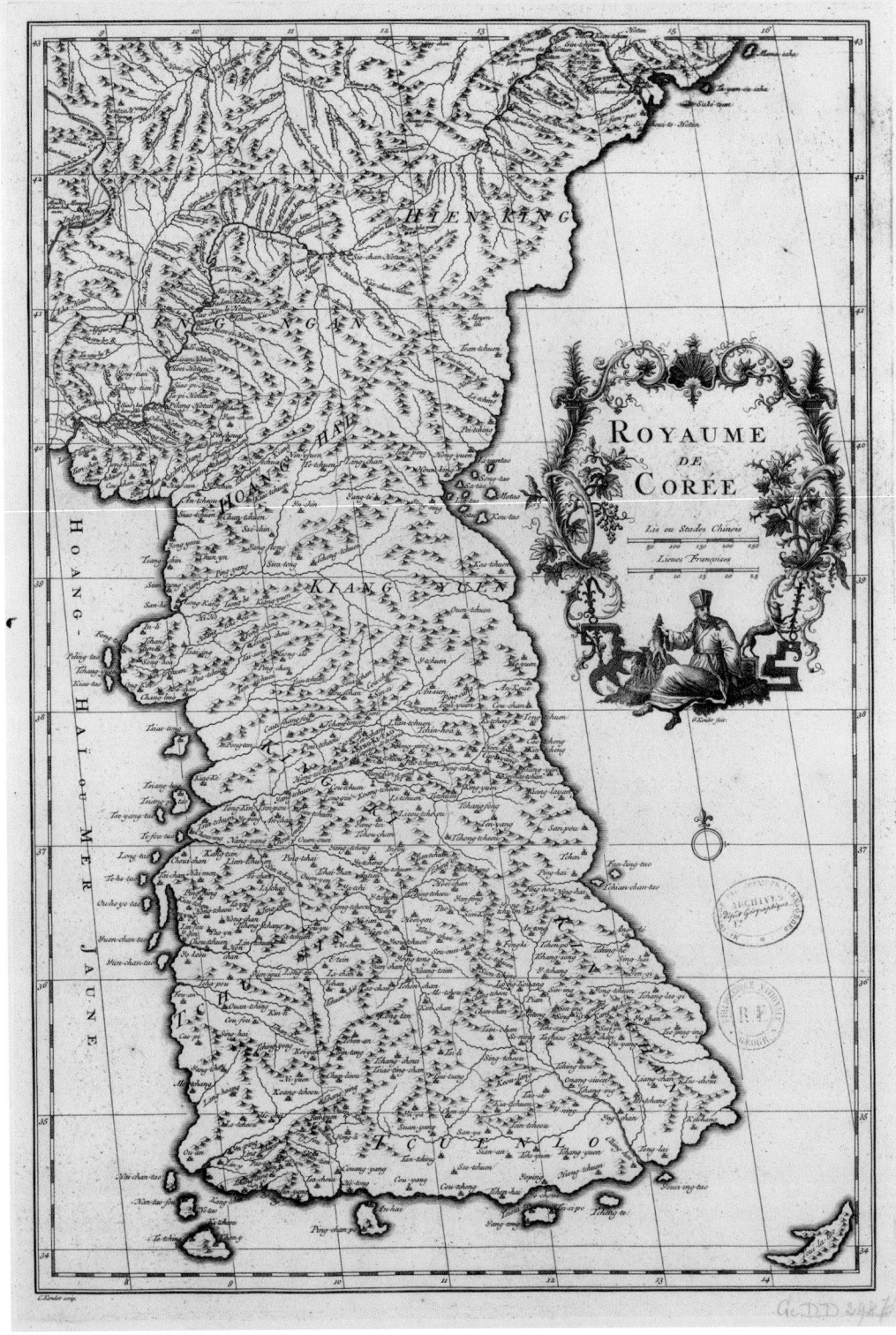

조선왕국도(1720년대 전반)의 독도

의 만주 쪽으로 더욱 확대되었다. 조선왕국도에 표시된 이 국경선을 레지선으로 부르기도 하는데, 그것은 당시 이 지역의 지리적 정보를 프랑스에 보낸 레지 신부의 이름을 딴 것이다. 당빌은 조선왕국도에서 1712년 백두산정계비가 세워지기 이전의 자료에 근거하여 양국의 국경선을 설정했던 것이다.

조선도에 비해 조선왕국도는 산줄기와 물줄기, 지역 명칭 등이 한층 상세해졌다. 한반도 서쪽의 바다 명칭은 황해HOANG-HAI OU MER JAUNE로 나타내었고, 8도의 명칭 및 지역 명칭도 비교적 구체적으로 표시되었다. 평해 동쪽 바다에는 울릉도가 판링타오Fan-ling-tao, 그 서남쪽에는 독도가 챤챤타오Tchian-chan-tao로 표기되었다. 당빌의 조선왕국전도에 사용된 이들 명칭은 19세기 전반까지 서양 고지도에서 그대로 사용되었다. 그러나 유럽의 영국, 프랑스, 러시아 등의 국가들이 동해를 탐사하면서 울릉도와 독도를 발견 및 실측하여 지도에 새로운 명칭을 표시함에 따라 이들 명칭과 기존의 명칭이 한동안 함께 사용되다가 지도에서 기존의 명칭은 점차 사라졌다.

2. 라페루즈의 동해 탐사와 울릉도 발견

18세기 전반에 완성된 당빌의 조선왕국도는 기존의 지리지, 지도, 자료 등을 바탕으로 만든 편찬도이다. 따라서 이 지도에 표시된 울릉도와 독도는 위치, 형상, 거리 관계 등이 정확하지 않다. 그러나 19세기 전반부터 측량의 성과를 반영한 서양 고지도에 울릉도는 보다 정확하게 표시되기 시작했다. 그 계기는 프랑스 혁명 정부의 적극적인 지원으로 실시된 라페루즈Jean François La Pérouse의 과학적인 동해 탐사였다.

항해자 라페루즈는 1741년 프랑스 남부의 알비Aibi라는 도시 교외의 명문 집안에서 출생했다. 1756년 15

라페루즈(1741~1788)

세의 나이에 브레스트의 해군학교에 입학했으며, 1760년 영불해전에서는 심한 부상을 당해 영국군의 포로가 되기도 했다. 그가 프랑스에서 유명해진 동기는 1782년 캐나다 북부의 허드슨만에 위치한 영국 해군 기지를 점령하여 승리를 거둔 것이다. 이후 그는 전쟁의 영웅에서 저명한 탐험가로 거듭났다.

당시 유럽 국가들은 식민지를 경쟁적으로 확장하면서 유럽과 다른 지역을 연결하는 다양한 항로를 개척하기 위해 전력을 다했다. 프랑스와 경쟁 관계에 있던 영국은 쿡 James Cook이 태평양 탐험에 성공했다. 여기에 자극받아 프랑스의 루이 16세는 태평양 탐험을 기획했으며, 그 책임자로 허드슨만의 용장 라페루즈를 기용했다. 루이 16세는 쿡의 태평양 탐험이 남긴 공백에 관심이 많았으며, 특히 태평양 북서 항로를 개척하여 모피 무역을 통한 경제적 이익을 도모하고자 했다.

프랑스는 영국의 쿡 선장보다 우수한 성과를 거두기 위해 당시 각 분야의 저명한 천문학자, 물리학자, 수학자, 지리학자, 기상학자, 광물학자, 식물학자, 의사, 스케치화가 등 여러 전문가를 총동원하여 승선시켰다. 라페루즈는 1785년 8월 부솔La Boussole과 아스트롤라베L'Astrolabe 두 척의 선박을 인솔하여 브레타뉴반도의 브레스트 군항에서 출항했다. 대서양을 남하하여 남미의 최남단 혼곳을 돌아 태평양으로 들어왔다. 하와이에서 알래스카까지 북상한 다음 캘리포니아까지 내려와 태평양을 거쳐 마카오에 도달했다.

1787년 4월 9일에는 필리핀 마닐라에서 대만을 거쳐 동아시아로 북상했다. 5월 21일에는 제주도 남단에 도착하여 바다에서 제주도의 경도와 위도, 한라산의 높이를 측정했다. 제주도 해안가의 촌락과 아름다운 경관을 관찰하고, 해양을 탐사하면서 대한해협을 통과하여 5월 25일 동해 해역으로 들어와 5월 27일 서양인 최초로 울릉도를 발견하였다. 섬을 처음 발견한 천문학자 다줄레Joseph Lepaute Dagelet는 그의 이름을 따서 항해지도에 울릉도를 다줄레 섬I. Dagelet으로 기재했다.

그들의 기록에 따르면, 일행은 울릉도에 접근하려고 노력했지만, 섬 주위의 강풍으로 불가능했다. 바람이 약해져 이튿날 새벽에 다시 섬의 탐사를 위해 접근을 시도했다.

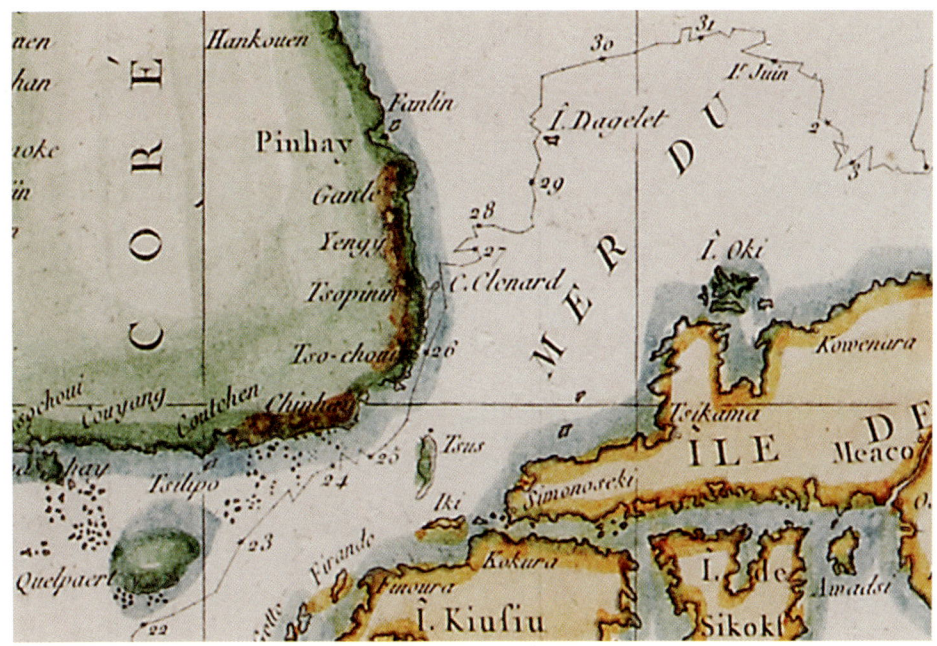

제2해도 중국해와 타타르해 탐사도(1797)의 울릉도

울릉도 가까이에 접근하여 1마일 거리를 두어가며 둘레를 거의 다 돌았으며, 주변의 수심 측량도 실시했다. 선박이 사정거리 이내로 접근하자 울릉도에서 작업하던 주민들은 모두 놀라 숲으로 황급하게 도망가 숨었다. 당시 울릉도는 쇄환정책으로 사람들의 거주가 금지되었지만, 한반도 내륙의 사람들이 몰래 들어와 선박을 건조하고 있었던 것이다. 탐험가들은 선박을 정박할 수 있는 곳을 열심히 찾았지만, 거센 파도로 울릉도를 떠나 북쪽으로 향했다.

라페루즈 일행은 측량을 실시하면서 타타르해협까지 북상한 다음 남하하여 라페루즈(소야)해협, 오호츠크해를 경유하여 9월에는 캄차카반도에 도착했다. 여기에서 레셉스Barthelemy Lesseps를 하선시켜 시베리아를 거쳐 프랑스 본국에 그동안의 항해일지를 전달하도록 했다. 탐험가들은 계속 남하하여 1788년 1월 26일 오스트레일리아 동해안에 도착했으며, 본국에 최후의 통첩을 보냈다. 그들은 1789년 7월 브레스트 항구로 귀국할 예정이었지만, 항해 도중 바다에 침몰하여 행방은 명확하지 않다.

프랑스 혁명 정부는 전달받은 항해일지를 모아 1797년 『라페루즈 항해기』를 간행했다. 이 책은 본문 4권, 지도 및 스케치 1권으로 구성되었다. 라페루즈의 탐사도에 표시된 한반도의 형상과 울릉도 및 독도는 당빌의 조선왕국도와 유사하다. 지도에 울릉도는 판린Fanlin으로, 독도는 그 서남쪽에 명칭을 표기하지 않고 작은 섬으로 나타냈다. 게다가 그들은 새롭게 발견한 울릉도를 정확한 위치에 다줄레 섬I. Dagelet으로 표시했다. 이후 불어판 『라페루즈 항해기』는 유럽 각국의 언어로 번역 간행되어 널리 보급되었다. 그리하여 서구 사회에서 울릉도는 새롭게 등장한 다줄레 섬I. Dagelet이라는 명칭으로 오랫동안 사용되었다.

3. 콜넷의 동해 탐사와 가상의 섬 아르고노트

콜넷(1753~1806)

서양에서는 프랑스의 라페루즈 이후 영국의 콜넷 James Colnett이 동해를 탐사하여 의심스러운 섬 하나를 발견했다. 그는 영국 데본셔 데본포트 출생으로 1770년 영국 해군에 입대한 이래 총 5회에 걸쳐 태평양을 항해했다. 장교 후보생 신분으로 쿡의 제2차 태평양 항해(1773~1774)에 참가한 이래 1차 모피무역 항해(1787~1788), 2차 모피무역 항해(1789~1791), 중남미 태평양 연안 항해(1793~1794), 유형자 수송을 위한 항해(1803)에 참가했다. 이들 가운데 콜넷은 동해 탐사와 관련하여 2차 모피무역 항해에서 북서아메리카의 해달 모피를 중국과 무역하는 상선 아르고노트호의 선장으로 활동했다.

2차 모피무역 항해는 콜넷이 함장이었던 아르고노트호와 토마스 허드슨Thomas

Hudson이 함장이었던 프린세스로열호로 구성되었다. 콜넷 일행은 1789년 4월 마카오를 출발하여 1790년 10월부터 1791년 3월까지 북서아메리카 해안 일대에서 해달 모피를 수집하여 1791년 5월 마카오로 돌아왔다. 그들은 중국의 모피무역 금지로 이웃나라 조선과 일본 등을 상대로 판로를 개척하기 위해 8월 제주도 인근 해역을 지나 일본의 남서부 해안에 도착하여 무역을 시도했지만 실패했다.

이후 한반도 남동 연안을 따라 북상하여 동해 바다로 진입했다. 동해를 북상하던 콜넷 일행은 8월 30일 울릉도 주변 해역에 진입했으며, 악천후로 더 이상 북쪽으로 나아갈 수 없었다. 콜넷 일행은 조선을 상대로 계획했던 모피무역의 개척을 포기하고 중국으로 향했다. 항해 일지에 따르면, 그들은 오후 5시 무렵에 수직의 거대한 암벽으로 된 바위섬을 발견했다. 이 섬은 울릉도였지만, 그 사실을 모른 채 그들은 발견한 섬 하나를 항해도상에 표시하였다.

콜넷 일행은 동해에서 섬을 발견했지만, 그것은 지도에 즉시 수용되지 않다가 지도 제작자 애로스미스Aaron Arrowsmith에 의해 반영되었다. 그는 1750년 영국 더럼의 윈스턴 출생으로 1770년대 초부터 지도제작소를 운영했다. 애로스미스는 당대 가장 저명한 지도제작자로 다양한 지리적 정보를 입수하여 최신의 우수한 지도를 만들었다. 그가 사망한 이후에는 아들과 조카가 지도제작소 가업을 물려받아 1873년까지 명맥을 유지했다.

1811년 애로스미스는 당빌의 조선왕국도, 라페루즈의 탐사도, 브로턴의 탐사도, 콜넷의 탐사도를 바탕으로 일본쿠릴열도지도Map of Island of Japan, Kurile &c를 완성했다. 1797년 영국의 브로턴William Robert Broughton은 동해안의 함경도에서 부산까지 탐사했으며, 그의 이름을 따서 원산 동쪽의 동한만을 브로턴Broughton 만으로 명명했다. 그의 동해안 탐사는 1804년 『북태평양 탐사 항해기』에 포함되었다.

애로스미스(1750~1823)

일본쿠릴열도지도(1811)의 아르고노트 섬

　애로스미스의 일본쿠릴열도지도에는 브로턴의 한반도 동해안 탐사 항로가 표시되어 있다. 그리고 콜넷 일행이 발견한 섬이 울릉도 Dagelet 북서 바다에 아르고노트 섬 Argonaut I.으로 표현되었다. 지도제작자는 아르고노트 섬이 발견된 지점의 경위도가 울릉도의 수리적 위치와 다르기 때문에 새로운 섬으로 인식했던 것이다.

　그 결과 이 지도에는 울릉도와 독도 표시가 더 복잡해졌다. 당빌의 조선왕국도에 나타나는 울릉도 Fan-ling-tao와 독도 Tchian-chan-tao, 라페루즈의 탐사도에 처음 표시된 울릉도 I. Dagelet, 그리고 울릉도 북서 바다에는 존재하지 않는 가상의 섬 아르고노트 Argonaut I.가 제시되었다. 아르고노트가 존재하지 않는다는 것은 1860년대에 와서야 사실로 드러났다. 그럼에도 19후반까지 일부 서양과 일본 고지도에 아르고노트가 관행적으로 표시되거나 아르고노트 자리에 울릉도를, 울릉도 자리에 독도를 표시하는 경우도 적지 않았다.

4. 포경선 리앙쿠르호의 독도 발견

19세기 전후부터 서양인들은 동해를 탐사하면서 울릉도를 발견 및 측량하여 지도에 섬의 형상과 명칭을 표시하기 시작했다. 그리고 그들은 울릉도보다 작은 섬 독도를 서양인 최초로 발견했는데, 그것은 동해 바다에서 고래잡이가 계기였다. 1848년 4월 미국의 포경선 체로키Cherokee호가 최초로 독도를 발견하고, 항해 일지에 관련 내용을 기록하였다. 그렇지만 미국은 독도에 별다른 관심이 없었고, 오히려 프랑스는 자신들의 독도 발견에 주목하여 기록으로 남겼다.

예부터 동해에는 고래가 많아 중국이나 한국의 문헌에는 이 바다가 경해鯨海로 표기된 적이 있다. 울산 반구대 암각화에는 선사시대 여러 종류의 고래가 그림으로 표현되어 있으며, 한국의 역사서 『삼국사기』를 비롯한 여러 문헌에는 고래잡이에 대한 내용이 적지 않게 기술되어 있다. 유럽의 문헌에는 조선에 억류되었다가 귀국했던 하멜Hendrik Hamel의 저술에 동해 바다에 서식하는 고래가 언급되어 서양인들을 자극하였다.

서양에서 포경산업은 석유가 생산되기 시작한 1860년대까지 활발했다. 당시 고래의 기름과 수염은 연료와 등유, 화장품, 우산 재료 등 다양한 용도로 사용되었기 때문이다. 서양인들은 고래잡이를 주로 유럽 주변의 지중해와 대서양에서 실시했다. 그러나 남획으로 고래가 점차 줄어들자 그들은 고래 자원을 찾아 더 넓은 대서양, 인도양, 태평양 등의 바다로 진출했으며, 마침내 극동의 동해와 오호츠크해까지 와서 고래 어장을 개척했다.

독도는 동해에서 고래잡이를 하던 프랑스의 포경선 리앙쿠르Liancourt호가 발견한 것을 계기로 서구와 세계에 그 존재가 알려지게 되었다. 이 선박은 르아브르Le Havre 항에 선적을 두었으며, 윈슬루Winslow 회사 소속의 포경선이었다. 리앙쿠르호는 동해에 고래가 많다는 것을 알고, 1847년 10월 르아브르 항구를 출발하여 동해에서 고래잡이를 시작했으며, 도중에 암석으로 이루어진 독도를 발견하였다. 고래잡이 일행은 자신들의 선박 이름을 따서 독도를 리앙쿠르 암석으로 명명했다.

포경선 리앙쿠르호는 1850년 4월 르아브르 항구로 돌아왔다. 약 2년 6개월 동안 총 25마리의 고래 가운데 15마리를 동해에서 잡았다. 프랑스 법령에 따라 모든 원양 어선의 선장은 귀항 후에 보고서 제출이 의무였으며, 어획량에 따라 정부로부터 보조금을 받았다. 보고서는 8가지 질문을 구체적으로 작성하도록 되어 있다. 주요 내용은 어로 활동의 시작, 항해, 결과, 외국 선박과의 협력, 처분한 어획물, 식품과 식수 문제, 병자 조치, 특별한 발견 유무, 종료 시기 등이다.

포경선 리앙쿠르호

독도와 관련이 있는 질문은 7번째 "항해와 관련하여 바다에서 특별히 발견한 것은 있는가?"라는 부분이다. 이 질문에 리앙쿠르호의 로페즈Jean Lopez 선장은 없다고 대답했으며, 그가 작성한 보고서의 내용은 다음과 같다.

> 1849년 1월 24일 나는 대한해협의 한가운데 위치한 쓰시마 북쪽을 통과한 후 울릉도 (다줄레)로 향했다. 1월 27일 나는 울릉도 섬이 북동 1/2 북 방향으로 바라보이는 위치에 있었다. 그때 동쪽에 큰 암석 하나가 있었다. 이 암석은 어떤 지도나 책자에도 나타나 있지 않았다.

리앙쿠르호의 일행은 울릉도로 향하면서 그 동쪽에 위치한 거대한 하나의 암석을 발견했는데, 그것은 당시 서양에 알려지지 않은 독도였다. 프랑스 해군은 이 내용을 해도국장에게 공문으로 보내어 참조하도록 했다. 해도국 수로과는 1851년 간행한 『수로지』에 그 내용을 수록했다. 주요 내용은 1849년 1월 27일 리앙쿠르호 일행이 울릉도 부근에서 어떤 지도나 항해 지침서에도 표시되지 않은 암석을 발견하여 측정했으며 수리적 위치를 나타냈다는 것이다.

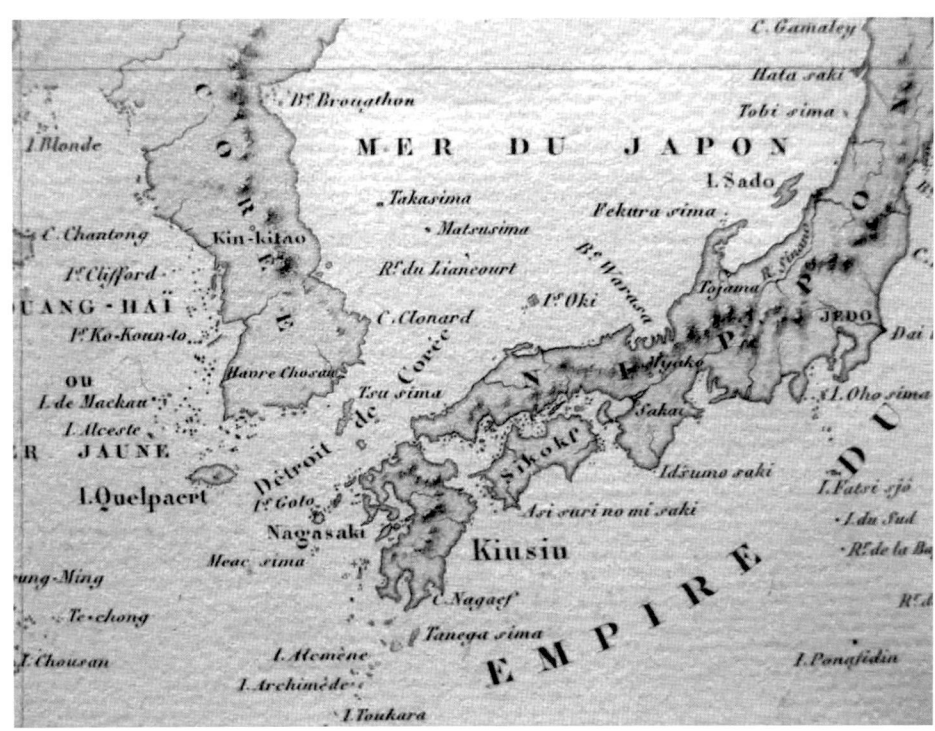

태평양전도(1851)의 독도

이러한 내용을 바탕으로 1851년 프랑스 해군성 수로국은 태평양전도Carte générale de l'Océan Pacifique에 독도를 정확한 좌표 위치로 표시했다. 그런데 여전히 당빌 계통의 한반도 지도에 나타나는 울릉도와 독도가 내륙과 가까운 평해 동쪽 바다에 명칭 표기 없이 두 개의 섬으로 제시되었다. 게다가 동해에 위치한 울릉도는 일본명 마쓰시마 Matsusima로, 울릉도 동남에는 독도가 리앙쿠르 바위섬Rr. du Liancourt으로, 울릉도 북서에는 가상의 섬 아르고노트가 다카시마Takasima로 기재되었다.

서양의 해도에 최초로 울릉도가 마쓰시마로 표기되었고, 독도는 발견 선박의 명칭을 따라 리앙쿠르 바위섬으로 명기되었다. 이후 독도를 가리키는 리앙쿠르 바위섬은 서양을 비롯하여 세계 여러 나라의 지도에 리앙쿠르 락스Liancourt Rocks로 표기되어 현재까지 사용되고 있다. 당시 근대적이고 과학적인 측량 성과를 반영한 지도에 한반도 동쪽 바다의 울릉도와 독도는 여전히 혼란스러움이 존재한다.

5. 올리부차호의 동해 탐사와 독도 발견

푸챠친(1803~1883)

지도에 독도를 동도와 서도 두 개의 섬으로 나타내고, 각각의 명칭을 부여한 최초의 국가는 러시아였다. 1852년 러시아 황제 니콜라이 1세는 일본 및 중국과 수교하기 위해 제독 푸챠친Evfimii Putyatin을 특사로 임명했다. 러시아는 미국이 아시아 연안에서 베링해협까지 조사하고, 일본을 개항시키기 위해 탐험대를 파견했다는 동부 시베리아 총독의 보고에 자극을 받았던 것이다. 푸챠친은 대외 교섭에 요구되는 유연하고 단호한 성품을 지녔으며, 세계를 일주한 경험도 있었기 때문에 적임자였다.

푸챠친은 전함 팔라다호, 함정 올리부차호, 범선 보스톡호, 수송선 멘쉬꼬프호로 출항 선박을 구성하였다. 1852년 10월 푸챠친 일행은 상트페테르부르크를 출항하여 극동으로 향했다. 1853년 6월 러시아 측은 중국에 도착하여 개항을 위한 교섭을 전개했지만, 러시아는 육로통상을 하고 있다는 이유로 거부당했다. 8월에는 나가사키에 도착하여 일본에 통상을 요구했지만, 일본의 쇄국정책으로 거절당했다.

이때 터키는 흑해 연안의 패권을 둘러싸고 1853년 10월 러시아에 선전포고를 했으며, 터키가 거듭 패전하자 러시아의 남진정책에 불안을 느낀 영국과 프랑스가 터키에 가담하여 크림전쟁(1854~1856)이 발생했다. 이 상황에서 푸챠친은 홍콩과 마카오에 극동해군사령부가 있는 영국과 프랑스와의 충돌을 피하고자 1854년 2월 나가사키를 떠나 중립지역 마닐라로 향했다. 그러나 스페인 식민지의 필리핀 총독은 영국과 프랑스 편을 들어 푸챠친 일행의 마닐라 기항을 거부했다. 결국 그들 일행은 3월 마닐라를 출항해 블라디보스토크로 항로를 바꾸었다.

푸챠친은 3척의 지원선에 다른 업무를 지시하고 전략적 측면에서 거문도를 집결지로 정했다. 4월 2일 팔라다호, 보스톡호, 멘쉬꼬프호가 집결하여 거문도를 측량했으며, 동부 시베리아 총독의 요청으로 1854년 4월 20일부터 5월 11일까지 부산에서 두만강 하구까지 조선 동해안을 실측했다.

올리부차호는 푸챠친의 지시로 4월 6일 대한해협을 지나 북쪽의 타타르해협으로 항해하던 도중 4월 18일 독도를 발견했다. 푸챠친은 그 사실을 보고받고 팔라다호에 있던 세르게예프 중령을 독도에 파견하여 섬의 모습을 제도하도록 지시했다. 올리부차호의 항해 일지에는 독도의 위치, 높이, 형태 등이 기재되었다. 독도의 명칭은 서쪽 섬을 올리부차로, 동쪽 섬을 메넬라이로 명명하였다.

1854년 팔라다호의 조선 동해안 측량 내용과 올리부차호의 독도 측량 내용은 1855년 1월호 러시아 『해군지』에 소개되었다. 게다가 러시아 해군 수로국은 이들 내용을 바탕으로 1857년에 조선동해안도를 간행했으며, 이후 수정 및 보완을 거쳐 재판되었다. 이 지도에는 울산에서 블라디보스토크에 이르는 해안이 자세하며, 탐사 항로가 표시되었지만, 내륙에 대한 정보는 거의 없다. 동해에는 울릉도를 중심으로 북서쪽 바다에 가상의 섬 아르고노트가, 동남쪽 바다에는 독도가 두 개의 작은 섬으로 나타내고, 섬의 명칭은 러시아어로 올리부차Оливуца와 메넬라이Менелай 로 기재되었다.

1875년 일본 해군은 러시아 해군의 조선동해안도를 일본어로 번역하여 간행했다. 당시 일본은 러시아의 극동 및 태평양으로의 진출에 위협을 느껴 지정학적, 전략적 관심에서 이 지도를 사용하고자 했던 것이다. 러시아 해군의 조선동해안도는 근대적이고 과학적인 측량의 성과를 반영하여 지리적 정보에 대한 신뢰성이 높다. 특히 제3국이 제작한 한국 관련 지도에 울릉도와 함께 독도를 포함시킨 것은 의미가 있다.

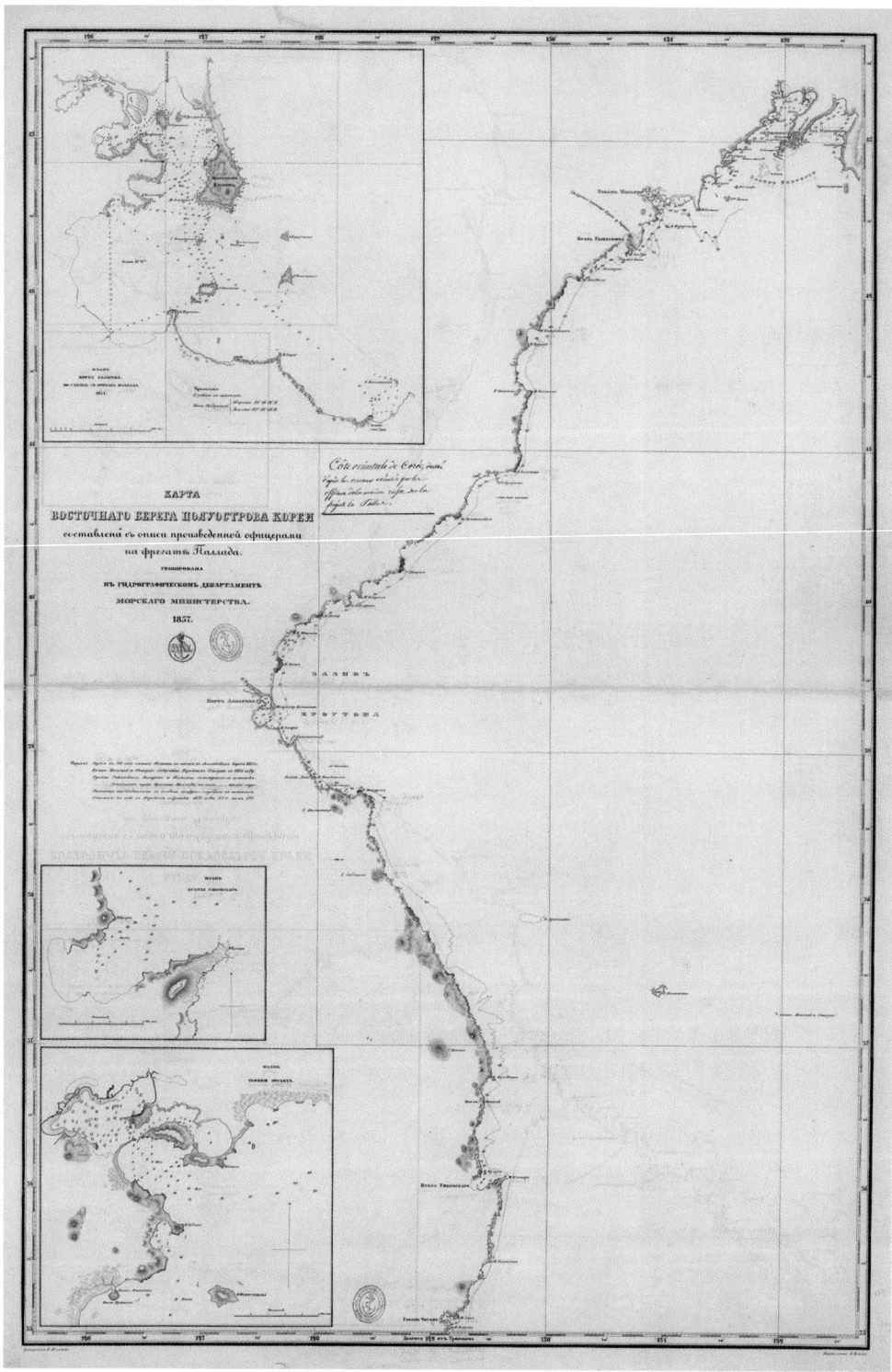

조선동해안도(1857)의 서도(올리부차)와 동도(메넬라이)

Q&A

Q 독도의 명칭 혼란과 그 영향은?

A

서양에서 동해에 위치한 독도는 국가마다 다양한 명칭으로 불렸다. 18세기 전반에는 중국으로부터 『황여전람도』의 조선도가 프랑스에 전해졌다. 번역본 조선도에는 울릉도가 중국어 발음으로 판링타오(fan Ling tao)로, 독도가 챤챤타오(tchian xan tao)로 표기되었다. 프랑스의 저명한 지도제작자 당빌은 조선도를 발전시켜 조선왕국도를 완성했는데, 이 지도는 19세기 전반까지 유럽에서 한국전도의 모범이 되었다.

18세기 말에는 프랑스의 라페루즈가 동해를 탐사하여 서양인 최초로 울릉도를 발견했으며, 탐사도에 섬의 명칭을 다줄레로 표시하였다. 영국의 콜넷은 동해를 탐사하면서 의문의 섬을 발견했는데, 지도제작자 애로스미스는 지도에서 이 섬을 울릉도 북서 바다에 아르고노트로 나타내었다. 1849년 1월 프랑스의 포경선 리앙쿠르호는 독도를 발견하고, 해군성 수로국은 태평양전도에 독도를 리앙쿠르 바위섬으로 표기했다. 1854년 4월 러시아의 함정 올리부차호는 동해에서 독도를 발견했으며, 1857년 러시아 해군이 제작한 조선동해안도에는 서도가 올리부차, 동도가 메넬라이로 기재되었다. 1855년 영국의 호넷호는 독도를 발견했으며, 영국 해군성이 간행한 해도에 독도는 호넷섬(Hornet Is.)으로 기재되었다.

이와 같이 18세기 말부터 19세기 중반에 걸쳐 프랑스, 영국, 러시아는 동해를 탐사하고, 무역 및 어로 활동을 실시하면서 새롭게 발견한 섬을 자신들의 지도에 나타내었다. 게다가 한국과 일본에서 불린 울릉도와 독도 명칭으로 다케(Take)와 마쓰(Matsu), 우산(Ousan) 등이 서양에 소개되어 지리지와 지도 등에 이들 명칭이 표기되어 혼란이 지속되었다.

특히 서양에서 독도의 명칭 혼란을 가중시킨 인물은 지볼트(Philipp Franz Balthasar von Siebold였다. 그는 독일의 의사 집안에서 태어나 의학을 공부했으며, 생물과 지리에도 관심이

지볼트(1796~1866)

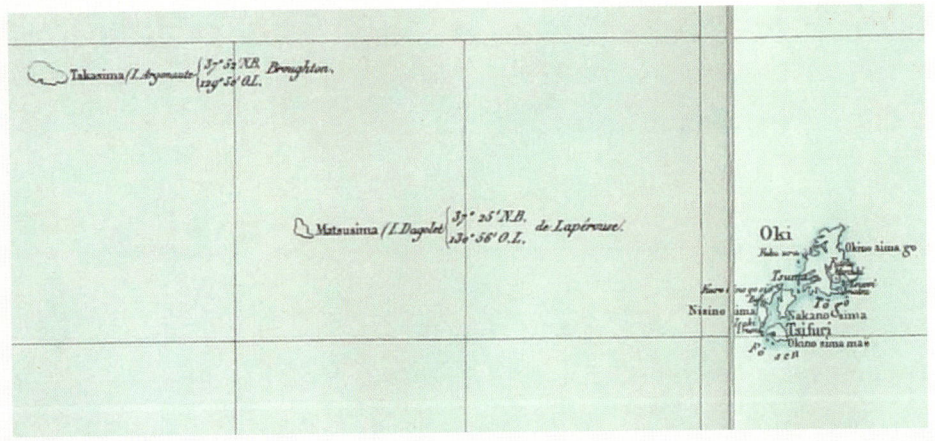

일본전도(1840)의 울릉도와 독도

많았다. 지볼트는 1823년 나가사키의 네덜란드 상관의 의사로 부임하면서 일본 관련 다양한 자료를 수집하였다. 그는 외국인에게 금지되었던 일본 관련 지도 수집이 발각되어 1829년 일본에서 추방되었다. 지볼트는 귀국 후에 유럽 최초로 독일 본(Boon) 대학에서 일본학 교수로 초빙되기도 했다. 그리고 네덜란드 정부의 후원으로 일본연구를 정리하여 1832년부터 『일본(NIPPON)』을 시리즈로 간행했다.

1840년에 완성된 일본전도에는 울릉도와 독도 명칭이 바르게 표기되지 않아 유럽에서 한동안 혼란이 가중되었다. 지도의 좌측에는 지명 Takasima/L.Argonaut, 그 옆에 북위 37° 52′, 동경 129° 50′, Broughton 등이 기재되었다. 그 동남의 우측에는 지명 Matsusima/I. Dagelet, 그 옆에 북위 37° 25′, 동경 130° 56′, de Lapérouse 등이 적혀 있다. 지볼트는 울릉도를 다케시마와 아르고노트로, 독도는 일본에서 호칭하던 마쓰시마와 서양에서 불린 울릉도 명칭 다줄레를 함께 표기했다.

이와 같이 일본학의 권위자로서 지볼트가 일본전도에 울릉도와 독도의 명칭, 섬의 위치를 부정확하게 표시함에 따라 이후 간행된 서양 고지도에 혼란이 지속되었다. 게다가 지볼트의 일본전도는 일본에도 전해져 19세기 중후반부터 20세기 초까지 일부 일본 고지도에서 두 섬의 명칭 표기에 혼란을 초래했다. 독도의 서양 명칭으로 리앙쿠르는 일본에서 1905년 2월 시마네현의 독도 편입 이전까지 량코도라는 명칭으로 사용된 적이 있으며, 현재도 서양과 세계의 여러 지도에 나타난다.

근대 일본의
독도 인식과 침탈

17세기 말 안용복 사건 이후 에도 막부는 2회에 걸쳐 울릉도도해금지령을 내렸지만, 불법으로 독도를 거쳐 울릉도를 왕래하는 일본인들이 있었다. 근대에 들어와 메이지 정부는 다시 두 섬의 소속을 조사했다. 그 결과 일본 정부는 1870년 외무성 관리가 조선을 정탐한 보고서, 1877년 태정관 지령을 통해 울릉도와 독도가 일본과 관련이 없다는 사실을 재확인했다. 그러나 부국강병을 지향했던 메이지 정부는 19세기 말부터 이웃나라를 본격적으로 침략하기 시작했다. 일본 제국주의는 러일전쟁 중에 독도의 전략적 가치에 주목하여 이 섬을 시마네현에 편입시켰다. 독도가 일본의 영역과 무관하다는 인식은 근대 일본에서 간행된 관찬 및 사찬의 고문헌과 고지도, 지리교과서, 지리부도 및 역사부도에서 확인된다.

1. 외무성의 독도 인식

정한론과 조선 사정의 내탐

일본에서는 1850년대 후반 요시다 쇼인吉田松陰 등이 구미 열강에 대항하는 방편으로 정한론을 주장하기 시작했다. 1868년 메이지 정부가 출범한 이후에도 조선에 대한 침략전쟁이 제기되었지만, 정한론은 내부 정치의 우선으로 합의에 이르지 못했다. 이러한 상황에서 조선과 일본의 외교관계는 단절되어 좀처럼 회복되지 않았다.

일본은 정한론이 확산하는 시기에 조선과의 단절된 외교관계를 극복하기 위해 우선 조선을 정탐하여 정보를 얻고자 했다. 외무성은 조선의 사정을 조사하기 위해 건의서를 메이지 정부의 국가최고기관이었던 태정관太政官에 제출하여 1869년 10월 최종적으로 허가를 받았다. 그리하여 외무성은 『조선교제사의朝鮮交際私議』라는 문건을 태정관에 제출한 적이 있는 사다 하쿠보佐田白茅를 대표로 모리야마 시게루森山茂, 사이토 사카에斎藤榮를 조사단으로 선임했다.

외무성은 이들 조사단을 은밀히 조선에 파견하여 조선에 대한 11개 항목을 특별히 내탐하도록 지시했다. 조사단 일행은 1869년 12월 초순 요코하마를 출발하여 나가사키를 경유해서 12월 말경 쓰시마에 도착했다. 그들은 조선과의 외교 창구 역할을 담당했던 쓰시마에서 조선 관련 자료를 모았으며, 1890년 2월 7일 쓰시마를 출발하여 2월 22일 부산의 초량 왜관에 도착했다. 이들은 부산에 20일 정도 체류하면서 조선의 사정을 몰래 살피고 관련 자료를 수집했다. 조사단 일행 가운데 사다 하쿠보는 1870년 3월 말에, 나머지 2명은 4월 초에 일본으로 귀국해서 복명서 조선국교제시말내탐서를 외무성에 제출했다.

조선국교제시말내탐서의 울릉도와 독도

조사단 일행이 작성한 조선국교제시말내탐서는 조선의 실상, 과거 일본과의 외교적 관계 및 교류의 역사를 파악할 수 있는 중요한 자료로 모두 13개 항목으로 구성되었다. 당초 외무성이 내탐 지시한 11개 항목에 2개 항목이 추가되었다. 그것은 초량 이외에 일본인 여행의 어려움, 울릉도와 독도가 조선의 부속이 된 시말이다. 이러한 내용은 외무성의 『일본외교문서』 제3권에 수록되었다. 조선국교제시말내탐서 13번째 항목의 울릉도 및 독도와 관련된 내용은 다음과 같다.

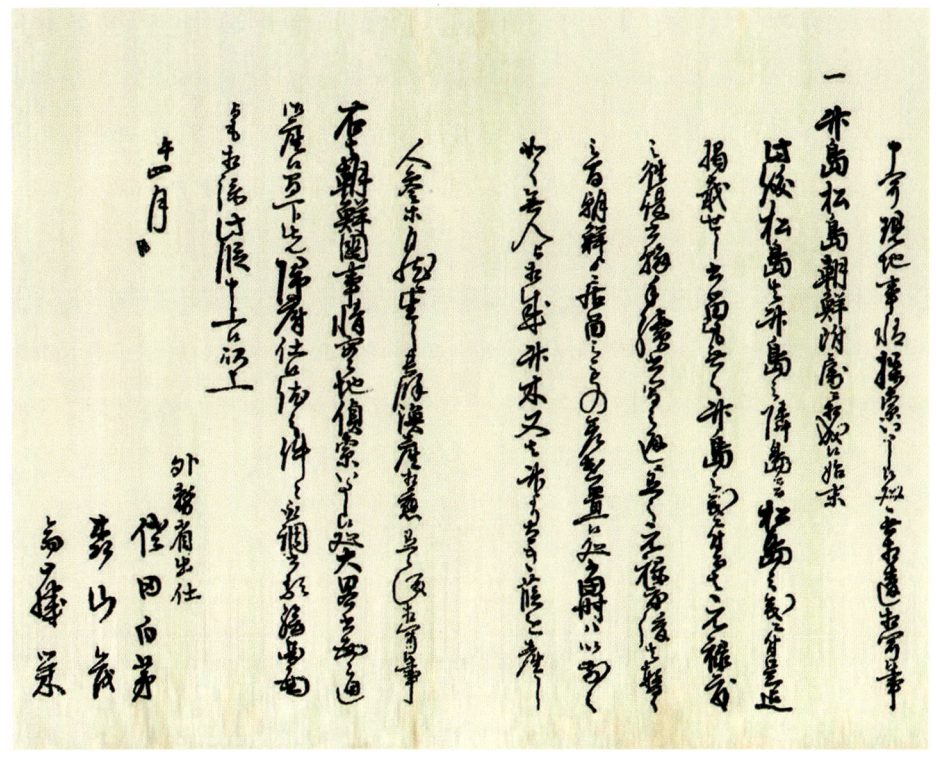

조선국교제시말내탐서(1870)

제6장 근대 일본의 독도 인식과 침탈

울릉도와 독도가 조선의 부속이 된 시말

　이 건은 독도는 울릉도 옆에 있는 섬으로 독도에 대해서는 이제까지 남아있는 기록이 없습니다. 울릉도 건에 대해서는 겐로쿠元祿년 간의 왕복 서한, 절차에 대한 서류가 필사한 그대로입니다. 겐로쿠元祿 이후는 잠시 조선에서 거류居留를 위해 사람을 보낸 적이 있습니다만, 현재는 이전처럼 사람이 없습니다. 대나무 또는 대나무보다 큰 갈대가 자라며, 인삼 등이 자연적으로 자랍니다. 그 밖에 어획물漁産도 상당히 있다고 들었습니다.

　이와 같이 당시 외무성이 인식한 울릉도 및 독도에 대한 주요 내용은 다음과 같다. 첫째, 항목의 제목으로 울릉도와 독도가 조선의 부속이 된 시말에서 파악할 수 있듯이 일본은 이미 울릉도와 독도를 조선의 소속으로 인정했다. 둘째, 독도는 울릉도의 부속도서로 시마네현 오키와 무관하며, 부속의 시말에 관한 자료는 조사단이 방문한 쓰시마와 초량 왜관에서도 발견할 수 없었다. 셋째, 울릉도에 대해서는 17세기 말에 안용복 사건으로 주고받은 외교문서가 남아 있다. 넷째, 울릉도에는 사람이 거주하지 않지만, 임산물과 해산물 등이 풍부하다는 것이다.

　근대에 들어와 메이지 정부는 조선국교제시말내탐서를 통해 울릉도와 독도가 조선의 부속임을 거듭 확인했다. 막부는 안용복 사건의 결착으로 1696년 울릉도도해금지령을 내렸고, 메이지 정부의 외무성은 이러한 역사적 사실을 인정하고 계승하였다. 그래서 외무성은 무토 헤이가쿠武藤平學가 1876년 울릉도 개척을 위한 건의서로 송도개척지의松島開拓之議를 제출했을 때에 그것을 거부했다.

2. 태정관의 독도 인식

태정관 지령의 외 일도

일본에서는 1868년 메이지 유신을 계기로 토지의 자유로운 사적 소유권이 인정되었으며, 토지에 대한 조세제도는 소작료年貢 중심에서 토지세에 해당하는 지조地租로 바뀌었다. 메이지 정부는 1871년에 폐번치현廢藩置縣이라는 행정개혁을 단행했다. 아울러 과세의 대상이 되는 토지와 소유자를 파악하고, 토지의 가격을 부과하기 위한 조사로서 지조개정사업이 1873년부터 1881년에 걸쳐 추진되었다.

울릉도와 독도가 일본과 무관하다는 태정관 지령은 내무성이 일본 전역의 지적편찬사업을 전개하는 과정에서 나왔다. 내무성 직원이 시마네현을 순회했을 때 과거 이 지역의 사람들이 울릉도를 도해한 사실이 있다는 것을 듣고, 1876년 10월 5일 내무성은 시마네현이 울릉도를 조사하여 그 사정을 알려주도록 질의요청서를 보냈다. 이에 시마네현의 지적편제계는 각종 문헌 조사를 바탕으로 울릉도 이외에 한 섬을 산인지방의 지적에 편제할 수 있는데, 이 건을 어떻게 처리할 것인가와 관련하여 일본해내죽도외일도지적편찬방사라는 질의서를 10월 16일 내무성에 제출했다. 게다가 판단에 참고할 자료로서 시마네현의 원유原由의 대략, 막부의 도해허가서, 도해금지경위 및 도해금지령, 시마네현의 의견서後記, 기죽도약도 등이 첨부되었다.

질의서에는 울릉도竹島와 함께 '외 일도外一島'가 추가된 것이 특징이며, '외 일도'가 어떤 섬인지 명확하지 않다. 그러나 별도로 첨부된 원유의 대략과 기죽도약도를 보면 울릉도 이외에 하나의 섬은 독도를 가리킨다. 원유의 대략에는 "다음에 한 섬이 있으며, 독도松島라고 부른다"라고 기술하여 '외 일도'가 독도임을 명확히 밝혔다. 또한 첨부 자료에는 오야와 무라카와 집안이 정부로부터 울릉도 도해허가를 얻어 어로 활동을 실시한 경위와 안용복 사건의 결말로서 도해금지령이 내려진 과정이 언급되었.

시마네현의 질의서를 접수한 내무성은 5개월 동안 자체적으로 조사를 실시했다.

주요 내용은 안용복 사건의 전말과 관련된 에도 막부의 도해금지 결정의 이유, 쓰시마가 일본인의 도해금지를 조선 역관에 보낸 외교문서, 조선이 쓰시마에 보낸 외교문서, 조선의 외교문서를 일본에 전달했다는 본방회답, 외교교섭의 창구인 쓰시마의 담당자가 조선에 보낸 외교문서 등이다. 내무성은 울릉도 관련 사료 조사에 근거하여 이미 17세기 말에 이 문제는 해결되었고, 일본과 관련이 없다는 결론을 내렸다.

그렇지만 내무성은 국가의 영역 문제를 매우 신중하게 보아 1877년 3월 17일 태정관의 우대신 앞으로 일본해내죽도외일도지적편찬방사라는 품의서와 함께 시마네현과 내무성이 조사한 자료도 제출하여 울릉도의 소속 관할에 대한 최종 결정을 요청했다. 품의서의 주요 내용은 울릉도 소속 관할의 건에 대해 시마네현으로부터 별지와 같이 조회가 있어 조사한 바, 해당 섬의 건은 본방과 관계가 없다고 들었지만, 판도版圖의 취사는 중대한 사건이므로 확인을 위해 별지의 서류를 첨부하여 이것을 품의한다는 것이다.

내무성의 품의를 받은 태정관은 내무성, 대장성, 사법성, 외무성이 참여한 가운데 의사결정을 진행했으며, 내무성의 입장을 수용하여 3월 20일 지령안을 태정대신에게 상신했다. 지령안의 핵심 내용은 "서면과 같이 울릉도 외 일도의 건은 본방과 관계없음을 명심할 것"이라는 부분이다. 이러한 판단의 근거에 대해서 태정관 지령은 1692년 조선인이 입도한 이래 일본 정부와 조선국 사이에 이루어진 외교교섭의 결과에 있음을 밝혔다. 메이지 정부는 울릉도의 소속 결정과 관련하여 안용복 사건의 결말로서 1696년 에도 막부가 확정한 울릉도도해금지령을 계승했던 것이다.

현재 일본 정부는 1696년 일본 정부의 울릉도도해금지령에 대해서 울릉도만 해당되며 독도는 제외되었다고 주장한다. 그러나 1690년대 에도 막부의 입장을 수용한 1877년의 태정관 지령은 '울릉도 외 일도'에서 파악할 수 있듯이 당시 울릉도도해금지령에는 당연히 독도가 묵시적으로 포함되었다는 것을 알 수 있다. 이처럼 태정관 지령은 울릉도와 독도의 소속을 재확인한 것이며, 한일 간에 두 섬을 둘러싼 영유권 문제는 메이지 정부에서 최종적으로 명확하게 종결되었다.

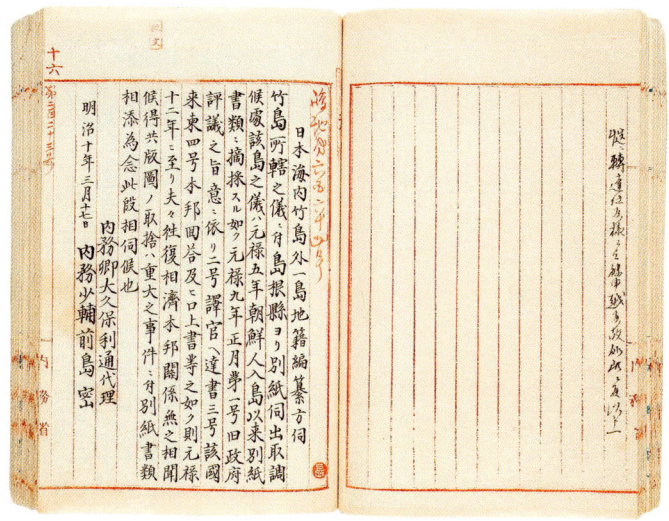
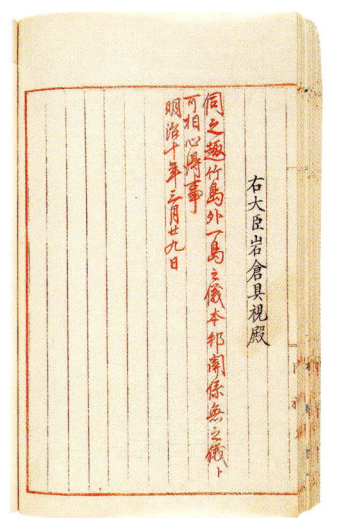

태정관 지령(1877)

결재를 마친 태정관 지령은 1877년 3월 29일 내무성에 전달되었다. 그리고 내무성은 태정관의 결정을 4월 9일 시마네현에 전달하여 울릉도와 독도를 시마네현 지적에 포함시키지 않도록 했다. 당시 태정관 지령은 영역의 문제로서 내용이 중대하여 관련 서류와 함께 국가의 기록을 분류 및 정리한 『태정류전太政類典』 제2편에 수록되었다. 자료는 총 14개 문서로 시마네현(6개), 내무성(6개), 태정관(2개)이 수집 및 작성하였다.

태정관 지령은 독도 영유권 논쟁에서 일본에게는 아킬레스건과 같이 치명적 약점이다. 그래서 일본 외무성이 제작한 독도竹島의 홍보 및 대응 자료에는 그들에게 불리한 태정관 지령 관련 내용이 생략되었다. 한국에게 독도 영유권 주장의 결정적 증거가 되는 이 문서는 1987년 일본인 호리 가즈오堀和生 교토대 교수가 논문으로 발표하여 그 내용이 세상에 알려졌다.

제6장 근대 일본의 독도 인식과 침탈

기죽도약도의 증거력

기죽도약도磯竹島略圖는 일본에서 제작된 지도 가운데, 독도 영유권과 관련하여 일본에게 가장 불리한 결정적 증거 자료이다. 이 지도는 태정관 지령에 별도의 자료로 첨부된 것이다. 그 동안 기죽도약도의 존재는 어둠 속에 묻혀 있었지만, 일본 가나자와 金沢 교회의 우루시자키 히데유키漆崎英之 목사가 일본 국립공문서관에서 지도를 발굴하여 그 실체가 드러났다.

지도의 제목에서 기죽도磯竹島(일본명 이소다케시마)는 17세기 이전부터 일본에서 울릉도를 가리키는 지명으로 사용되었다. 이소다케시마는 울릉도의 자연에서 유래하는 지명으로 이소磯는 돌과 바위가 많은 물가나 바다를 말하며, 다케시마竹島는 대나무가 많이 자라는 섬을 가리킨다. 일본에서는 에도 시대의 문헌과 지도에 울릉도의 명칭으로 이소다케시마와 다케시마가 각각 따로 또는 함께 사용되기도 했지만, 후대로 가면서 문헌과 지도에 다케시마가 단독으로 표기되는 경우가 많았다.

기죽도약도에는 조선과 일본 오키 사이에 울릉도와 독도의 형상, 지명, 위치, 거리 관계 등이 중점적으로 나타난다. 지도에는 울릉도磯竹島 동남쪽의 동과 서에 나란히 2개의 주요 섬과 10여 개의 작은 섬이 그려져 있다. 2개의 주요 섬에서 동쪽의 섬에는 '松', 서쪽의 섬에는 '島'라는 글자가 기재되었다. 이 명칭은 당시 일본에서 독도를 가리키는 '마쓰시마松島'이다. 지도에는 거리 관계에 대해서 울릉도에서 조선국까지 해상 약 50리(92.6km), 독도에서 울릉도까지 40해리(74km), 오키에서 독도까지 80해리(148km)로 표시되었다. 현재의 공식적 거리는 울릉도에서 독도까지 87.4km, 오키에서 독도까지 157.5km로 당시의 거리 관계와 비교하면 대체로 비슷하다.

기죽도약도는 근대적 측량 기법을 사용하지 않고 섬과 바다를 자주 왕래했던 사람들의 경험을 바탕으로 완성된 그림 지도이다. 그럼에도 지도에는 울릉도와 독도의 위치, 섬의 형상, 거리 관계 등이 비교적 정확하다. 이 지도는 당시 일본 정부가 영유권 문제를 논의하는 과정에서 별첨의 참고 자료로 검토했기 때문에 공식성과 객관성이

기죽도약도의 발견 경위

우루시자키 히데유키

태정관 지령은 교토京都대학의 호리 가즈오堀和生 교수에 의해 그 존재가 세상에 알려졌지만, 여기에 부속된 기죽도약도는 일본의 기독교 개혁파 가나자와金沢교회의 우루시자키 히데유키 목사에 의해 우연이라고도 할 수 있는 상황에서 발견되었다. 2005년 3월 그는 대구의 대신대학교에서 "천황제 군국주의에 근거한 한반도 침략의 죄에 대해서"라는 주제로 설교했다. 당시 한국의 매스컴과 한국인은 시마네현 의회가 다케시마의 날을 조례로 제정하는 이슈에 큰 관심을 보였다. 그래서 그의 강연 내용은 3월 10일 중앙일보에 "일본의 독도 영유권 주장에 대해서 사죄"라는 제목으로 보도되었다.

그는 강연자로서 당초 이 보도를 접하고 놀랐지만, 이것을 기회로 독도 문제를 역사적 사실에 근거하여 철저하게 해명하기로 결심했다. 그리하여 그는 중앙일보에 실린 제목의 의미를 본질적으로 이해할 수 있게 됐다고 회고했다. 중앙일보의 보도를 기회로 그는 진지하게 행동을 개시했다. 그는 일본 정부가 독도는 일본의 영토와 무관하다고 스스로 결정을 내린 1877년 태정관 지령의 마이크로 필름을 열람하기 위해 일본의 국립공문서관을 방문하여 마이크로 필름 리더에서 흑백으로 출력된 자료를 들고 가나자와로 돌아갔다. 여기에는 기죽도약도가 보이지 않았다.

그는 점점 긴장된 나날을 보냈는데, 그것은 일본 정부의 암부暗部와의 싸움에서 비롯된 것이다. 우루시자키 목사는 다시 국립공문서관에 가서 어떻게 해서라도 원본을 직접 눈으로 확인하고, 자료를 원색으로 복사해야겠다는 생각을 하게 되었다. 그렇게 생각할수록 그의 심신은 매우 긴장되었다고 한다. 왜 그랬을까? 그는 이미 그때 일본 정부가 원본 공개를 인정하지 않을 때가 반드시 올 것임을 손바닥 보듯이 짐작할 수 있었다고 한다. 사실 지금은 원본 공개가 허가되지 않는다고 한다. 2013년 12월 13일에 공포된 일본의 특정비밀보호법의 장벽 때문일까?

우루시자키 목사는 몇 달 동안 마음속으로 일본 정부와 싸웠다. 어떻게 하면 원본을 공개해서 받을 것인가? 그는 공개 인가認可의 가부可否가 공개 청구의 이유와 관련되어 있다는 것을 알고 있었다. 그리고 그는 공개 청구의 이유를 하나로 정하여 신청했다. 그리하여 허가를 받을 수 있었다. 2005년 5월 20일 태정관 지령의 원본을 자신의 눈으로 확인하기 위해 일본의 국립공문서관 2층을 방문했다. 원본 부속 자료의 마지막을 펼쳤을 때 우루시자키 목사는 한때 시간이 그곳에서 완전히 멈춘 것 같은 이상한 감각에 사로잡혔다고 한다. 거기에는 깔끔하게 접혀 있는 1장의 부도가 들어 있는 것을 보았기 때문이다. 원본에 기죽도약도라는 부도가 실려 있었다. 심장의 고동만이 조용한 공문서관 2층 플로어에서 격렬하게 고동치는 듯한 감각이었다고 한다. 부도의 제목은 기죽도약도임에도 불구하고 독도가 정확한 위치에 그려져 있었다. 독도는 당시 마쓰시마로 불렸기에 松島로 기재돼 있었다. 우루시자키 목사에게 태정관 지령 본문과 부속자료, 부도가 머리 속에서 하나로 연결된 순간이었다. 동시에 큰 허탈감이 찾아왔다고 한다. 그래도 그때 우루시자키 목사는 이렇게 생각했다고 한다. 이 사실을 몰랐던 것은 나뿐이다. 다른 연구자는 이미 알고 있는 것이다. 라고...

우루시자키 목사는 2006년 5월 25일 부산 고신대학교의 강연에서 참석자들 앞에 이 지도를 제시했다. 당시에도 아직 이 사실을 몰랐던 것은 나뿐이다. 다른 연구자가 이미 알고 있는 것이다. 라고 생각했다. 그래서 제시 방식은 매우 소극적이었다고 한다. 같은 해 6월 7일 그 내용이 부산 MBC 뉴스데스크에서 방영되었다. 이후 이 지도는 많은 매스컴을 통해 다루어지고 소개되었으며, 독도 연구자들은 인터넷 블로그, 논문, 저서 집필 등에 활용했다. 기죽도약도의 발견과 공개는 독도 영유권과 독도 연구에 큰 파문을 불러 일으켰다. 무엇보다 이 지도는 태정관 지령의 울릉도 외 일도外一島의 외 일도가 독도라는 사실을 시각적으로 일목요연하게 증명한다. 그 결과 일본 정부는 독도 영유권의 아킬레스건, 급소라고도 할 수 있는 태정관 지령, 기죽도약도에 대해서 일절 언급하지 않는다. 일본 외무성은 홈페이지에 아직까지 공개하지 않고 있다. 그러나 우루시자키 목사는 이 역사적 자료의 발견을 허락하신 것이 하나님이기 때문에 침묵하는 일은 결코 없다고 한다.

※ 필자의 조사 내용에 우루시자키 목사의 진술을 바탕으로 작성

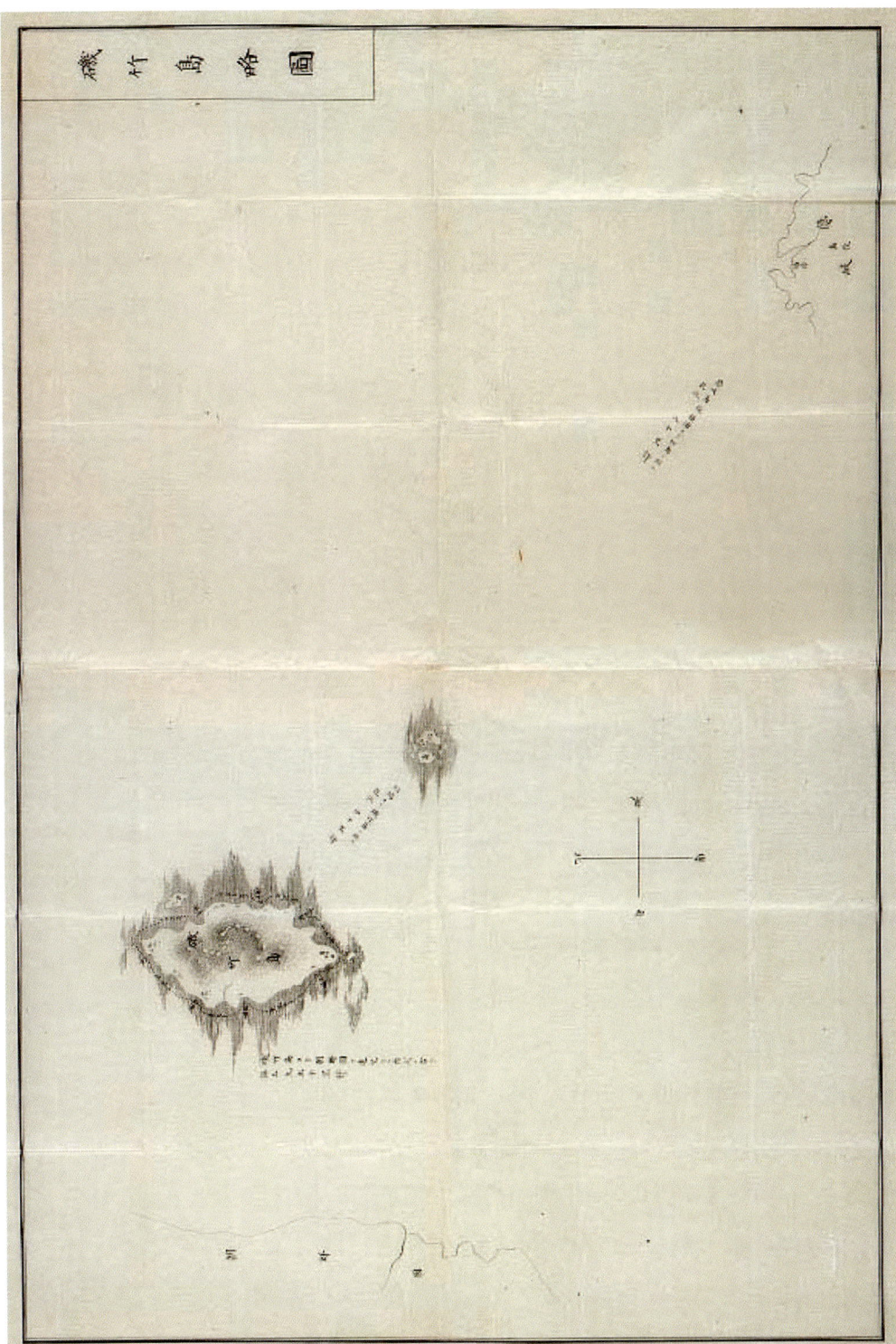

인정된다는 점에서 사료적 가치가 있다. 따라서 기죽도약도는 영유권 문제에서 직접적·1차적 증거력과 증명력을 지닌다.

19세기 후반 메이지 정부의 태정관은 17세기 말에 결정된 에도 시대의 영토 인식을 확인 및 계승하였다. 그 영향으로 내무성, 육군참모국 등 당시 일본 정부의 여러 부서에서 간행된 일본전도에는 울릉도와 독도가 일본의 영역에서 제외되거나 조선전도에 두 섬이 조선의 소속이라는 의미로 나타난다. 아울러 민간이 만든 각종 지도와 근대학교의 지리교과서 및 지리부도에도 울릉도와 독도는 일본과 무관하게 표현되었다. 이러한 일본의 독도 인식은 20세기 초까지 지속되었다.

3. 러일전쟁과 독도 침탈

독도의 전략적 가치

19세기 후반 일본 정부는 울릉도와 독도가 일본의 영역과 관련이 없다고 공식적으로 결정했지만, 메이지 유신 이래 부국강병을 지향했던 제국주의 야욕으로 그러한 인식은 변질되었다. 일본은 1894년 청일전쟁을 시작으로 1904년 러일전쟁을 일으켰으며, 1905년에는 독도를 침탈하고, 1910년에는 한국을 병합하고, 마침내 1941년 태평양전쟁을 일으켜 아시아 국가를 고통스럽게 했다.

일본은 청일전쟁의 승리로 타이완과 랴오둥반도 등을 차지했지만, 극동의 평화를 내세운 러시아·프랑스·독일의 삼국간섭으로 일본은 랴오둥반도를 청국에 반환하지 않을 수 없었다. 이후 1900년 청국의 의화단 사건을 계기로 러시아가 사실상 만주를 점령하게 되었다. 러시아는 태평양연안의 부동항을 확보하기 위해 남하정책을 추진했으며, 일본은 대륙으로 진출하는 과정에서 만주와 한반도의 주도권을 둘러싼 양국의 충돌은 불가피했다.

이런 상황에서 1904년 2월 8일 일본 해군은 뤼순 항의 러시아 군함을 기습 공격하여 침몰시켰으며, 2월 9일에는 인천 앞바다에서 러시아 함대를 격침시키고, 2월 10일에는 대러 선전 포고를 했다. 1904년 6월 15일에는 러시아의 블라디보스토크 함대가 대한해협에 나타나 일본의 수송선을 차례로 격침시켰다. 이후 일본 해군은 러시아 함대의 동향을 감시하기 위해 한국 동남부의 죽변만을 비롯하여 울산, 거문도, 제주도 등의 전략 지역에 망루를 건설하고, 이들을 해저전신선으로 연결하기 시작했다.

울릉도에 망루는 서북부와 동남부 2곳에 8월 3일 착공하여 9월 2일부터 감시 활동을 개시했다. 이 시기에 일본 해군은 독도의 군사적 이용 가치에도 주목하여 독도를 시찰하고 망루 건설 후보지를 탐색했지만, 건설 착공은 동계의 차가운 날씨로 이루어지지 않았다. 러시아의 발틱함대는 유럽에서 출발해서 아프리카 남단을 돌아 1905년 5월 27일 쓰시마해전에서 일본 해군에게 패배했으며, 후퇴하던 러시아 함대는 28일 울릉도 부근에서 일본 해군의 거센 공격으로 침몰되었다. 일본 해군은 전쟁 직후 울릉도와 독도에 대한 종합계획을 세웠으며, 독도에 망루는 7월 2일 착공하여 8월 19일부터 감시 활동에 들어갔다.

나카이 요자부로의 독도 대하원 제출

일본 해군이 울릉도에 망루를 설치하고, 독도에도 망루 건설을 추진하는 가운데, 시마네현의 어업가 나카이 요자부로中井養三郎는 일본 정부의 독도 편입에 계기를 마련했다. 그는 돗토리현 출신으로 유복한 집안에서 성장하는 동안 소학교에서 교육을 받았고 한학도 배웠다. 20대 나이에는 도쿄 대도시에서 공부하면서 사업으로 전복과 해삼 등의 수산가공업에 관심을 가졌으며, 나중에는 독도에서의 강치 잡이 사업이 유망하다는 것

나카이 **요자부로**(1864~1934)

독도에서 일본의 강치 포획(1934)

　독도에는 예부터 바다사자로 불리는 강치가 무리지어 서식했다. 한국의 고문헌에는 가지어可支魚로 등장한다. 강치는 길이 2.5m 정도이며, 러일전쟁 전에 강치의 가죽과 기름이 비싸게 거래되어 일본의 어부들은 독도에서의 강치 잡이에 경쟁적으로 나섰다. 특히 나카이 요자부로는 독도 강치의 남획을 방지하고 어업권 독점을 확보하기 위해 1904년 9월 29일 량코도(독도) 영토편입 및 대하원을 일본 정부에 제출했다. 1905년 2월 일본의 영토편입 이후 나카이 요자부로는 동년 6월 시마네현으로부터 강치 잡이 허가를 받고, 다케시마어렵합자회사를 설립했다. 20세기 전반 일본의 강치 잡이는 1904~1905년에 연간 2,700~2,800마리, 1906~1907년에 1,600마리, 1910~1911년에 600~700마리, 1920년대 이후는 100여 마리, 1940년대에는 20여 마리로 줄어들었다. 나카이 요자부로는 대하원에서 독도 강치의 남획을 방지하기 위해 연간 암컷 500마리 이내, 암컷과 새끼는 각각 50마리 이내로 포획한다고 제한을 두었다. 그러나 독도에서 일본 어부들의 무분별한 강치 포획으로 그 수가 현저히 감소했으며, 현재는 멸종되어 독도에서 강치를 볼 수 없다.

을 깨달았다.

나카이 요자부로는 1903년부터 독도에서 수익성이 높은 강치 잡이 경험을 바탕으로 다른 어부들과의 경쟁에 따른 남획을 방지하고 사업의 독점을 확보하기 위해 여러 방안을 강구했다. 그는 처음부터 독도를 한국의 영토로 인식했지만, 개인적으로 한국 정부와 접촉할 수 없었기 때문에 1904년 강치 잡이 시기가 끝나자 도쿄로 올라가 정부 관료들을 만나기 시작했다.

먼저 나카이 요자부로는 어업 담당의 농상무성을 방문했으며, 수산국장은 그에게 독도가 한국령이 아닐 수 있다고 말하고, 해군성으로 보냈다. 해군성 수로부장은 나카이 요자부로에게 독도의 소속에 대해 확실한 증거는 없으나 일본 방향으로 10리가 가깝고, 일본인이 이 섬의 경영에 종사하는 자가 있는 이상 일본령으로 편입하는 것이 당연하다고 주장했다. 그는 수산국장에게서 용기를 얻었으며, 수로부장과의 면담으로 마음을 결정하여 1904년 9월 29일 내무성, 외무성, 농상무성의 대신 앞으로 량코도(독도) 영토편입 및 대하원을 제출했다.

일본 시마네현의 독도 편입

나카이 요자부로가 제출한 문서에 량코도는 무인도이니 서둘러 일본 영토에 편입함과 동시에 향후 10년 동안 자신에게 빌려줄 것을 부탁한다는 내용이 적혀 있다. 내무성은 나카이 요자부로의 청원에 대해 반대 의사를 분명히 밝혔다. 내무성 당국자는 최근의 시국(러일전쟁)에 한국령이라는 의심이 있는 황량한 일개 불모의 암초를 차지하여, 여러 외국으로 하여금 일본이 한국 병탄의 야심이 있다는 의심을 키우는 것은 이익이 매우 적은 것에 반해 사태 해결은 결코 용이하지 않다는 이유로 기각될 것이라고 말했다.

반면 외무성은 나카이 요자부로의 청원을 적극 찬성했다. 그 이유는 시국이야말로 독도의 영토 편입을 서두를 필요가 있으며, 망루를 세워 무선 혹은 해저 전신을 설치하

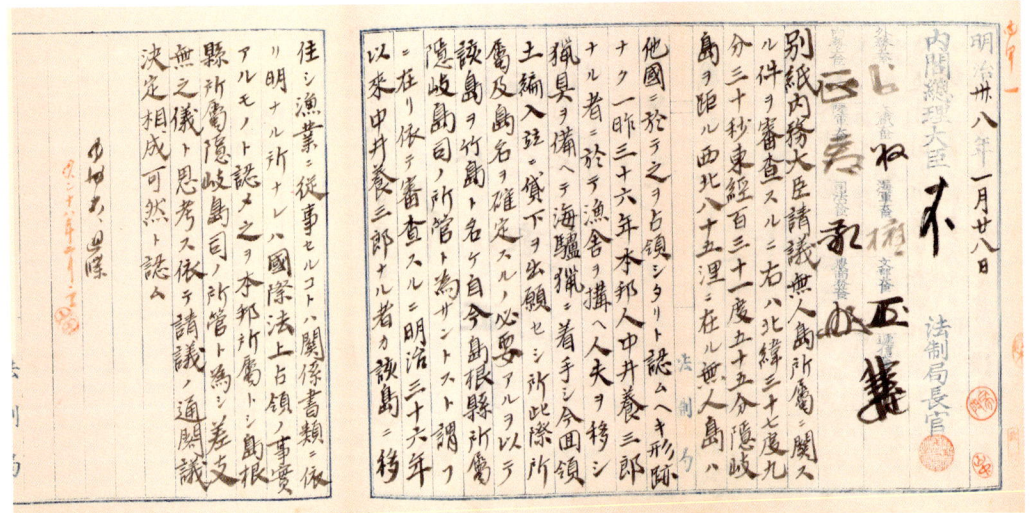

일본 내각의 독도 편입 결정문(1905)

면 적함의 감시에 매우 유리할 뿐만 아니라 특히 외교상으로는 문제가 없다고 보았기 때문이다. 이에 나카이 요자부로는 용기를 얻어 내무성을 대상으로 청원 활동을 지속했으며, 외무성도 나서서 내무성을 설득시켰다. 결국 1905년 1월 10일 내무대신은 총리대신에게 무인도 소속에 관한 건이라는 공문을 보내어 내각회의 개최를 요청했으며, 1월 28일 내각회의에서 독도를 일본의 영토로 편입한다는 결정을 내렸다.

내각회의의 주요 내용은 내무대신의 무인도 소속에 관한 건을 심사해보니, 이 무인도는 타국이 이를 점유했다고 인정할 만한 형적이 없고, 1903년 이래 나카이 요자부로라는 자가 이 섬에 이주하여 어업에 종사한 것이 밝혀졌으니, 국제법상 점령 사실을 인정하여 본방 소속의 시마네현 소속 오키 도사島司의 소관으로 하기로 결정한다는 것이다.

내각회의 결정 사항은 내무성이 시마네현에 훈령으로 전하여 관내에 고시하도록 했다. 내무대신의 지시에 따라 시마네현 지사는 1905년 2월 22일 시마네현고시 제40호로 "북위 37도 9분 30초 동경 131도 55분 오키시마에서 서북 85리에 있는 도서를

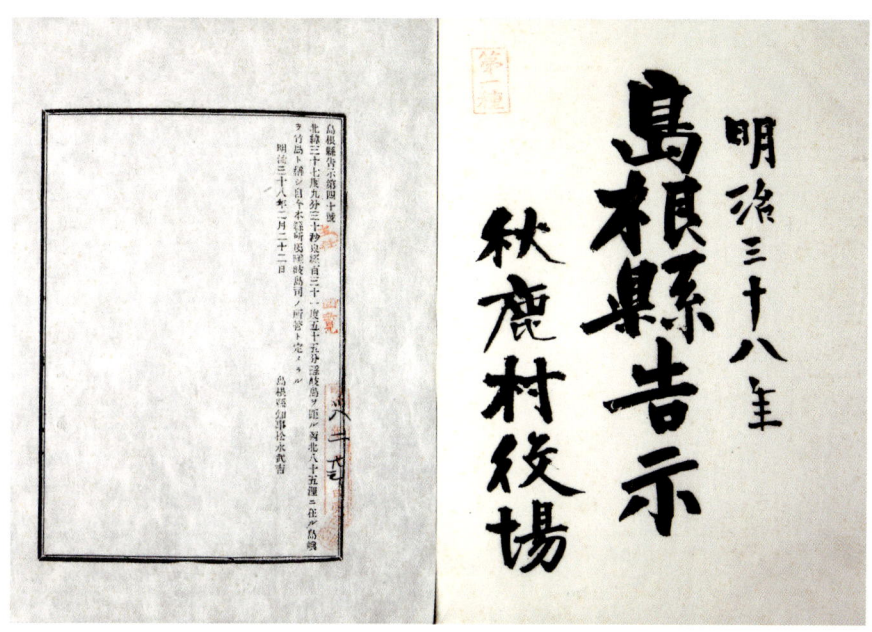

시마네현 고시(1905)

다케시마竹島라고 칭하고, 지금부터 본 현 소속 오키 도사의 소관으로 정한다"는 내용을 게재했다.

일본은 독도를 시마네현에 편입하는 과정에서 정부 내에 이 섬이 한국령이라는 견해가 있었음에도 한국 정부에 조회는커녕 통고조차 하지 않았다. 당시 일본 정부는 한국을 대등한 주권 국가로 인정하지 않았던 것이다. 게다가 독도 편입 내용은 중앙의 관보가 아닌 지방 정부를 통해 고시했으며, 언론 보도도 중앙이 아닌 지방의 2월 24일자 산인신문에 작게 실려 한국은 이러한 사실을 전혀 몰랐다. 일본이 이러한 조치를 취한 의도는 내무성 관리가 염려했듯이 독도를 일본령으로 편입하는 것과 관련하여 상대국 한국과 여러 외국에 한국 병탄의 야심과 의심을 숨기기 위함이었다.

게다가 일본은 섬의 명칭도 변경하여 새로운 섬으로 거듭나도록 했다. 나카이 요자부로는 이전부터 일본에서 독도를 호칭했던 마쓰시마松島를 사용하지 않고, 독도의

서양 명칭 리앙쿠르 암석Liancourt Rocks을 일본식 량코도りゃんこ島로 포장하여 량코도 영토편입 및 대하원을 일본 정부에 제출했다. 결국 내각 회의에서는 독도의 명칭으로 오래된 마쓰시마를 버리고 다케시마竹島를 채용했다. 그 이유는 시마네현이 오키도사隱岐島司 히가시 분스케東文輔에게 도서 명칭에 대한 의견을 물었는데, 오키도사는 "울릉도를 다케시마竹島라 하나 사실은 마쓰시마松島이며, 해도를 보더라도 명백하다. 다케시마竹島를 새로운 섬新島에 붙이는 것이 당연하다"고 답신했기 때문에 이 때부터 독도는 일본에서 다케시마竹島로 명명되었다.

4. 고지도에 표현된 독도

관찬 지도의 울릉도와 독도

메이지 시대에는 내무성, 육군참모국, 해군수로부 등 여러 기관에서 각종 지도가 편찬되었다. 이들 기관에서 간행한 지도는 스케일에 따라 오키전도, 일본전도, 조선전도, 아시아전도 등 다양하다. 울릉도 및 독도의 소속과 관련하여 오키전도와 일본전도에는 두 섬이 제외되었지만, 조선전도에는 이들 섬이 포함되었다. 이는 당시 일본 정부가 울릉도와 독도를 자신들의 영토와 무관하다고 판단함과 동시에 조선의 영역으로 보았기 때문이다. 당시 정부 부처의 주요 지도와 두 섬의 관계는 다음과 같다.

먼저 내무성이 행정 및 지리 인식을 위해 사용한 지도이다. 내무성 지리국 지지과는 이노 다다타카伊能忠敬가 1821년에 완성한 이노도伊能圖, 즉 대일본연해여지로정전도를 저본으로 1881년에 대일본국전도를 완성했다. 당시 이노 다다타카의 측량대는 오키제도까지 측량했지만, 울릉도와 독도는 본국의 영역이 아니라고 인식했기 때문에 측량하지 않았고, 두 섬은 지도에도 나타내지 않았다. 대일본국전도에는 치시마千島제도가 포함된 홋카이도, 류큐, 오키나와, 오가사와라 등이 일본의 영토로서 상세하다. 이

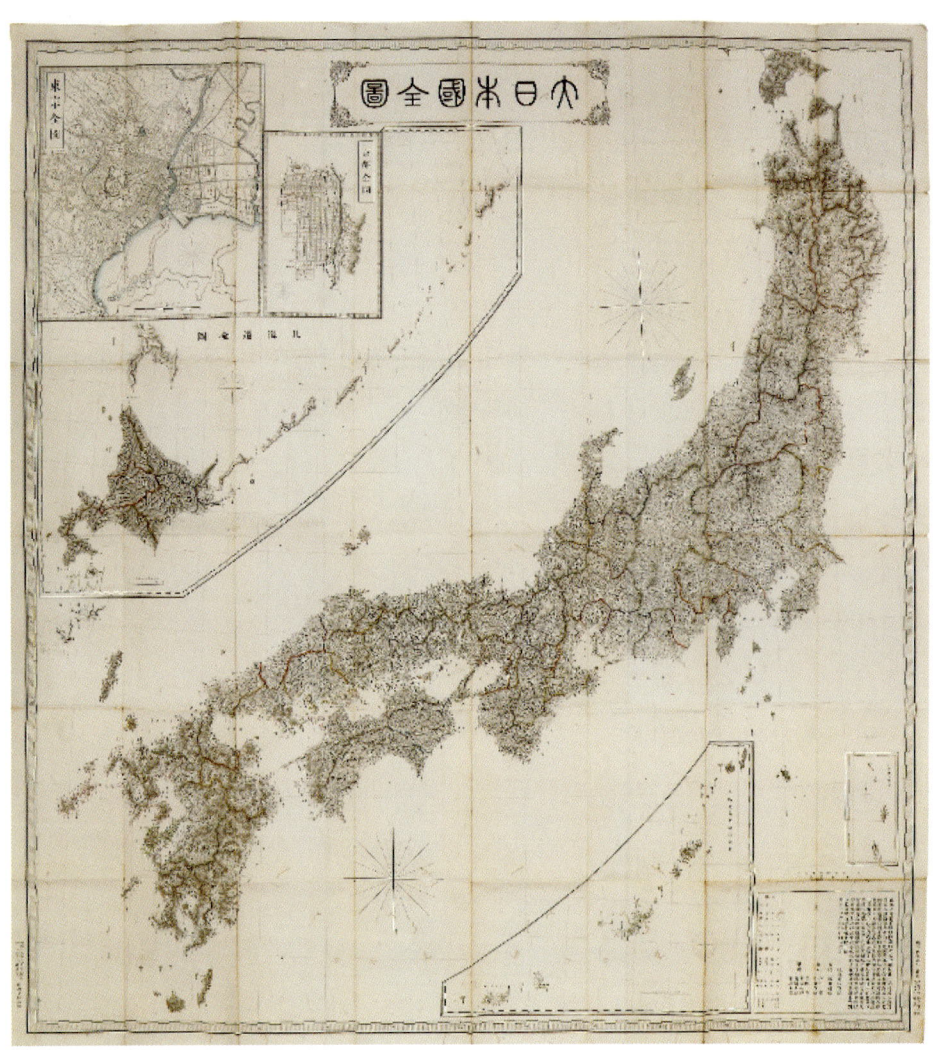

대일본국전도(1881)

지도에 울릉도와 독도가 제외된 것은 이노 다다타카가 만든 지도의 영향도 있으며, 여기에 19세기 후반 일본 정부의 영역 결정과도 관련이 있다. 즉 내무성은 당시 태정관이 1877년 3월 울릉도 외 한 섬은 일본과 무관하다는 점을 명심하여 일본전도에서 울릉도와 독도를 제외했던 것이다.

내무성 지리국은 1882년에 조선전도를 완성했다. 이 지도에는 함경북도 북부가 제외되었지만, 일본 남서부의 규슈 일부와 쓰시마가 포함되었다. 동해에는 울릉도松島를 표시했지만, 독도는 표시 공간이 마땅치 않아 제외되었다. 내무성이 직접 편찬한 조선전도에는 독도가 보이지 않지만, 내무성이 지도 제작사에게 의뢰해서 만든 조선전도에는 독도가 제시되었다. 1894년 무네사다 하나노신宗貞華之進은 신조 조선약지도新彫 朝鮮略地圖를 완성했는데, 이 지도에는 내무성 납본 완료內務省納本済라는 글귀가 기재되어 있다. 따라서 이 지도는 내무성이 조선의 지리 사정을 파악하기 위해 사용한 것이다. 지도에는 한반도 주변의 러시아, 중국, 일본의 규슈와 쓰시마가 무채색이지만, 조선의 8도는 분홍색, 황색, 초록색으로 채색되어 행정구역과 함께 주변 국가와의 영역이 명확하게 구분된다.

지도의 좌측 하단에는 경성京城에서 주요 도시까지의 육상 거리, 그리고 한국, 일본, 중국의 주요 항구도시 간의 해상 거리가 기재되었다. 조선은 주요 강과 산지, 8도와 주요 도시 및 섬의 명칭 등이 간략하게 표현되었다. 강원도 삼척의 동쪽 바다에는 울릉도竹島가, 그 동남쪽에는 독도松島가 표시되었고, 두 섬은 강원도와 동일하게 연한 초록으로 채색되었다. 19세기 말에 제작된 이 지도는 내무성이 울릉도와 독도는 일본과 무관하다는 1877년 태정관 지령을 반영하여 지도에 두 섬이 강원도 소속으로 표시되었던 것이다.

다음은 육군참모국의 조선전도와 대일본전도이다. 육군참모국은 군사적 목적에서 아세아동부여지도(1874), 조선전도(1876), 대일본전도(1877)를 편찬했다. 조선전도는 1/100만 축척으로 1874년의 아세아동부여지도와 비교하면 조선의 황·남해안이 보다 정확해졌다. 지도의 범례에 따르면, 이 지도는 조선팔도전도와 대청일통여지도, 영국

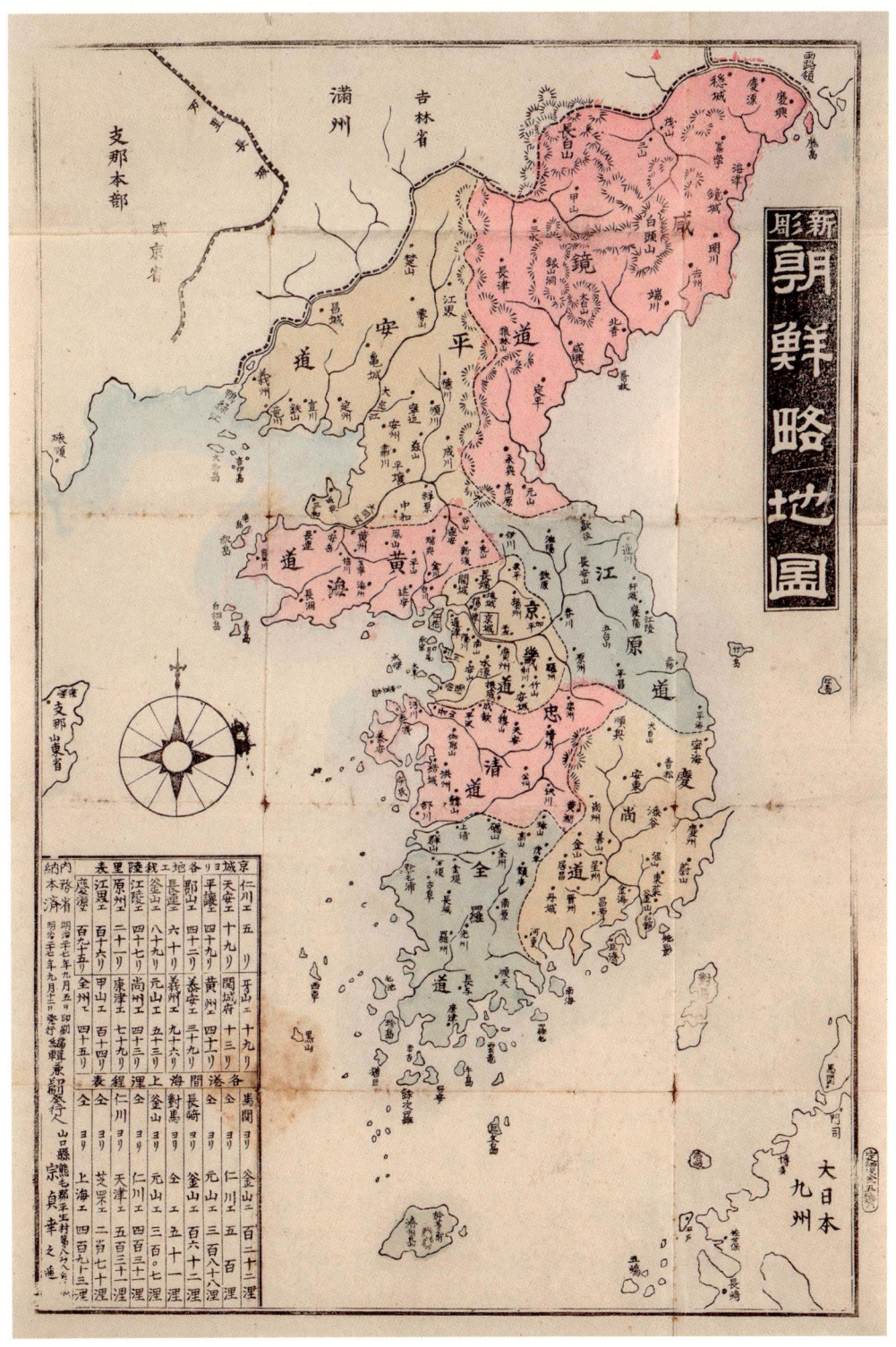

신조 조선약지도(1894)의 독도

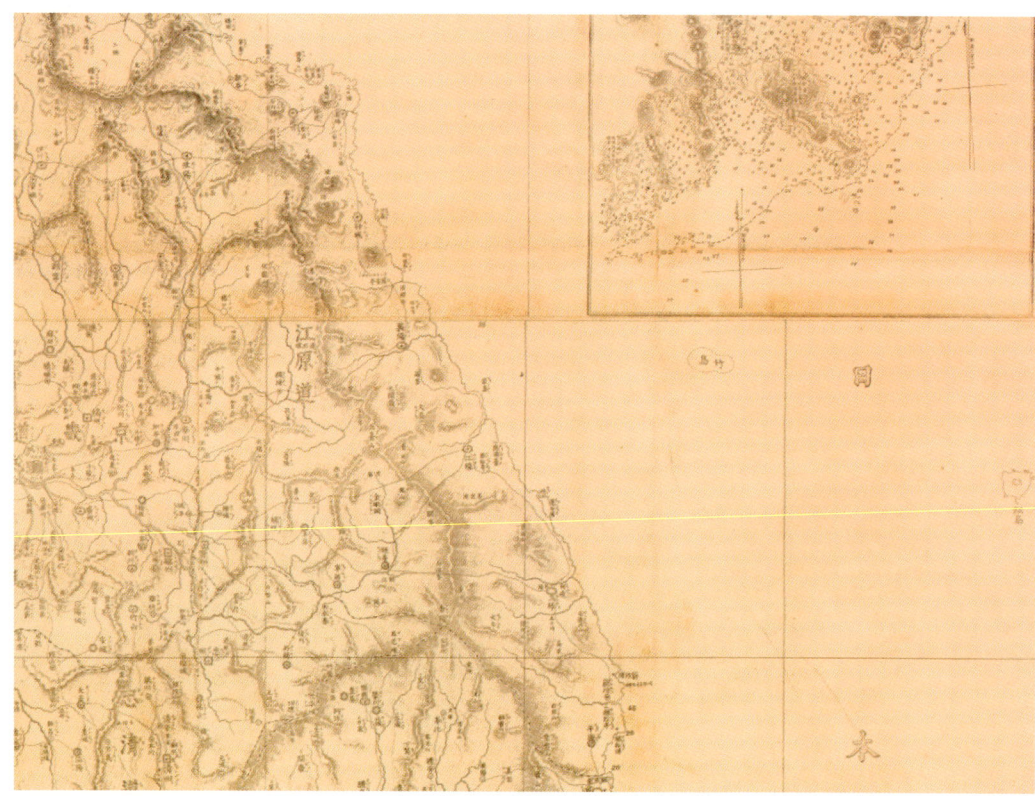

조선전도(1876)

과 미국에서 간행된 측량 해도 등을 참조해서 만들었다. 특히 지도에는 조선의 함경도 사람들에게 지리에 관한 자문을 구하여 의심스러운 부분을 바로 잡았다는 글귀가 기재되어 있다. 조선전도에는 19세기 전반 서양 고지도에서 비롯된 울릉도와 독도의 위치 및 명칭 등의 혼란이 반영되었다. 울릉도 위치에는 당시 일본에서 독도를 가리키는 마쓰시마松島가, 그 서북쪽 가상의 섬에는 울릉도를 가리키는 다케시마竹島가 표기되었다. 육군참모국은 울릉도와 독도에 대한 정보가 부정확했지만, 두 섬이 조선의 동쪽 바다에 존재한다는 사실은 인식하고 있었다.

 육군참모국의 대일본전도는 1/116만 축척으로 일본 전역이 비교적 상세하고 정확하

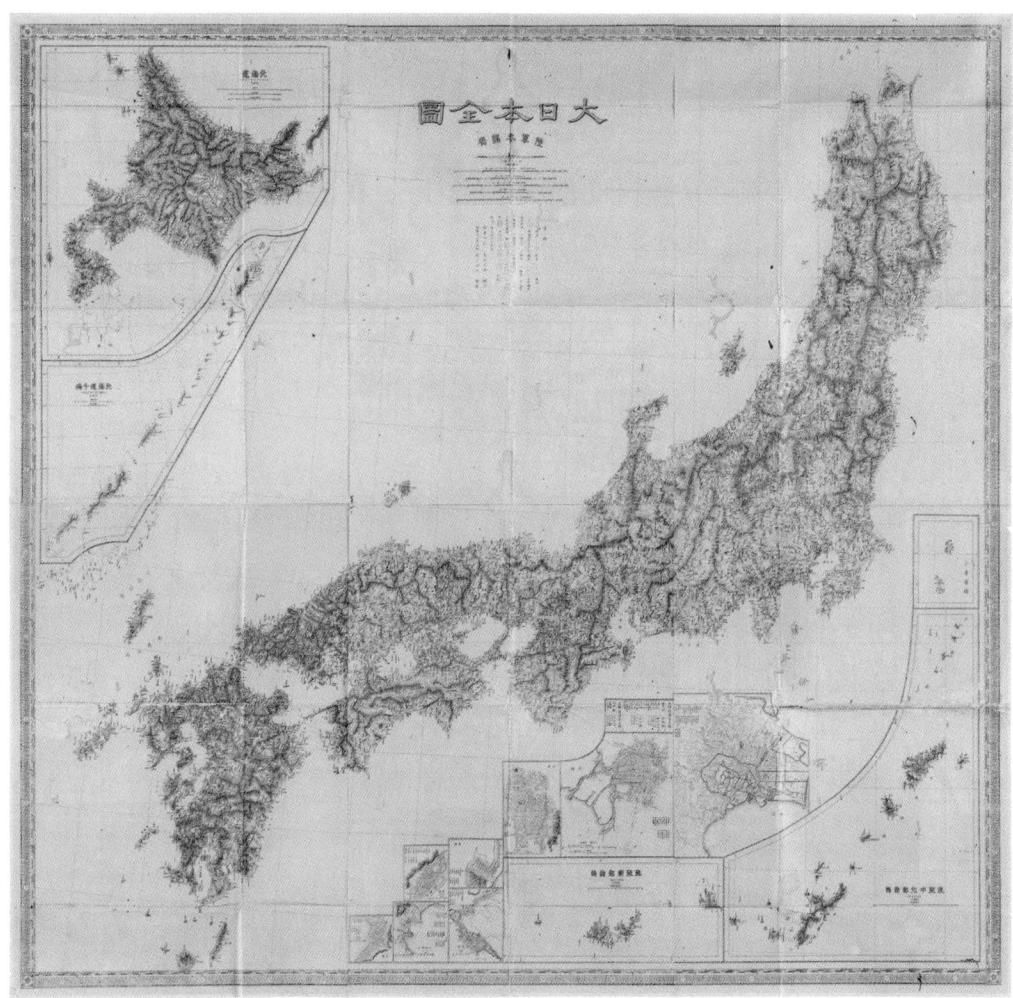

대일본전도(1877)

게 표현되었다. 혼슈, 시코쿠, 규슈, 홋카이도 등의 주요 섬을 비롯하여 최북단의 쿠릴열도, 최남단의 류큐제도, 오가사와라, 그리고 조선의 남동부 일부가 나타난다. 일본의 국토는 산지를 음영법으로 표시하고, 하천의 흐름과 지역 명칭 등이 비교적 자세하지만, 조선의 남동부는 주요 지명만 기재되었다. 시마네현의 북쪽 바다에 위치한 오키제도는 일본의 본토와 동일하게 상세하다. 그러나 오키제도의 북서쪽에 위치하는 울릉도와 독도는 지도에 나타내지 않고 공백으로 남겨 두었다. 이것도 1877년 3월 태정관이 결정한 일본의 영토 인식이 반영된 것이다.

마지막으로 해군수로부의 조선동해안도이다. 이 지도는 러시아 해군이 1857년에 제작한 조선동해안도를 일본의 해군수로부가 1876년에 일본어로 번역하여 여러 차례 간행되었다. 러시아 해군은 팔라다Pallada호의 장교들이 1854년 한반도 동해안을 탐사한 자료에 근거하여 조선동해안도를 완성했다. 여기에는 울릉도와 함께 최초로 독도를 두 개의 작은 섬으로 묘사하고, 러시아어로 서도를 올리부차Оливуца, 동도를 메넬라이Менелай 로 표기했다. 이후 이 지도는 수정 및 보완해서 여러 차례 간행되었다. 러시아 지도를 번역하여 간행한 해군수로부의 조선동해안도에는 일본어로 독도의 서도가 오리우츠オリウツ, 동도가 메네라이メネライ로 표기되었다.

일본의 해군수로부는 영국판 해도에 근거하여 1870년대 후반에 동해상의 울릉도와 독도의 소재를 정확하게 파악했으며, 1880년대부터는 일본을 중심으로 여러 종류의 해도를 만들기 시작했다. 일본총도(1891)와 같이 해도에 동해상의 두 섬은 형상과 크기, 거리 등이 비교적 정확하며, 명칭은 울릉도가 '鬱陵島(松島)'로, 그 동남에는 독도가 리앙쿠르암リアンコルト岩으로 표기되었다. 해도에는 바다와 관련된 지리적 지식이 중점적으로 다뤄졌지만, 바다 위에 국경선 표시는 제외되었다. 두 섬의 소속 관련은 해군수로부가 제작한 각종 수로지에 나타난다.

일본의 해군수로국은 1880년 3월부터 『환영수로지』를 편찬하기 시작했다. 책의 제목은 세계의 수로지를 가리키지만, 주로 동아시아 바다를 다뤘다. 1883년에 간행된 이 책의 제2권 조선동안 부분에는 리앙쿠르트 열암이 나온다. 이 책의 편찬이 1889년 3월에 중지되고, 1892년 2월부터는 『일본수로지』가 순차적으로 간행되었다. 수로지는 일본의 영토 및 영해에 한정하여 바다 관련 내용을 다뤘는데, 독도에 해당하는 리앙쿠르암은 전혀 언급되지 않았다.

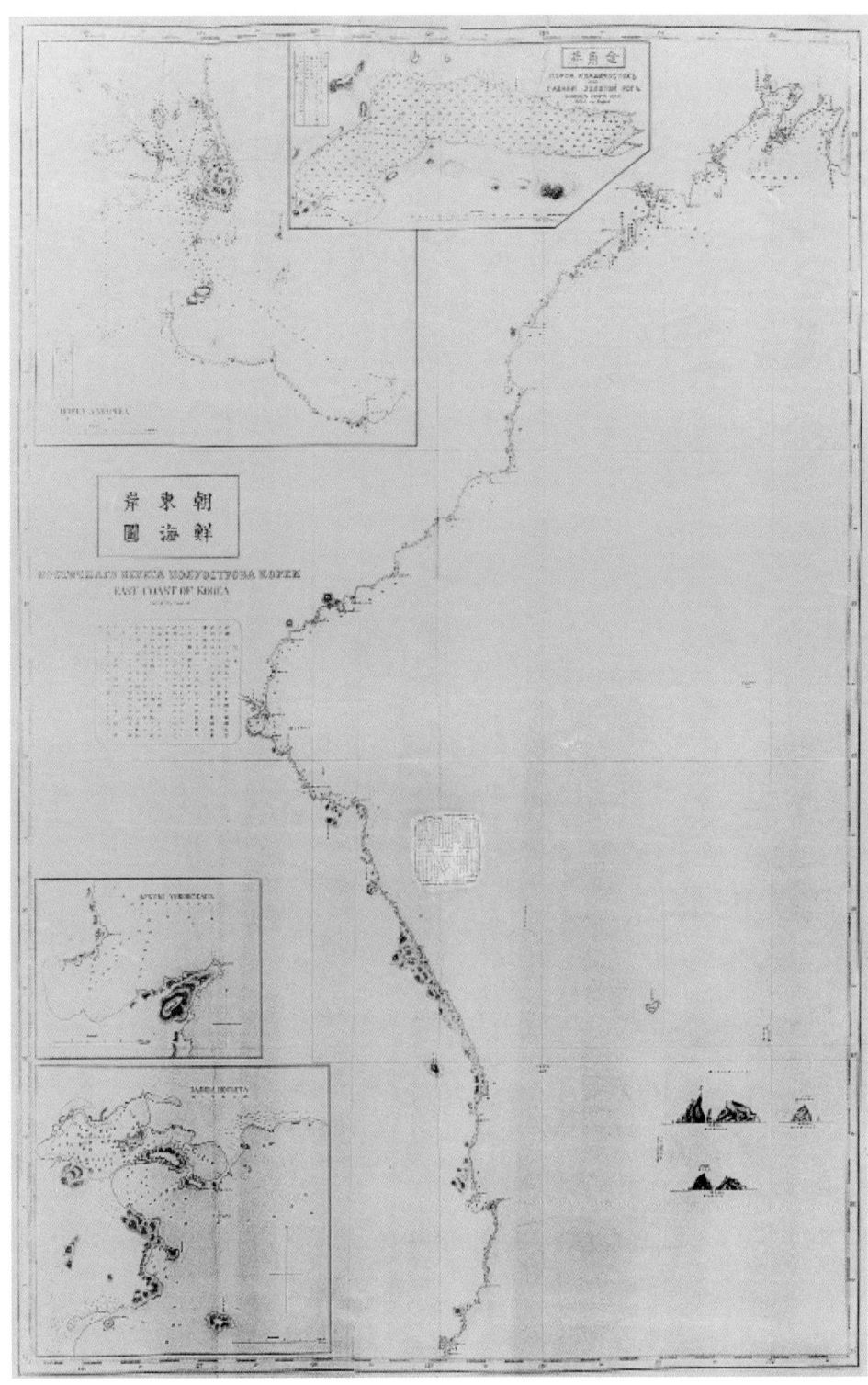

조선동해안도(1876)의 서도와 동도

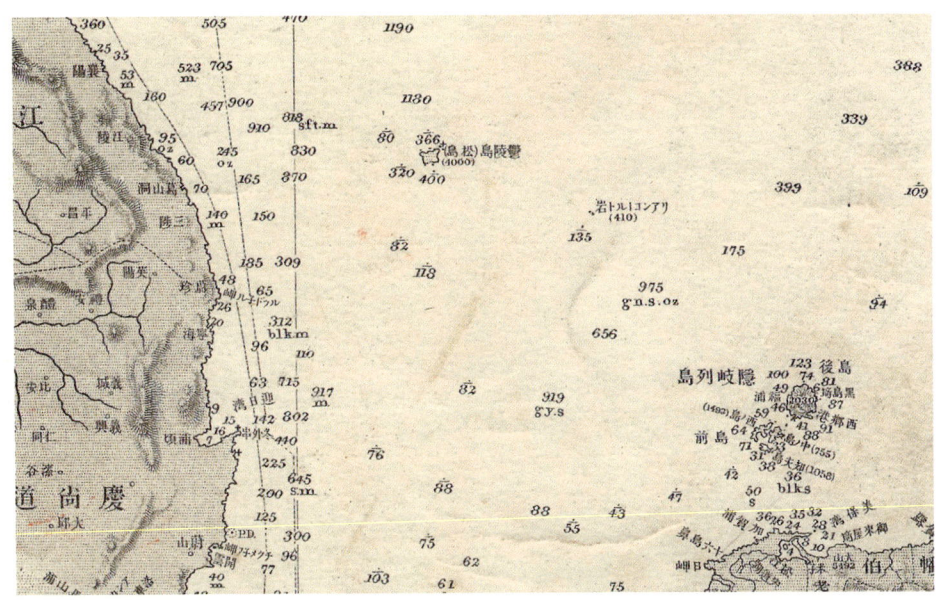

일본총도(1891)의 독도

반면 해군수로부가 1894년에 편찬한 『조선수로지』에는 조선의 영토로서 울릉도와 함께 리앙쿠르 열암이 기술되었다. 그러나 1905년 일본의 독도 편입 이후에 간행된 1907년 6월 해군성 수로부의 『일본수로지』는 일본의 영토로서 독도 관련 내용을 다루기 시작했다. 당시 수로부가 독도를 조선의 영토로 인식한 것은 명확하다.

사찬 지도의 울릉도와 독도

앞에서 살펴보았듯이 메이지 유신 이래 외무성, 내무성, 태정관 등 일본 정부의 여러 기관이 작성한 보고서와 공문서 등에는 울릉도와 독도가 조선령 또는 일본과 무관하다고 기술되어 있다. 아울러 일본 정부의 여러 기관이 편찬한 지도, 지리지 및 수로지 등의 울릉도 및 독도 관련 내용은 이후 민간의 지도제작자들에게 영향을 미쳤다. 울릉도와 독도가 조선령으로 표시된 주요 사찬 지도는 다음과 같다.

측량 조선여지전도(1876)의 독도

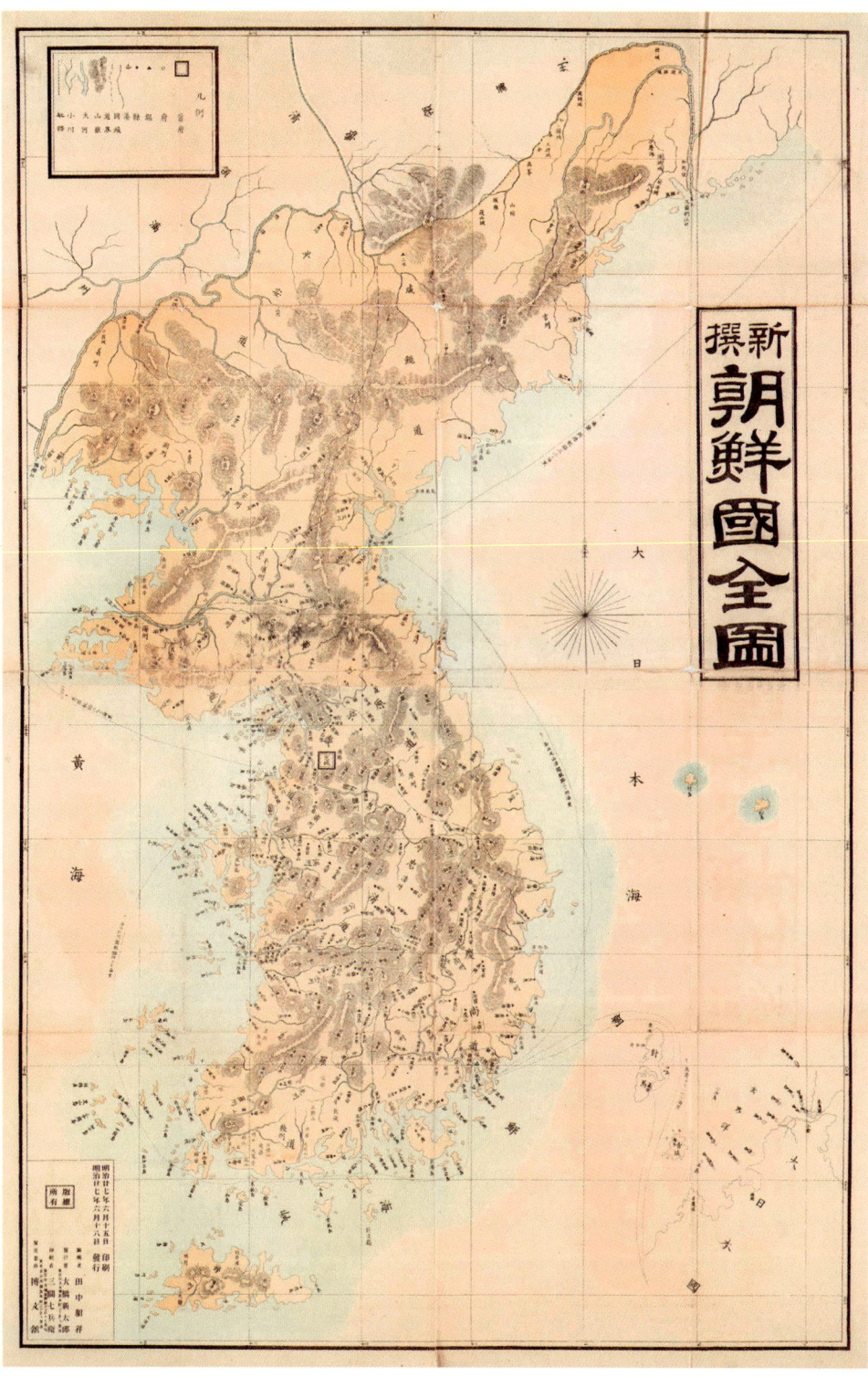

신찬 조선국전도(1894)의 독도

먼저 메이지 유신 이후 1876년에 완성된 후사오 겐總生寬의 측량 조선여지전도이다. 이 지도는 『조선신론朝鮮新論』의 앞부분에 수록된 것이다. 지도에는 8도의 경계가 점선으로 표시되었고, 각 도의 명칭이 기재되어 있다. 경성京城을 비롯한 주부州府와 현청성 영縣廳城營은 각각 □와 ○로 구분하고 적색으로 표시되었다. 산맥은 우모식에 녹색으로, 하천은 실선으로 나타내었다. 지도에는 국가의 영역을 구분하기 위해 조선은 전체를 연한 갈색으로, 일본 규슈의 일부와 쓰시마는 적색으로 채색되었다. 동해 바다의 울릉도와 독도는 한반도와 동일하게 채색되었지만, 두 섬의 위치와 형상은 부정확하다. 울릉도는 당시 일본에서 호칭하는 다케시마竹嶋로, 독도는 마쓰시마松嶋로 표시되었다.

1894년 청일전쟁을 계기로 민간에서는 조선 및 동아시아가 관심의 대상으로 부각되어 관련 지도가 다수 간행되었다. 다나카 쇼쇼田中紹祥가 1894년에 완성한 신찬 조선국전도는 경선과 위선, 방위가 표시되었다. 지도에는 대하천과 소하천, 산지가 비교적 자세하다. 특히 산맥은 우모식에 갈색으로 나타낸 것이 특징이다. 게다가 조선국의 수부首府, 부府, 군郡, 현縣 등의 행정지명과 경계 표시가 상세하다. 지도의 정확성은 다소 결여되어 제주도를 비롯한 여러 섬들의 형상은 왜곡이 심하다. 국가의 영역과 관련하여 조선은 황색으로 표시되었지만, 주변의 일본, 중국, 러시아는 아무런 채색이 없다. 동해상의 울릉도와 독도는 한반도와 동일하게 황색으로 채색되었으며, 섬의 명칭은 울릉도가 다케시마竹島로, 독도는 마쓰시마松島로 표기되었다.

요시쿠라 세이지로吉倉清次郎가 1895년에 완성한 실측 일청한군용정도實測日清韓軍用精圖는 일본, 중국, 한국 등 동아시아 중심의 군사용 지도이다. 지도에는 산지와 하천, 호수 등과 각국의 주요 도읍과 지역의 명칭, 철도, 운하, 해저전선, 항로, 장성, 포대, 등대, 항만 등이 비교적 상세하다. 한국은 이웃나라 중국 및 일본의 영역과 구분하기 위해 황색으로 채색되었다. 이 지도의 특징은 바다에도 국경선이 명확하게 표시된 점이다. 최북방에는 러시아의 캄차카반도와 치시마열도 사이, 사할린과 홋카이도 사이에 국경선이 뚜렷하다. 대만은 청일전쟁이 끝나지 않았기 때문에 중국의 국경선 안쪽

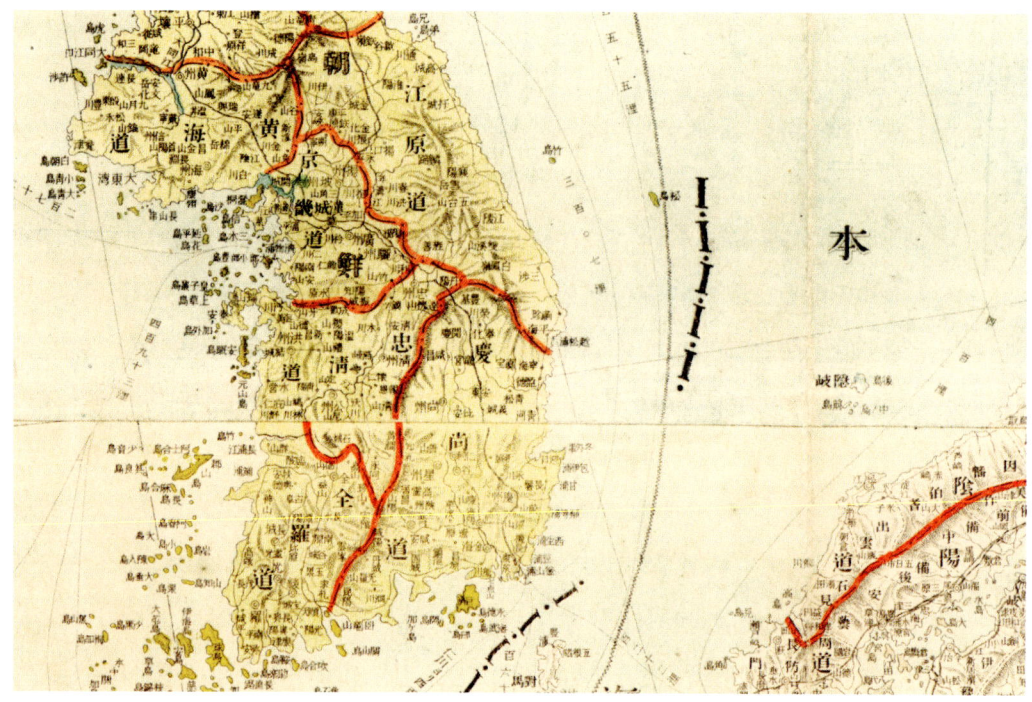

실측일청한군용정도(1895)의 독도

에 위치한다. 동해에는 울릉도와 독도가 한국과 동일하게 황색으로 채색되었다. 게다가 독도松島와 오키제도 사이에 국경선을 표시하여 독도가 한국 소속임을 명확하게 나타내었다.

5. 지리교과서에 기술된 독도

메이지 정부의 지지편찬

일본은 메이지 유신 이후 토지에 대한 높은 관심으로 중앙 정부의 행정 조직에 지리 또는 지지라는 명칭을 사용하기도 했다. 각 부서에서는 국가적 사업으로 일본지지 편찬 및 일본을 비롯한 주변 지역에 대한 지도 제작이 적극적으로 이루어졌다. 예컨대 태정관은 『황국지지』, 문부성은 『일본지지략』, 육군성은 『공무정표』를 각각 기획하여 편찬했다.

일본지지 편찬의 동기는 국가와 민족, 국토 의식을 형성하고, 대외적으로는 자국의 우수한 문화 수준과 이미지를 과시한다는 목적도 있었다. 이러한 발상에서 메이지 정부가 국가적 프로젝트로 기획한 것은 소위 『황국지지』 편찬사업이며, 그 후속판이 『일본지지제요』이다. 정부는 오스트리아의 만국박람회에 출품할 목적으로 『일본지지제요』를 1872년부터 준비하여 1874년에 편찬했다. 이 책은 8책 77권으로 구성되어 있으며, 편자는 내무성 지지과, 제4책 이후는 원정원元正院 지지과이다.

일본에서 독도와 가장 가까운 오키는 제50권에 수록되었다. 이 책에는 시마네현 북쪽 바다에 위치한 오키의 도서에 대해서 지부리군, 아마군, 스키군, 오치군 등 4개의 군에 총 179개의 섬이 있으며, 이들을 오키 소속의 작은 섬이라고 명확히 밝혔다. 또한 서북 방향에 독도松島, 울릉도竹島라는 두 섬이 있다고 예부터 민간에 전해 내려온다고 언급했다. 그렇지만 부가적으로 언급한 독도, 울릉도, 조선에 대해서는 오키에서 이들 지역까지의 거리 관계를 기재했지만, 오키의 소속이라는 표현은 사용하지 않았다.

에도 시대의 문헌이나 지도에 조선 남동부의 부산과 동해상의 울릉도 및 독도가 등장하는 것은 이들 지역과 왕래가 빈번했음을 말해준다. 특히 울릉도 및 독도가 오키의 지리지와 지도에 지속적으로 나타나는 이유는 오랜 옛날부터 산인지방 사람들이 울릉도에 건너가 삼림벌채와 어업활동 등을 실시하여 그들의 기억에 남아 있기 때문이다. 메이지 정부의 야심작 『일본지지제요』에도 조선, 울릉도, 독도가 나타나는 것은 답습의 결과이다. 이 지리지에 기술된 울릉도와 독도는 이후 일본 정부의 영토정책을 비롯하여 각종 지리지와 지도, 지리교과서 간행에 영향을 미쳤다.

민간 저작의 지리교과서

1868년 메이지 유신 다음 해부터 민간에서는 후쿠자와 유키치를 비롯한 여러 계몽사상가에 의해 지리교과서가 편찬되었다. 그렇지만 이들 지리교과서에는 작은 섬 독도가 나타나지 않는다. 1872년에는 교육법령으로 일본 최초의 근대적 학교제도를 정한 학제學制가 공포되었다. 이를 계기로 간행된 근대 일본의 지리교과서 및 지리부도에는 울릉도와 함께 독도가 조금씩 등장하기 시작한다.

일본에서 울릉도와 독도가 나오는 최초의 지리교과서는 1872년에 간행된 마사키 쇼타로柾木正太郎의 『일본지리왕래』에 수록된 대일본부현약도이다. 교과서 본문에는 울릉도와 독도를 기술하지 않았지만, 수록 지도에는 울릉도竹シマ와 독도松シマ를 조선의 동남부 지역과 동일하게 아무런 채색을 하지 않았다. 그러나 1874년 재판 지도에는 울릉도竹島와 독도松島를 오키와 동일하게 채색하여 두 섬의 소속에 대한 혼란성을 야기했다.

지도에서 두 섬의 형상은 울릉도가 가상의 섬 아르고노트와 유사하고, 그 동남에 있는 독도는 울릉도와 비슷하다. 비록 교과서 저자는 두 섬의 위치와 거리, 형상의 표현에서 오류를 범했지만, 이들 섬이 오키제도의 북서쪽 바다에 존재한다는 사실은 알고 있었다.

학제가 공포된 이후 1874년 민간과 정부가 간행한 지리교과서의 본문 및 수록 지도에는 울릉도와 독도가 더욱 구체적으로 나타나며, 이들 내용은 이후 지리교과서 집필자들에게 모범이 되었다. 1870년대 전반 대표적인 민간의 지리교과서에 등장하는 울릉도와 독도의 내용 기술 및 지도 표현의 특징은 다음과 같다.

이치오카 마사카즈市岡正一가 1874년에 완성한 『소학독본 황국지리서』와 『황국지리서』에는 오키국隱岐國 부분의 본문과 수록 지도에 울릉도와 독도가 나온다. 본문에는 울릉도와 독도가 오키의 북서에 위치하며, 울릉도는 일본보다 조선에 가까워 밤이 되면 부산의 등대와 민가의 불빛이 보이며, 1617년부터 1693년까지 오야大谷 및 무라카

『일본지리왕래』대일본부현약도(1872)의 독도

와村川 두 집안이 막부의 허가를 얻어 매년 이 섬에 건너가 목재, 대나무, 물고기 등의 산물을 얻었다는 내용이다.

본문의 오키국(1874) 지도에는 오키국 이외에 울릉도와 독도의 수리적 위치가 별도로 기재되었다. 오키국 본부는 북위 36도 12분과 37도 2분 사이, 동경 132도 34분과 133도 5분 사이, 그리고 이와는 별도로 독도松嶋는 북위 37도 43분, 동경 131도 22분, 울릉도竹嶋는 북위 37도 43분, 동경 131도 4분으로 표기되어 있다. 현재와 비교할 때에 두 섬의 형상과 위치, 거리 관계는 정확하지 않다. 이 지도에서도 울릉도와 독도는 오키제도와 별도로 다루어졌다.

같은 해에 간행된 『황국지리서』에도 울릉도와 독도가 나온다. 이 교과서는 각 도道의 지역國을 다루었는데, 각 도마다 지도를 수록하고, 개요 및 지역의 지리적 특징이 문답식으로 기술되었다. 산인도의 오키국에서는 오키의 위치, 구성 및 관할은 어떠한가? 그리고 오키의 영역과 관련하여 4개의 섬 외에 중요한 섬은 어떠한가? 라는 질문에 독도松嶋 및 울릉도竹嶋는 본도本嶋에서 아주 먼 북서 방향에 위치하며, 거리는 일본內地보다 오히려 조선에 가깝고, 섬 내에는 오로지 대나무와 나무, 물고기를 생산한다고 기술되었다. 비록 두 섬이 조선에 가깝지만, 일본인들은 이 섬의 산물을 잘 알고 있다는 것이다.

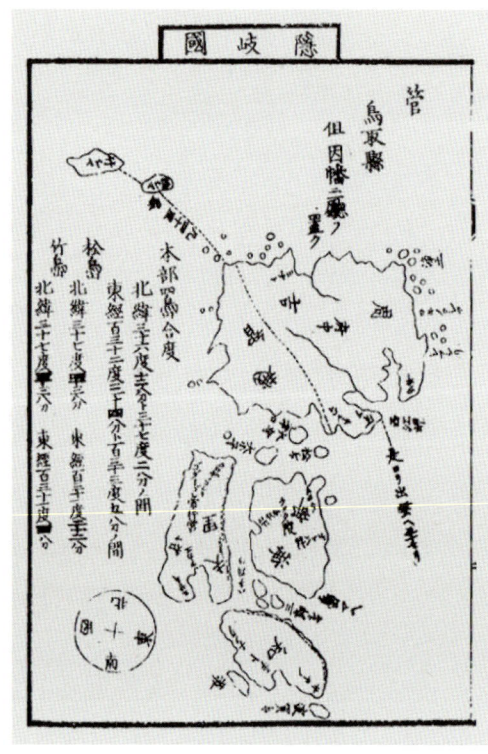

『소학독본 황국지리서』 오키국(1874)의 독도

문부성 편찬의 지리교과서와 그 계통

오쓰키 슈지(1845~1931)

　　1874년 문부성의 『일본지지략』과 그 계통의 지리교과서도 일본인들의 지리적 인식에 지대한 영향을 미쳤다. 메이지 초기 문부성에 의한 지지편찬의 대표적 사업은 초등 교육용 지리교과서 간행이다. 당시 문부성이 국토 내외의 지리적 지식의 습득을 일본 국민의 필수요건 가운데 하나로서 중시했기 때문이다.

　　1874년 문부성이 편찬한 『일본지지략』과 『만국지지

『일본지지략』 오키도(1874)

략』은 사범학교(1872년 설립, 뒤에 도쿄고등사범학교)가 편집했다. 초등용 교과용 도서로서 『일본지지략』은 당시 문부성에 재직했던 오쓰키 슈지大槻修二가 사범대학의 의뢰로 집필한 것이다. 그는 현지답사를 통해 일본지지와 일본지명을 연구했던 박학다재한 일본지리 연구자이다.

그가 교과서 집필에 참고한 자료는 앞에서 언급한 원정원元正院 지지과의 『일본지지제요』로 내용을 그대로 답습했으며, 교육용에 맞도록 내용을 축소한 것이 특징이다. 오키국 부분에는 서북 바다 가운데 독도松島, 울릉도竹島가 있다고 간략히 기술했지만, 여전히 두 섬은 오키국의 도서로 합계되지 않았다. 게다가 본문에 수록된 오키도隱岐圖에는 도젠島前과 도고島後를 중심으로 부속도서가 표시되었지만, 울릉도와 독도는 그들의 영역 바깥의 섬으로 인식하여 지도에서 제외되었다.

문부성에 재직하면서 『일본지지략』을 집필했던 오쓰키 슈지는 간행 직후 관직을 떠나 1875년에 『일본지지요략』, 1886년에 『개정일본지지요략』을 완성했다. 그가 개인적으로 집필하여 간행한 초판과 개정판의 오키국 부분에서 울릉도와 독도를 기술한 내용은 약간의 차이가 보인다. 1875년의 초판 『일본지지요략』의 오키국 부분에는 울릉도, 독도 두 섬이 있고, 모두 조선지방에 가까이 접해 있어도 거주민을 통속하지 않아 여러 방면의 사람이 때때로 와서 어로의 장소로 삼는다고 기술되었다.

이 교과서는 10년이 지나 1886년의 개정판 『개정일본지지요략』에는 오키국 지리에 일부 내용이 추가되었다. 그 내용은 "…서북 해상에 독도松島, 울릉도竹島 두 섬이 있고, 서로의 거리는 거의 100리로 조선에서는 울릉도로 부른다. 최근에 정定하여 그 나라의 속도가 되었다고 한다"는 것이다. 최근에 결정하여 이 섬이 조선의 소속이 되었다고 기술한 것은 1877년 3월 태정관 지령을 따른 것이다. 저자는 일본의 영역에 대한 메이지 정부의 결정 사항으로 '울릉도 외 일도는 일본과 무관하다'는 것을 명심하여 자신의 지리교과서에서는 한 걸음 더 나아가 '조선에 속하는 섬이 되었다'고 기술했던 것이다.

메이지 정부의 이러한 결정과 오쓰키 슈지의 지리교과서는 이후 간행된 지리교육에 영향을 미쳤다. 1880년대 후반부터 1905년 러일전쟁 직전까지 일본에서 간행된 지리교과서에 울릉도와 독도가 오키의 지리에서 제외되거나 수록 지도에 일본과 무관하게 표현되는 경우가 그러하다. 그는 문부성에 재직하면서 국정 지리교과서를 집필한 경험을 바탕으로 사찬 지리교과

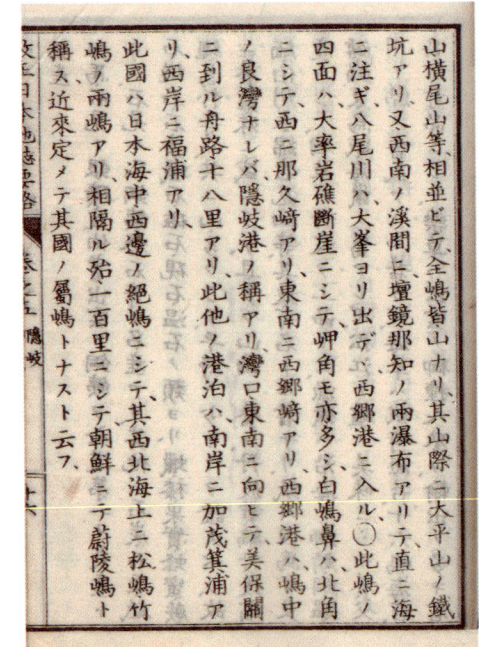

『개정일본지지요략』(1886)

서를 완성했다. 그가 집필한 저서는 인세 수입으로 도쿄의 아사쿠사에 택지를 구입할 정도로 베스트셀러였다. 이 책은 비록 아동용 교과서였지만, 일반인들이 일본의 국토를 이해하는 도구로도 사용되어 국민들에게 광범위하게 읽혀졌다. 따라서 이 책은 일본인들의 울릉도와 독도 인식의 형성에도 한몫을 했다는 것은 부인할 수 없다.

지리 및 역사부도의 영역 구분

근대 일본의 지리교과서 및 지리부도에 울릉도와 독도가 나타나는 비율은 낮다. 그럼에도 소수의 지리교과서 및 지리부도 가운데 두 섬이 등장하는 것은 지리교과서보다 지리부도가 다소 많은 편이다. 지리부도에서 울릉도와 독도는 주로 일본전도와 오키제도가 소속된 산인도山陰道의 지방지도에서 볼 수 있다.

『소학용지도 일본지지략부도』 산인도지도(1876)의 독도

시기별로 메이지 초기와 중기에는 울릉도와 독도가 전국지도와 지방지도에 비슷하게 등장하지만, 후기로 갈수록 두 섬은 지방지도에서 사라져 보이지 않는다. 게다가 섬의 소속과 관련하여 울릉도와 독도가 일본과 무관하게 채색된 경우가 다수를 차지하며, 오키제도와 동일하게 채색된 것은 일부에 불과하다. 이처럼 지리부도에서 두 섬의 소속은 일관성이 결여되어 혼란스럽다. 그렇지만 메이지 중·후기로 갈수록 울릉도와 독도가 일본의 영역과 무관하게 표현된 지도만 존재한다.

지리부도에서 울릉도와 독도를 조선과 동일하게 아무런 채색을 가하지 않은 것은 에도 시대부터 두 섬이 일본의 영역과 무관하다는 일본 정부의 입장을 계승한 결과이

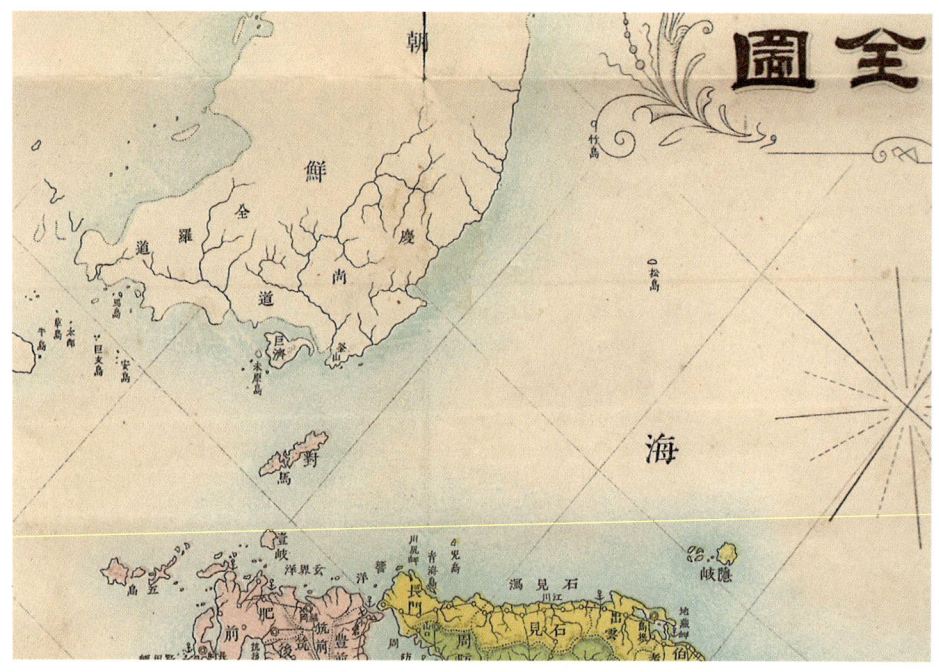

『대일본지도』 대일본전도(1892)의 독도

다. 예컨대 1876년 무라카미 마사타케村上正武가 편집한 『소학용지도 일본지지략부도』에 수록된 산인도지도에는 일본에서 독도와 가장 가까운 오키제도와 시마네현은 여러 색으로 채색되었다. 그렇지만 이들 지역의 서북 바다에 위치한 독도松島와 울릉도竹島는 일본의 행정구역과 무관하다는 의미에서 채색되지 않았다. 그리고 1892년 오하시 신타로가 편집한 『대일본지도』에 수록된 대일본전도에도 시마네현과 오키제도가 황색으로 동일하게 채색되었지만, 독도松島와 울릉도竹島는 조선과 함께 채색되지 않았다.

반대로 1877년 문부성의 『소학용 일본지지략부도』의 산인산요양도지도는 오키제도와 그 북서의 독도, 울릉도가 동일하게 채색되었다. 그러나 문부성이 편집했음에도 이러한 유형은 1877년 태정관 지령의 영향으로 그 후에 제작된 지리부도에 계승되지 않았다.

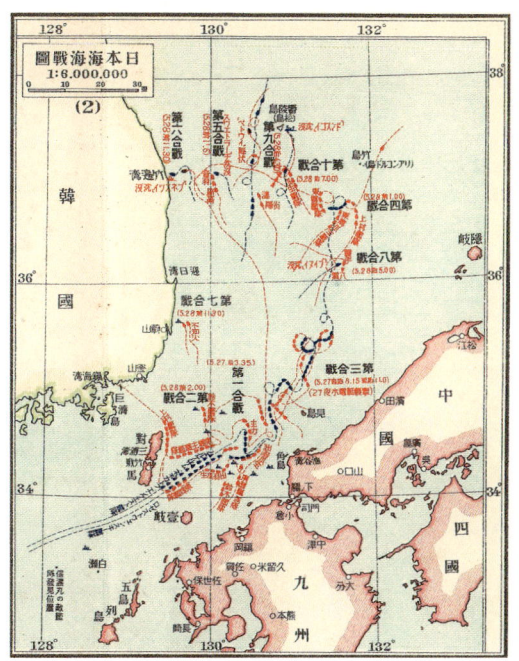
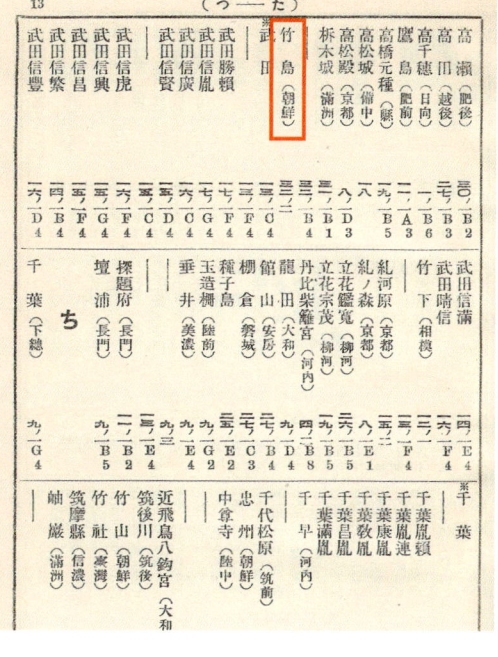

『일본역사지도』 일본해해전도와 색인(1927)

한편 도쿄東京제대 출신의 역사학자 시바 가즈모리芝葛盛가 편찬한 역사부도는 독도의 소속과 관련하여 흥미롭다. 그는 주로 천황황족실록의 편수 등 황실사를 연구했던 저명한 역사학자이다. 1922년에 초판『일본역사지도』가 나왔는데, 이 지도책의 일본해해전도에는 울릉도와 독도가 나오지만, 소속 구분은 알 수 없다. 그러나 이 지도책의 뒷부분에 수록된 색인에는 독도가 '竹島(朝鮮)'로 표기되어 조선의 소속임을 명확히 밝혔다.

학습사가 편집하고 발행한『심상 소학국사회도 하권』에도 일본 본토와 식민지 조선의 영역 구분이 명확하다. 이 책은 소학교 국사 교과의 역사부도로서 1928년 초판 이래 1930년대까지 여러 차례에 걸쳐 간행되었다. 도쿄제국대학 교수로서 사료편찬관을 겸임했던 역사학자 나카무라 고야中村孝也가 감수를 맡았다. 그는 이 책의 서문에서

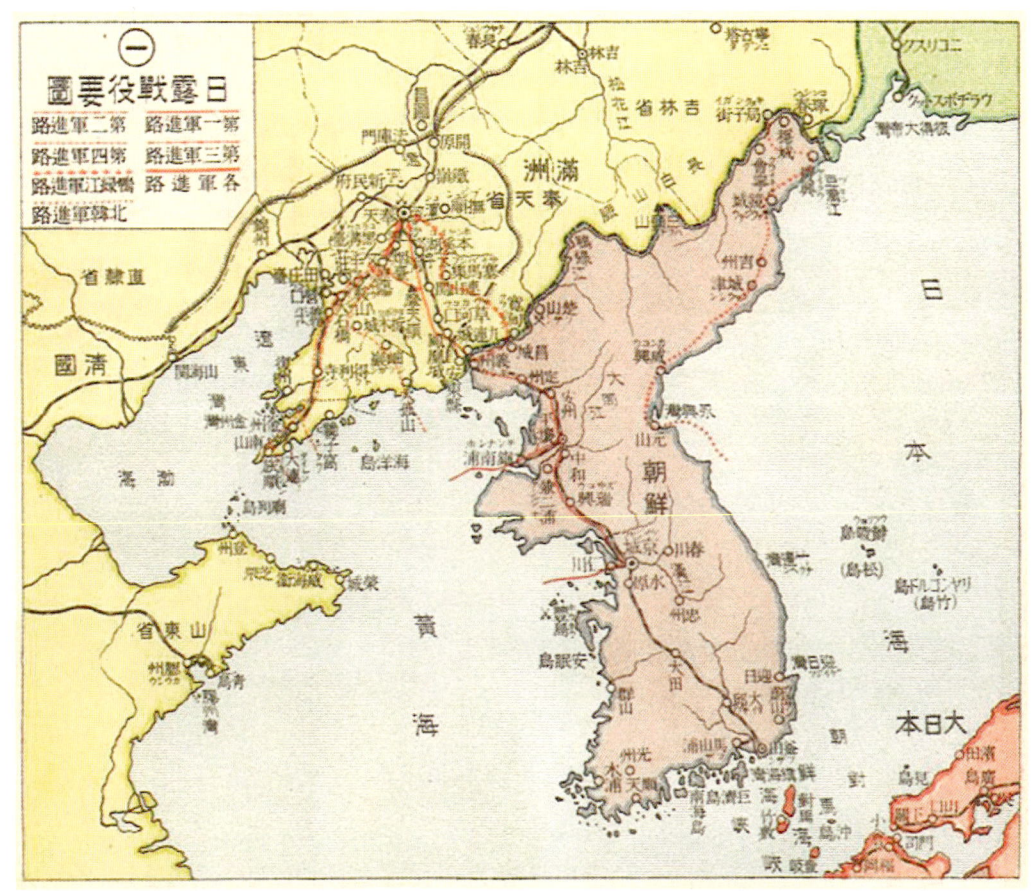

『심상 소학국사회도 하권』 일로전역요도(1935)의 독도

아동에게 국사의 으뜸이 되는 골자를 가르쳐 국체가 만국에 탁월하다는 것을 알림과 동시에 충군애국의 정조와 덕성을 함양해야 할 요구에 부응하여 완성되었다고 했다. 일본의 국사는 중대한 교과이기 때문에 교과서 이외에 양호한 참고서가 필요하여 신중한 고려와 많은 고심을 기울였다고 언급했다.

역사부도에서 회도의 종류는 회화, 필적 사진, 지도, 연대표, 계통도 등 다양하다. 울릉도와 독도가 나오는 부분은 메이지 천황의 전역戰役 부분에 수록된 일로전역요도日

露戰役要圖이다. 이 지도에는 각 군대의 진로가 제시되어 있으며, 한반도를 중심으로 주변의 영역이 명확하게 구분되었다. 일본과 남서의 섬들은 홍색, 중국은 황색, 러시아 연해주는 초록으로 각각 채색되었다. 러일전쟁의 주요 무대였던 동해에는 울릉도가 鬱陵島(松島)로, 독도는 두 개의 섬으로 나타내고, 그 아래에 리얀코르도섬(다케시마) リヤンコルド島(竹島)로 표기되었다. 울릉도와 독도는 한반도와 동일하게 보라색으로 채색하여 일본 본토와 구분하였다. 이와 같이 1905년 일본이 독도를 시마네현에 편입한 이후에도 그들의 마음에는 독도가 한국의 영토로 남아 있었다.

Q&A

Q 독도가 일본령이 아니라고 주장하는 일본의 학자는?

A

에도 막부는 1693년 안용복의 도일 사건을 계기로 울릉도도해금지령을 내렸지만, 일본인들의 울릉도 도해는 근절되지 않았다. 메이지 유신 이후에는 태정관이 울릉도와 독도가 일본과 관련이 없다는 사실을 재확인했다. 그러나 부국강병을 지향했던 일본 제국주의는 메이지 후기에 이웃나라를 침략하기 시작했으며, 독도는 한국 침탈의 첫 희생물이 되었다. 현재 일본 정부는 독도 영유권을 주장하고 있지만, 일본인 가운데 지속적인 사료 발굴과 검증을 통해 역사적 사실에 근거하여 독도는 일본령이 될 수 없다고 주장하는 양심적 학자가 제법 있다.

야마베 겐타로(1905~1977)

먼저 야마베 겐타로山邊健太郎는 고등교육을 받은 적이 없는 역사학자로서 주로 근대한일관계사를 연구했다. 그는 한일수교 협상에서 독도 영유권 논쟁이 발생하자 1965년 『코리아평론』이라는 잡지에 "다케시마竹島 문제의 역사적 고찰"이라는 논문을 발표하여 독도는 한국의 영토임을 주장했다. 그는 이 논문에서 일본이 대한제국의 외교권을 빼앗은 뒤에 독도를 편입했기 때문에 정당성이 결여되었으며, 그것이 폭력과 탐욕이라는 것은 당시 일본 제국주의 정책이 증명한다고 언급했다.

가지무라 히데키(1935~1989)

가나가와神奈川대학에서 교수로 재직했던 가지무라 히데키梶村 秀樹는 역사학자로서 세부 전공은 한국근현대사이다. 그는 1978년 『조선연구』에 발표한 "다케시마=독도 문제와 일본국가"라는 논문에서 독도는 한국의 것임을 지적했다. 독도에 대한 인지는 조선이 조금 빨랐으며, 에도 시대부터 메이지 초기까지 독도는 일본령이 아니다는 통념이 지속되었고, 일본 고유의 영토라는 관념도 없었다. 1905년 시마네현의 독도 편입에 대해서는 절차에 문제가 있으며, 서울에 통감부가 설치된 이래 한국이 독립하기까지 한국은 제대로 대응을 할 수 없었다. 전후에는 일본 정부가 엉터리 논리를 만들어 일본 국민의 올바른 독도 인식에 혼란을 초래했다고 보았다.

나이토 세이추(1929~2012)

나이토 세이추內藤正中 교수는 시마네대학을 퇴직하고, 돗토리 단기대학에 근무하면서 향토자료관에 독도 관련 희귀 자료가 쌓여 있는 것을 발견하고 독도 연구에 매진했다. 연구 성과로는 『다케시마를 둘러싼 일조관계사』(2000), 『다케시마=독도 논쟁』(2007), 『사적검증 다케시마·독도』(2007), 『다케시마=독도 문제 입문』(2008) 등이 있다. 그는 이들 저술과 언론 기고를 통해 일본의 독도 영유권 주장의 허구성을 입증했다. 특히 그는 2008년 일본 외무성의 『다케시마 문제를 이해하기 위한 10가지 포인트』를 비판하는 『다케시마=독도 문제 입문』을 저술하여 일본의 주장을 조목조목 비판했다. 나이토 세이추 교수는 자신의 독도 연구가 국가의 이익에 거슬리기보다는 오히려 역사를 존중하고, 일본의 명예에 도움이 된다고 주장했다. 자신은 독도가 일본의 땅이 될 수 없다는 것을 밝혔으니, 이제 한국의 학자들이 독도가 한국의 땅임을 밝혀 주기를 기대한다고 했다.

교토京都대학의 호리 가즈오堀和生(1951~) 교수는 역사학자로서 동아시아경제사가 전공 분야이다. 그는 1987년 『조선사연구회논문집』에 발표한 "1905년 일본의 다케시마竹島 영토 편입"이라는 논문에서 조선 정부의 독도 인식, 에도 막부와 메이지 정부의 독도 인식, 일본의 독도 영토 편입 등을 다루면서 독도는 일본의 영토가 아님을 논리적으로 고찰했다. 특히 1877년 3월 태정관 지령의

'울릉도 외 일도는 일본과 관계가 없다는 점을 명심하라'는 공문서를 최초로 발굴하여 논문에 소개한 것은 독도 영유권을 둘러싸고 한국에게는 결정적 단서가 되었지만, 일본에게는 치명적 결점을 남겼다. 계명문화대학교의 오카다 다카시岡田卓己 교수가 태정관 지령에 대해 한일시민의 우호를 위해 역사가 준 훌륭한 선물이라고 평가했듯이 이 문헌은 독도 영유권을 둘러싸고 변명의 여지가 없는 결정적 증거이다.

오사카부大阪府의 소학교와 중학교 교사를 퇴직하고, 모모야마 가쿠인桃山学院대학 강사로 활동했던 구보이 노리오久保井規夫(1942~)는 『도설 다케시마=독도 문제의 해결』이라는 도서를 저술하여 2014년에 출판했다. 그는 평생 동안 수집한 에도 시대와 메이지 시대의 독도 관련 고지도를 중심으로 단행본을 완성했는데, 독도문제는 영토문제가 아닌 역사문제로서 독도는 한국의 영토라고 주장했다. 이 책은 한국어로 번역되어 2017년 『독도의 진실』이라는 제목으로 간행되었다.

그동안 일본의 독도 도발은 정치인을 중심으로 외무성, 문부과학성, 시마네현, 우익 학자들의 협조로 이루어졌다. 일본의 일반 국민들은 독도 이슈와 관련하여 정부의 입장, 정책, 결정 등을 절대적으로 신뢰하여 충실히 따르는 편이다. 그렇지만 한일 간에 독도 논쟁이 발생할 때마다 역사적 진실을 알고 있는 일본의 학자들은 침묵하지 않았다. 그들은 일본 정부가 과거의 침략과 가해의 역사를 인정하고, 역사를 올바르게 가르쳐야 일본에게 밝은 미래가 있다는 것을 지적했다.

7장
근대 한국의
독도 인식과 대응

근대에도 일본인이 울릉도에서 불법으로 삼림을 벌채하는 일이 자주 있었다. 마침내 조선 정부는 울릉도 개척을 결정하고 사람들의 이주를 지원했다. 나아가 대한제국은 1900년 10월에 칙령 제41호를 반포하여 독도를 포함한 울릉전도를 체계적으로 관리하도록 했다. 1906년 3월에는 일본 시마네현의 독도시찰단이 울도 군수를 방문하여 1905년 2월 독도가 시마네현에 편입되었다는 사실을 구두로 전했다. 심흥택 군수는 이러한 내용을 즉시 상부 기관에 보고했지만, 을사늑약 이후 외교권이 박탈된 상황에서 대한제국은 제대로 대응할 수 없었다. 그러나 당시 문헌과 지도, 지리교과서 등에는 여전히 독도가 한국의 영토로 다뤄졌다. 게다가 일본 식민지 시대에도 일본 정부와 한국인이 만든 지도에는 독도가 울릉도의 부속도서라는 인식이 계승된 자료들이 존재한다.

1. 울릉도의 개척과 일본인 문제

이규원 검찰사의 울릉도 조사

전근대 조선의 쇄환정책과 일본의 제1차 및 제2차 울릉도도해금지령으로 울릉도는 조용한 섬으로 남겨졌다. 그러나 19세기 중반부터 울릉도에 일본인들이 몰래 들어와 어로 활동과 삼림을 벌채하는 일이 있었다. 1881년 초에는 조선의 수토관이 울릉도에서 일본인들이 무단으로 삼림을 벌채하는 장면을 확인했으며, 이러한 사실은 강원도 관찰사를 통해 중앙에 보고되었다. 조선 정부는 대응의 일환으로 일본의 외무성에 외교문서를 보내 항의와 함께 조치를 취하도록 요구했다.

아울러 조선 정부는 현지 조사를 위해 이규원을 울릉도 검찰사로 임명했다. 고종은 이규원 검찰사에게 일본인의 울릉도 왕래 상황, 울릉도 주변의 죽도와 우산도 등 섬의 현황, 그리고 취락 형성을 위해 경작 가능한 경식처耕食處 등을 조사하도록 지시했다. 고종은 울릉도 경영을 위해 개척의 가능성을 엿보고자 했던 것이다. 검찰사 일행은 3척의 선박에 102명이 승선하여 울릉도에 4월 30일 도착해서 5월 10일까지 섬의 곳곳을 답사했다.

울릉도에는 조선인 약 140명이 배를 만들거나 어로 활동을 하고 있었다. 일본인은 78명으로 주로 삼림을 벌채했으며, 그들이 울릉도를 일본의 영토로 표시한 표목도 발견했다. 그 외에 울릉도는 충분한 경식처와 산삼, 약초, 가지어 등 섬과 바다에 산물이 풍부하다는 것도 파악했다. 이규원은 귀경해서 조사 결과로서 『울릉도 검찰일기

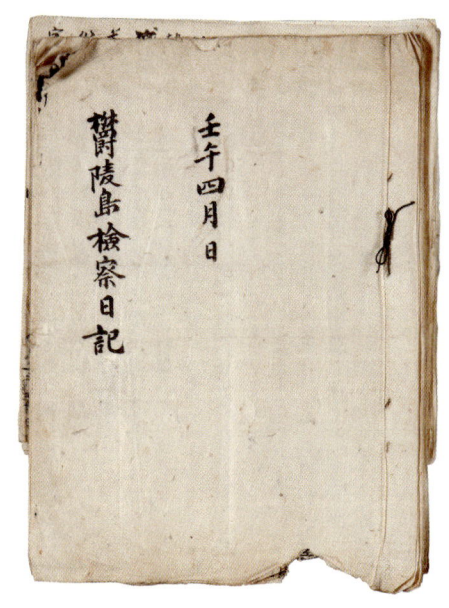

『울릉도 검찰일기』(1882)

계초본』과 울릉도 지도를 고종에게 올렸다. 그는 고종에게 취락 형성의 적지는 나리분지라고 보고하고, 일본인들에 대한 조치를 건의했다.

고종은 이규원의 조사 결과와 건의를 받아들여 울릉도 개척을 결심했다. 정부는 내륙 사람들의 울릉도 이주를 적극적으로 권장하기 위해 세금 면제와 울릉도에서 선박 건조 등의 방침을 확정했으며, 1883년 3월에는 김옥균을 동남제도개척사로 임명하여 개척과 이민 사업을 보강했다. 내륙에서 울릉도로의 이주는 1883년 4월부터 두 차례에 걸쳐 이루어져 총 16가구 54명이 삶의 터전을 잡았다. 정부는 목수와 대장장이, 곡식 종자, 소 2마리, 그리고 일본인의 무력에 대비하기 위해 무기류도 지급했다. 울릉도 개척은 빠른 속도로 전개되어 가구와 인구, 농지 등이 큰 폭으로 증가하는 등 상당한 성과를 거두었다. 그리하여 정부는 200년 가까이 지속되었던 수토제도를 1895년 1월(양력)에 폐지하고 전임 도장을 두었다.

배계주의 울릉도 수호 활동

정부의 지원과 개척민들의 노력으로 울릉도는 나날이 발전했다. 그러나 울릉도에서 일본인도 증가하여 한국인과 마찰이 발생하기도 했다. 조선 정부는 수토관이 무단으로 삼림을 벌채하는 일본인을 발견한 이래 이러한 사실을 일본 정부에 항의해서 관련자 쇄환 및 처벌, 울릉도 도해 금지령을 내리도록 요구했지만, 큰 효과는 없었다. 일본인이 울릉도에서 불법 행위를 지속하는 가운데, 배계주는 울릉도를 대한의 요충지로 간주하여 섬의 개척과 수호에 힘썼다.

그는 1851년 인천 출신으로 1881년 울릉도로

배계주(1851~1918)

이주하였다. 청일전쟁 이후 울릉도에는 일본인들이 더욱 증가하여 경제적 침탈은 심화되었다. 배계주는 1895년 8월 초대 도감에 임명되어 우리 주민들의 정착을 도왔지만, 열악한 상황에서 급여나 직원, 권한은 없었다. 그 결과 일본인들이 무단으로 삼림을 벌채해서 반출하는 경우도 자주 발생했다. 그는 이러한 상황을 중앙 정부에 지속적으로 보고하고 대책을 요구하기도 했다.

울릉도에서 일본인들의 무단 벌채와 반출, 행패가 빈번한 가운데, 배계주는 이들을 고발하기 위해 일본 시마네현에 건너가 소송을 진행하기도 했다. 그는 울릉도의 목재를 몰래 일본으로 가져간 일본인에 대해 1898년 9월 고발장을 제출하여 마쓰에지방재판소로부터 승소 판결을 받았다. 1898년 12월에는 일본인이 울릉도에서 무단 반출한 목재를 시마네현의 항구에 은닉한 사건과 관련하여 마쓰에지방재판소에서 승소 판결을 받았지만, 항소에서는 패소했다.

울릉도 조사단의 보고

배계주는 1899년 5월 본국으로 귀국한 후에도 울릉도에 거주하는 일본인들의 행위를 중앙 정부에 지속적으로 보고했으며, 대한제국은 일본 정부에 일본인들의 철수를 요구했다. 아울러 대한제국 정부는 현지 상황을 조사하기 위해 두 차례에 걸쳐 울릉도 조사단을 구성하여 현지 조사를 실시하였다. 제1차 참가자는 한국인 배계주(울릉도 도감)와 김성원(부산감리서), 프랑스인 라포르테E. Laporte(부산 해관 세무사), 일본인 아라키 슌단荒木春端(부산해관)이다. 울릉도 조사단에 양국 이외에 서양인을 포함시킨 것은 문제의 객관성을 확보하기 위함이었다.

제1차 울릉도 조사단은 1899년 6월 28일 부산을 출발하여 울릉도에서 그 다음날부터 1박 2일 동안 신속하게 현지의 실태를 조사했으며, 프랑스인과 일본인은 30일 오후 울릉도를 출발하여 7월 1일 부산으로 돌아 왔다. 라포르테와 배계주의 보고서에 따르면, 울릉도에는 한국인이 약 3000명, 일본인이 약 300명이 취락을 형성하여 거주하고 있었다. 불법 체류 신분의 일본인들은 계속 증가하는 추세였다. 그들은 울릉도에서 무단 벌목, 선박 건조, 밀수와 불법 수출, 총기 소지와 사용, 폭행 등을 행사하여 통제 불능의 상황에 이르렀다. 그래서 울릉도의 관리와 주민들은 하루속히 일본인의 퇴출을 희망했다.

대한제국은 이러한 상황을 일본에 항의했지만, 그들의 불손한 답변에 사태의 심각성을 인식하고 제2차 울릉도 조사단을 구성했다. 참가자는 한국인 우용정(내부 관리, 조사단 책임자), 김면수(감리서 주사), 김성원(통역 담당), 프랑스인 라포르테E. Laporte(부산 해관 세무사), 일본인 아카쓰카 마사스케赤塚正輔(주부산 일본영

『울도기』(1900)

사관 부영사), 와타나베 다카지로渡邊鷹治郎(일본 경찰), 기타 약간의 수행원이다. 제2차 울릉도 조사단은 1900년 5월 31일 울릉도에 도착하여 6월 5일까지 현지의 사정을 조사했다.

우용정 시찰위원은 울릉도에서 조사를 마치고 6월 중순 귀경하여 『울도기』라는 보고서를 내부대신 이건하에게 제출했다. 우용정은 대한제국 정부의 대책으로 일본인 거주자는 144명으로 삼림을 마구 남벌하고, 부녀자 희롱과 주민을 농락하는 일도 있으므로 도민과 삼림보호 대책을 요구했다. 아울러 울릉도의 효율적 관리를 위해 울릉도 관제도 개편할 것을 건의했다. 보고서 제출 이후 대한제국은 일본 공사관에 연락해서 이 문제를 논의하고자 했으나, 일본 측이 시간을 지연시키면서 무성의한 반응을 보여 6월 하순에 회의가 열렸다. 대한제국은 일본 측에 일본인의 즉각적인 철수를 요구했지만, 회의에서는 합의점을 도출하지 못했다.

일본 측은 9월 초순의 회답문서에서 일본인의 울릉도 거주는 도감이 묵인한 것이며,

삼림 벌채는 도감과의 합의 매매이며, 울릉도 주민과의 상업은 그들에게 편의를 주는 행위라고 언급했다. 따라서 일본인은 울릉도 주민에게 불가결한 존재이므로 사실상 철거할 의사가 없음을 밝혔다. 그럼에도 한국 측이 일본인의 퇴거를 강요한다면 그에 따른 상당한 보상을 요구하지 않을 수 없으며, 일본이 바라는 것은 현상유지라고 덧붙였다.

2. 대한제국 관보의 칙령 제41호

울릉도 관제의 개편

대한제국은 일본 측과 울릉도에 거주하는 일본인의 철수 교섭을 진행하면서 울릉도 관제 개편을 동시에 추진했다. 관제 개편 작업은 우용정이 보고서를 제출한 6월 중순부터 시작되었지만, 내부內部가 정식으로 의정부에 설군청의서設郡請議書를 제출한 것은 10월 중순이었다. 이 청의서는 우용정의 보고서와 배계주의 첩보, 라포르테의 시찰록을 참고하여 작성되었다. 울릉도에 군을 설치해야 하는 이유는 가구도 400여 호로 적지 않고, 농산물도 내륙의 산지 군과 비교하여 큰 차이가 없기 때문이다. 게다가 외국인들도 왕래 및 교역하고 있으므로 현행 도감 체제로는 실질적 권한이 없어 행정에 한계가 있다는 것이다.

설군청의서는 의정부의 의결을 거쳐 1900년 10월 25일 칙령 제41호로 황제의 재가를 받아 10월 27일 대한제국의 관보 제1716호에 게재되었다. 대한제국은 관보를 통해 울릉도와 독도가 한국령이라는 사실을 국내외에 알렸으며, 이 섬들의 주권을 근대 국제법적으로 천명했던 것이다. 이에 대해 일본은 아무런 반응이 없었다. 관보에 반포된 칙령 제41호는 울릉도를 울도로 개칭하고 도감을 군수로 개정하는 건이다.

칙령 제41호의 제1조는 울릉도를 울도로 개칭하여 강원도에 부속하고 도감을 군수로 개정하여 관제 중에 편입하고 군의 등급은 5등급으로 하는 것이다. 종래 울릉도 도감은 울릉도 사람이 임명되어 무보수와 부하 직원이 없는 판임관 대우였다. 그러나 이 규정에 따라 군수는 중앙에서 파견되는 주임관 대우로 바뀌었다. 비록 군은 최하위 5등급으로 규정되었지만, 군수 외에 18명의 직원을 두어 울릉도의 체계적 관리가 가능해졌다. 강원도 울진군에 속했던 울릉도가 군으로 승격됨에 따라 그동안 울릉도 수호에 헌신했던 배계주는 동년 11월 26일 초대 군수로 임명되었다.

제2조는 군청 위치는 태하동으로 정하고 구역은 울릉전도와 죽도竹島 석도石島를 관할하는 것이다. 군청의 위치를

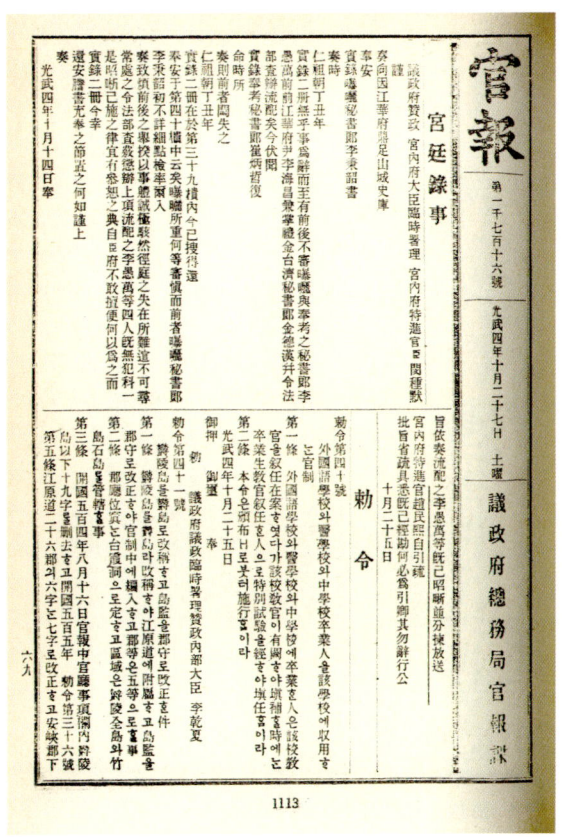

대한제국 관보(1900.10)의 칙령 제41호

울릉도 서부에 위치한 태하동으로 정한 것은 도감의 관사가 있었기 때문이며, 1903년에는 도동에 관아가 신축되어 군청을 태하동에서 이곳으로 이전했다. 관할 구역은 울릉전도로서 죽도와 석도가 별도로 명기되었다. 죽도는 울릉도 북동의 바다에 있는 댓섬(죽서)이며, 석도는 울릉도 동남쪽의 먼 바다에 위치한 독도를 가리킨다.

칙령 제41호의 석도

 칙령 제41호의 제2조에 울도군수의 관할구역으로 울릉전도와 함께 죽도竹島 및 석도 石島가 명기된 것은 특이 사항이다. 이는 현재 독도를 가리키는 석도를 죽도와 함께 기재함으로써 석도는 울릉도 부근의 죽도가 아님을 명확하게 구분했으며, 석도가 수리적 및 관계적 위치로 볼 때 얼마나 중요한 섬인가를 인식시키기 위함이다. 석도는 당시 대한제국의 관보에 처음이자 마지막으로 사용된 지명이다. 이 명칭이 중앙 정부의 문서에 등장하게 된 배경은 중앙 정부의 관리가 울릉도 현지의 사정을 면밀히 조사했기 때문이다.

 전라남도 바닷가 사람들은 일찍부터 울릉도를 자주 왕래했다. 1696년 안용복의 제2차 도일 때에 전라남도 순천의 뇌헌 스님 등 5명이 동행한 적이 있다. 1882년 울릉도 검찰사가 울릉도 현지를 조사했을 때는 울릉도에 약 140명이 거주했는데, 그들의 출신지는 전라남도가 94명(82.1%)으로 가장 많았고, 그 다음은 강원도 14명(10%), 경상도 10명(7.1%), 경기도 1명(0.7%) 순이었다. 전라남도 사람들은 주로 울릉도에서 나무를 베어 선박을 만들었고, 미역과 물고기 등 어로 활동에도 종사했다.

 19세기 후반 울릉도가 본격적으로 개척됨에 따라 전라남도 사람들의 울릉도 왕래는 더욱 활발해졌다. 그들은 울릉도에서 먼 바다까지 나가 미역을 채취하거나 고기잡이를 했는데, 풍랑으로 독도에 표착하는 경우도 있었다. 뱃사람들은 나무가 제대로 자랄 수 없는 돌과 바위로 이루어진 섬을 목격하고 그들 나름대로 이 지형물에 독섬 또는 돌섬이라는 이름을 부여했다. 1849년 프랑스의 포경선 리앙쿠르호가 독도를 발견하고 그들의 선박 명칭과 바위덩이를 합쳐 독도를 리앙쿠르 암석Liancourt Rocks으로 명명한 것과 동일한 방식이다.

 전라남도 방언에서 돌石은 독으로 부르거나 일부 지역에서는 돌과 독을 함께 사용한다. 울릉도에 거주했던 전라남도 출신자들은 돌로 이루어진 섬을 그들의 방언에 따라 독섬으로 불렀고, 이 명칭은 울릉도에 거주하는 다른 지역 출신의 사람들에게도 영향을 주어 독도를 가리키는 고유 명사가 되었다.

대한제국 칙령 제41호 제2조에 석도라는 명칭이 실리게 된 경위는 울릉도 시찰위원으로 현지 조사를 실시하고, 그 내용을 상부하여 울릉도 관제 개편에 관여했던 우용정과 밀접한 관련이 있다. 따라서 칙령 제41호에 명기된 석도石島는 독섬 혹은 돌섬을 한역한 것으로 현재의 독도獨島가 명확하다. 그러나 석도라는 명칭은 1910년 한일병합으로 더 이상 각종 문서에서 사용되지 않지만, 당시 울릉도 주민들 사이에는 석도를 비롯한 독섬, 돌섬, 독도라는 명칭이 일상 생활에 살아 있었다.

3. 일본의 독도 편입과 한국의 대응

시마네현 독도시찰단의 울도군청 방문

일본은 1905년 2월 22일 독도를 시마네현에 편입한 이후 이 섬을 토지 대장에 기재한 것을 비롯하여 시마네현 지사와 부장 등의 시찰, 토지의 대여와 사용료 징수, 망루의 건설, 고카무라五個村 편입, 강치잡이 면허 등의 조치를 취했다. 1905년 8월에는 시마네현 지사를 포함한 4명이 독도에 상륙하여 여기 저기 섬의 사정을 살펴보고 돌아갔다.

대한제국은 독도가 일본에 침탈되었다는 사실을 1년이 지난 1906년 3월에 알게 되었다. 시마네현 지사는 시마네현 제3부장 진자이 요시타로神西由太郎에게 독도를 시찰하도록 명령했다. 그는 오키 도사島司 히가시 분스케東文輔 이하 44명을 독도시찰단으로 구성하였다. 일행은 어업, 농사, 위생, 측량 등 다수의 전문가 조사단이지만, 독도 영토편입 및 대하원을 정부에 제출했던 나카이 요자부로, 교육자 오쿠하라 헤키운 등 소수의 민간인도 승선했다.

독도 시찰의 목적은 독도가 그들의 새로운 영토로 편입된 것을 기념하기 위함이었다. 독도시찰단은 228톤 제2오키마루第二隱岐丸에 승선하여 3월 22일 마쓰에 항구를

울도 군수를 방문한 독도시찰단(1906.03.28)

출발, 오키의 사이고西鄕 항구에 기항한 다음 3월 27일 아침 해가 뜰 무렵 독도에 도착했다. 일행은 독도에 오후 2시 30분까지 7시간 정도 머물렀다. 동도와 서도에 상륙하여 섬의 사정과 조사를 마치고, 기념으로 섬의 정상에 소나무를 심었다. 독도시찰단은 독도 주변의 바다를 일주하고 떠났는데, 그들은 일본이 아닌 울릉도로 향하여 울릉도 도동항에서 1박을 했다.

진자이 요시타로 시찰단장을 비롯한 일행은 3월 28일 울릉도에 상륙하여 일본인 부락을 지나 무기를 소지한 일본 경찰과 함께 군청으로 들어가 심흥택 군수에게 명함을 건네고 면담했다. 자신은 시마네현 소속의 공무원이라고 소개하면서 울릉도를 방문하게 된 경위를 설명했다. 그들의 복명서와 4월 1일자 산인신문에 따르면, 당신네 울릉도와 자신들이 관할하는 독도는 서로 인접해 있고, 또 울릉도로 건너오는 일본인이 많은

데 이들을 잘 살펴줄 것을 바란다고 당부했다. 기상이 좋지 않아 울릉도로 피난했기 때문에 미리 선물을 준비하지 못했지만, 다행히 독도에서 포획한 강치 한 마리가 있어서 이것을 심흥택 군수에게 건네주었다. 독도시찰단은 울릉도를 일주하고 다음날 29일 오키의 사이고西鄕 항구로 돌아왔다.

울도 군청에서 심흥택 군수와 진자이 요시타로 시찰단장의 대화 가운데, 심흥택 군수는 일본의 독도 침탈에 대한 뜻밖의 놀라운 이야기를 들었지만, 그에게 정면으로 항의하지 않았다. 이는 당시 일본의 일방적인 힘의 관계 형성으로 대한제국과 울릉도의 엄중한 현실이 반영된 것이다. 대한제국은 1905년 11월 을사늑약으로 외교권을 상실했으며, 일제는 1906년 2월 서울에 통감부를 설치하여 업무를 개시했다. 지방의 울릉도에는 일본의 군인과 경찰관이 상주했으며, 일본인도 다수 거주하였다.

시찰단장은 날씨가 좋지 않아 울릉도로 피난했으며, 울도 군청에서 독도는 일본의 영지가 되었다고 언급했다. 일본은 독도 편입의 통고 절차를 사전이 아닌 1년이 지난 사후에, 그리고 공식적 방법이 아닌 우연을 가장해서 울릉도의 지방 공무원을 통해 대수롭지 않은 사소한 것처럼 구두로 표현하는 계획적 방법을 취했던 것이다.

한국의 독도 침탈 인식과 대응

심흥택 울도 군수는 독도가 일본의 영토로 편입되었다는 내용을 독도시찰단장 진자이 요시타로에게 전해 듣고, 이러한 사실을 익일 3월 29일자(음력 3월 5일)로 상급 기관에 긴급 보고하여 대한제국 정부가 대응 방안을 모색하도록 했다. 그리고 언론에서는 일본의 독도 침탈에 대한 다양한 반응이 나왔다.

심흥택 군수가 강원도 관찰사 서리 겸 춘천군수 이명래에게 올린 보고서를 살펴보면, 본군 소속 독도獨島를 시작으로 이달 초 4일 9시 무렵에 증기선 1척이 우리군 도동포에 도착하여 정박했으며, 일행이 스스로 관사를 찾아와 독도가 일본의 영지가 되었기에 시찰을 나왔으며, 일행의 주요 인물과 경찰, 의원, 의사, 기술자 등의 수행원, 울릉도의

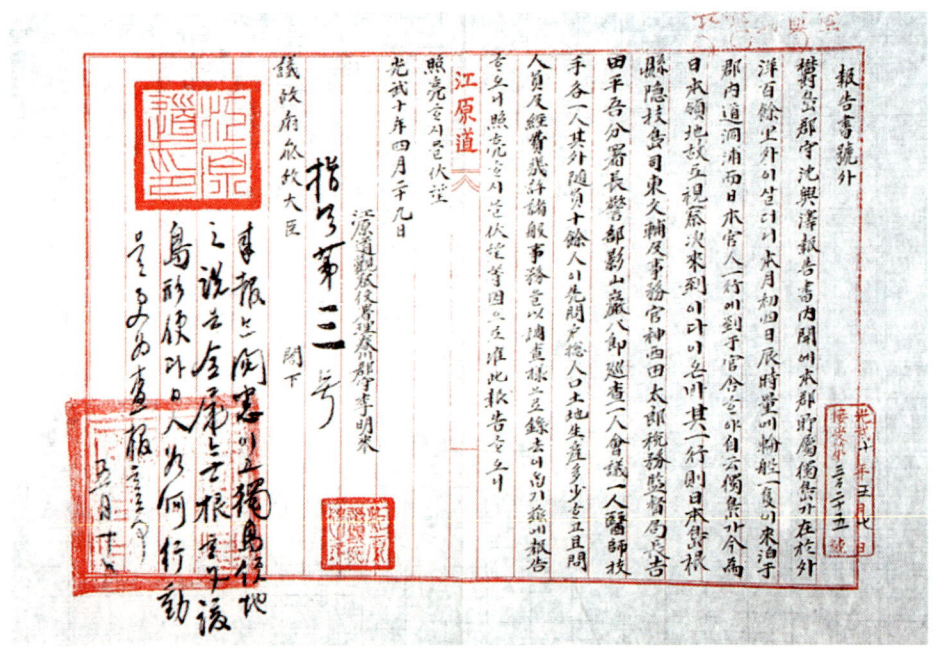

이명래 보고서와 참정 대신의 지령(1906)

가구, 인구, 토지와 생산의 많고 적음을 물어보고, 인원과 경비 등 제반 사무를 조사하여 적어 갔으므로 보고하니 살펴 달라는 내용이다. 심흥택 군수는 보고서에서 독도는 울도군 소속이며, 일본이 독도를 침탈한 사실을 명확히 밝혔다.

심흥택 군수는 이 사실을 내부에도 보고했는데, 내부대신은 독도를 일본 영지라고 칭하여 말하는 것은 전혀 이치가 없는 것으로 단호하게 항의 부정하고, 아연실색할 일이라고 했다. 또한 심흥택 군수의 보고를 받은 강원도 관찰사 서리 이명래는 의정부 참정대신에게 동일한 내용으로 보고했다. 보고를 받은 의정부 참정대신 박제순은 1906년 5월 10일 지령 제3호를 통해 독도가 일본 영지라는 말은 전혀 근거가 없는 것이니 해당 섬의 형편과 일본인이 어떠한 행동을 하는지 다시 조사해서 보고하도록 했다.

울도 군수, 내부대신, 의정부 참정대신의 공문서는 당시 대한제국 정부가 일본의 독도 편입 사실을 알고 즉각 부정한 것이다. 대한제국 정부는 외교권을 상실하고 외부

대한매일신보(1906.05.01.)

황성신문(1906.05.09)

外部가 폐지된 상태에서 일제에 항의하기 어려운 상황이었고, 항의한 흔적이 보이지 않는다. 다만 대한제국의 내부가 일제 통감부에 항의 공문을 보냈을 것이라는 간접 정황은 황성신문 1906년 7월 13일자 보도로 짐작할 수 있다. 신문에는 통감부가 내부에 울도군 소속 도서와 군청 설치를 질문하는 공문을 보내왔다는 기사가 실렸기 때문이다.

일제의 독도 침탈을 알게 된 언론과 민간인들도 즉각 이를 부정하는 항론을 제기했다. 당시 대표적 신문인 대한매일신보는 1906년 5월 1일자 보도에서 무변불유無變不有라는 표제로 심흥택 울도 군수가 내부에 보고한 내용을 중심으로 일본 관원 일행이 본군에 와서 본군 소재 독도를 일본의 속지라 자칭하고, 땅의 크기와 호구, 결총을 일일이 적어 갔다. 그리고 내부에서 지령하기를 유람하는 길에 지계와 호구를 적어 가는 것은 괴이할 게 없지만, 독도라고 칭하고 일본 속지라고 한 것은 결코 그럴 이치가 없는 것이니 이번 보고는 매우 놀랍다고 하였다.

황성신문도 5월 9일자 기사에서 일본의 독도 침탈에 대한 항론을 보도했다. 제목을 크게 표시하고, 심흥택 울도 군수가 보고한 일본 관인 일행이 관사에 와서 직접 말한 독도가 이제 일본의 영지가 되었으므로 시찰차 왔다는 보고 내용을 인용하여 보도했다.

한편 민간인으로 매천 황현은 『매천야록』에서 "울릉도 바다 동쪽 백리 떨어진 곳에 섬 하나가 있는데 독도라고 한다. 옛날에는 울릉도에 속했었다. 일본인들이 자기네 땅이라고 억지를 쓰며 자세히 조사해 갔다"고 기술하였다. 황현은 독도가 울릉도의 속도로서 한국의 영토인데, 일본인들이 이제 자기의 영지가 되었다고 늑칭(억지·강제로 주장)하였다고 강한 항론을 표출했다. 이와 유사한 내용은 그의 『오하기문』에도 기술되었다.

이와 같이 대한제국 정부와 민간인은 일제의 독도 침탈에 즉각 반응했으며, 한 목소리로 일제의 행위는 이치에 맞지 않고 놀라운 감정을 드러냈다. 그러나 1905년 11월 을사늑약으로 외교권이 박탈당하고, 통감부의 지배하에 있었기 때문에 일제나 국제사회에 호소할 방법이 없었다. 그리하여 독도는 한반도 침탈의 첫 희생물이 되었다.

4. 지리교과서에 기술된 독도

조선 후기의 영토 인식을 계승

갑오개혁(1894~1896) 기간에 근대교육 체제가 마련되어 고종은 1895년 교육입국조서를 반포하고, 각종 학교 법규를 제정했다. 당시 국가의 교육을 총괄했던 학부學部는 1895년에 소학교령을 공포했으며, 소학교 아동용 지리교과서로 『조선지지』와 『소학만국지지』를 같은 해에 각각 편찬했다. 이들 지리교과서는 지도가 없는 국한문 혼용체로 전통적인 지역지리 기술 방식을 따르고 있다.

근대 한국의 지리교과서 가운데 독도는 1895년 학부편집국이 편찬한 『조선지지』에 최초로 등장한다. 이 책에는 조선 8도에 소재하는 각 부府의 전답, 인호, 명승, 토산, 인물 등이 지명물

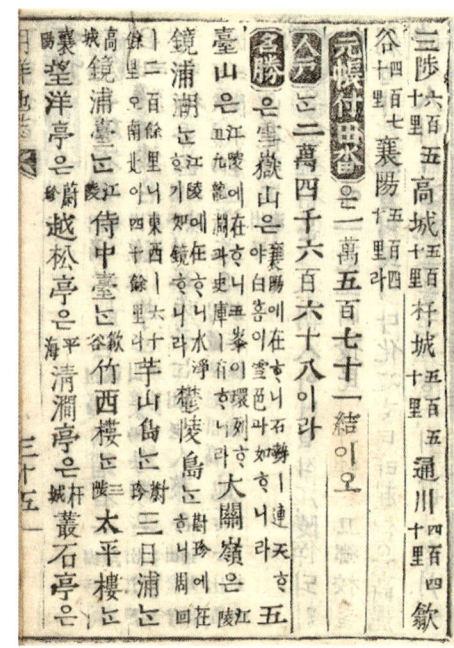

『조선지지』(1895)의 독도(우산도)

산의 방식으로 기술되었다. 교과서에 독도는 강릉부의 명승 부분에 설악산, 오대산, 대관령, 경포호의 소재지와 경치를 소개하면서 울릉도는 울진에 소재하며 주위 200여리 동서 60여리 남북 40여리이며, 우산도芋山島는 울진에 소재한다고 간략하게 명기되었다.

그 외에 명승지로 삼일포, 경포대, 시중대, 죽서루, 태평루, 망향정, 월송정, 청간정, 총석정과 그 소재지를 언급했다. 이처럼 울릉도와 독도는 근대 한국인이 만든 최초의 지리교과서에서 강릉부의 아름다운 명승지로 선정되었다. 당시 소학교 아동들은 독도를 울진 소속, 그리고 우산도라는 명칭으로 인식했다.

오횡묵이 저술하고 학부에서 1896년 간행한 『여재촬요』는 순 한문으로 전반부가 세계지리, 후반부는 조선지리로 구성되었다. 이 책에서 조선지리는 8도의 부·목·군·현府·牧·郡·縣이 매우 간략하게 기술되었다. 강원도 울진현은 관원현감, 군명, 면, 호, 결, 읍성, 산천, 토산, 관방, 명적 등을 중점적으로 다뤘으며, 독도는 산천 부분에 우산도于山島라는 명칭으로 나타난다.

독도는 학부편집국이 1896년에 편찬한 『지구약론』에도 등장한다. 이 책은 총 40페이지에 불과한 소책자로 본문 전체가 문답식이며, 주요 내용은 총론, 조선, 세계의 지리로 구성되었다. 조선은 함경도, 강원도, 경상도 등 8도의 지지를 다뤘고, 강원도는 주요 산, 강, 감영, 병영과 수영, 고을, 특산물, 섬, 명승 등이 주로 기술되었다.

울릉도와 독도는 섬 부분에서 "강원도에 무슨 섬이 있는가?"라는 질문에 "울릉도와 우산도라는 큰 섬이 있고 적은 섬도 있다"는 답변에 나타난다. 울릉도와 독도의 위치 및 거리 관계는 생략되었다. 그러나 울릉도는

『지구약론』(1896)의 독도(우산도)

대한여지도(1897)의 독도(우산)

『대한지지』 강원도(1899)의 독도(우산)

큰 섬으로, 독도는 작은 섬으로 언급하면서 두 섬이 강원도 소속임을 명확히 밝혔다.

한편 이 시기에 제작된 지리괘도와 지리교과서에 수록된 지도에도 독도가 등장한다. 학부편집국은 1896년에 오주각국통속전도, 세계전도, 그리고 1897년 무렵에 대한여지도를 학교 교육용으로 간행했다. 대한여지도는 전국을 13도로 구분하고, 지형은 우모식으로 표현했으며, 한반도의 형상은 조선 후기의 지도, 대마도의 형상은 일본의 지도를 참고한 흔적이 보인다. 이 지도에 표현된 울릉도와 독도의 형상 및 지명은 조선 후기의 지도를 답습해서 독도는 울릉도 우측에 우산于山으로 표시되었다.

학부편집국의 대한여지도에 표현된 울릉도 및 독도와 유사한 지도가 1899년 현채의 『대한지지』에 수록되어 있다. 이 교과서의 앞부분에 첨부된 대한전도와 강원도의 지방지리 부분에 수록된 강원도 지도에는 울릉도와 함께 독도가 우산于山이라는 명칭으로 표시되었다. 대한전도와 강원도 지도에 표현된 울릉도와 독도는 학부편집국이 간행한 대한여지도의 울릉도 및 독도와 매우 유사하다. 현채는 1896년경부터 1907년 1월까지 학부에 재직하면서 번역 및 저술 업무를 담당했는데, 이들 지도는 모두 이 시기에 만들어진 그의 작품으로 추정된다. 현채는 이들 지도에 두 섬을 표시하면서 조선 후기의 지리적 정보를 계승했다.

통감부의 학부 관여와 독도의 상실

일본은 1905년 11월 을사늑약 이후 한일병합을 목적으로 서울에 통치기구 통감부를 설치했다. 당시 이토 히로부미伊藤博文 통감은 한국의 초등교육 장악을 위해 1906년에 미쓰지 주조三土忠造를 학정참여관으로 임명하여 학부의 교육정책에 관여하도록 했다. 통감부의 시녀로서 학부는 식민지 교육의 준비 단계로 종래 소학교를 보통학교로 개칭하여 격을 낮추었다. 게다가 수업 연한을 6년에서 4년으로 단축했으며, 국민의식 형성과 관련이 있는 지리 및 역사 과목은 국어독본과 일어독본 시간에 배우도록 설정하여 지리와 역사 교육을 약화시켰다.

1907년 2월부터 학부가 편찬한 『보통학교 학도용 국어독본』은 학부 편집국장 어윤적과 학정참여관 미쓰지 주조가 관여해서 만든 공립학교 교과서이다. 이 책은 국어독본이지만, 보통학교령에 근거하여 지리교재 및 역사교재가 많은 부분을 차지한다. 통감부의 관여로 완성된 대표적인 친일 교과서였기 때문에 본문에는 일본 제국주의의 발전상, 미화와 찬양, 통감과 통감부에 대해 감사하는 내용 등이 곳곳에 보인다. 예컨대 통감은 한국의 정치를 개선하고 교육을 보급하고 농상공업을 발달시켜 한국 인민의 안녕과 평화를 도모했다는 것이다.

일본은 1905년 독도를 시마네현에 비밀스럽게 편입했으며, 러일전쟁 승리를 계기로 일본 관보를 통해 일본해 지명을 정착시켰다. 이러한 내용은 통감부가 관여한 『보통학교 학도용 국어독본』에 반영되었다. 교과서 본문에는 한반도와 일본열도 사이의 바다 명칭으로 일본해가 총 10회(본문 기술 4회, 본문 수록지도 6회) 등장하며, 동해는 방위지명으로 울릉도를 가리킬 때 1회 사용되었을 뿐이다. 학교교육을 통해 한국에서 일본해 지명의 공고화 작업이 추진되었고, 독도에 대해서는 이 섬의 존재를 잊도록 했다.

독도와 관련하여 교과서의 한국지세 부분에는 한국의 3면 바다를 소개하면서 "동해에는 울릉도 바깥에 도서가 없다"라고 기술되었다. 이러한 표현은 독도를 염두에 둔 것으로 아동들에게 독도에 관한 지식과 정보를 차단하기 위한 의도였다. 교과서에서 작은 섬 독도를 생략해서 언급하지 않는 것은 있을 수 있지만, 울릉도 바깥에 섬이 없다는 표현은 사실 부정을 위한 고차원적 방식이다. 이는 일본의 독도 편입이 비양심적이고 정당하지 못했기 때문이다. 당시 학부의 교과서 편찬에 통감부의 정치적 관여가 없었다면, 한국의 국정 교과서에 이러한 표현은 결코 없었을 것이다.

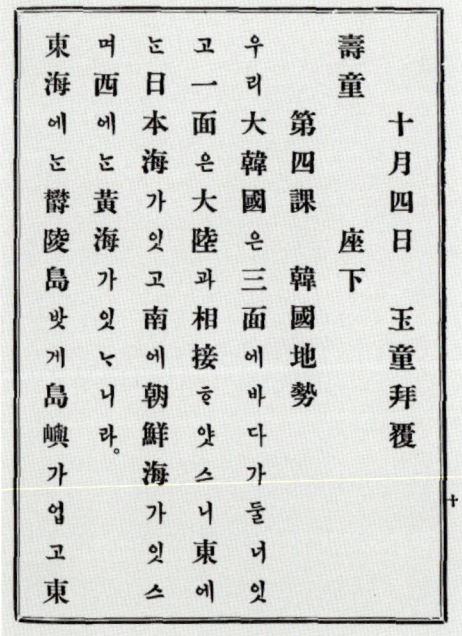

『보통학교 학도용 국어독본 권4』(1907)

저항적 민족주의와 독도의 생존

을사늑약 이후 통감부의 통제에 대응한 사학 중심의 저항적 민족주의가 대두되어 국가주의 지리교육이 전개되었다. 통감부의 관여로 학부의 친일적인 보통학교 국어독본과 일어독본이 편찬됨에 따라 지식인들의 반일 감정과 애국심은 강화되었다. 이러한 배경에서 윤치호는 1907년에 동해물과 백두산으로 시작하는 애국가를 작사했다. 교육 분야에서 저항적 민족주의가 대두되면서 애국계몽의 일환으로 여러 유형의 지리교과서가 민간에서 만들어졌다.

대표적인 애국심 양성형의 지리교과서는 1907년 장지연의 『대한신지지』, 1908년 조종

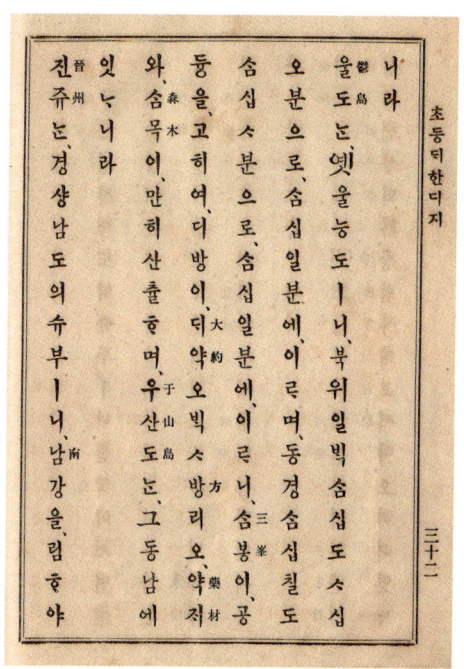

『초등대한디지』(1908)의 독도(우산도)

만의 『초등대한디지』이다. 장지연의 『대한신지지』는 국한문 혼용체로 본문에는 1장의 대한전도와 13장의 지방지도가 수록되어 있다. 대한전도에는 동해 해역에 대한해가 한국에서 최초로 표기되었다. 경상북도 울도鬱島 부분에는 울도의 위치와 경도, 옛 명칭 울릉도・우릉・무릉, 울진과의 거리 관계, 역사와 산물 등이 기술되었고, 산물은 약초, 목재, 가지어, 산림 등이 풍부하다고 언급하면서 마지막 부분에 독도를 가리키는 우산도于山島는 그 동남에 있다고 짧게 기술되었다.

1908년 조종만의 『초등대한디지』도 애국심 양성형의 교과서로서 주목할 만하다. 저자는 아동 이외에 일반인도 읽기 쉽도록 국문으로 긴요한 내용을 편집하여 독립 자주의 생각을 불러일으키도록 국토지리 교육의 중요성을 역설했다. 교과서의 앞부분에 수록된 대한전도에는 동해가 대한해로 표기되었다. 본문의 울도 부분에는 울도의 옛 지명 울릉도, 위도와 경도, 지세, 면적, 그리고 약초와 삼림을 많이 산출한다고 언급하면서 독도를 가리키는 우산도于山島는 그 동남에 있다고 간단히 기술되었다. 같은 시기에 활동했던 장지연과 조종만은 학부의 친일 교과서에 맞서 개인적으로 지리교과서를 집필하여 독도를 지키고자 했던 것이다.

근대 지리교과서에 독도는 조선 후기의 지리 지식에 근거하여 우산도 또는 우산으로 기재되었다. 그러나 이와 다른 형태로 1907년 김건중의 『신편대한지리』에는 독도의 외래지명이 나타난다. 이 교과서는 1905년 9월 일본에서 간행된 다부치 도모히코田淵友彦의 『한국신지리』를 초역한 것으로 강원도 부분에 울릉도와 함께 독도가 나온다. 독도는 울릉도 동남 약 3백 리에 속칭 '양고'라는 섬으로 이선의 정박에 편리하나 땔감

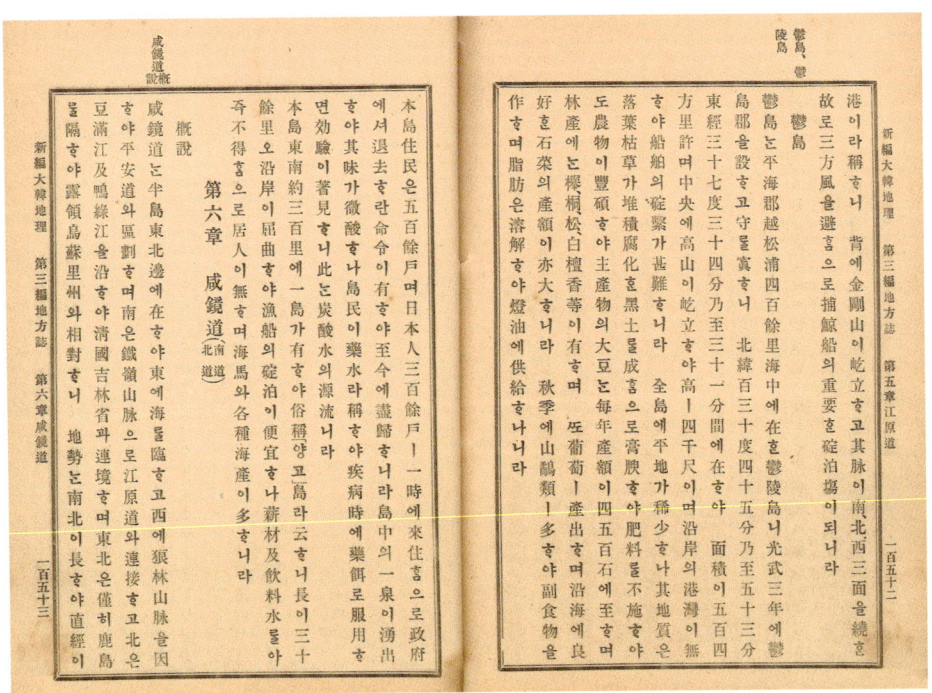

『신편대한지리』(1907)의 독도(양고)

및 음료수를 얻을 수 없어 거주하는 사람이 없고 각종 해산물이 많다고 기술되었다.

일본인 저자는 독도를 울릉도 소속의 한국령으로 기술했으며, 명칭은 서양인이 부르던 '리앙쿠르 락스'를 일본어 발음으로 간략히 표기한 것을 번역자가 다시 한국어 발음 '양고'로 나타냈다. 게다가 그는 한반도와 일본열도 사이의 바다 명칭으로 원문에 기재된 일본해를 그대로 번역하지 않고 동해 또는 조선해 등을 사용했다.

다부치 도모히코의 『한국신지리』는 일본이 독도를 편입한 이후인 1905년 9월에 간행되었다. 일본인 저자는 여전히 독도를 울릉도 소속의 한국령으로 기술하였다. 번역자 김건중은 한국의 독도 영유권 주장에 유리한 이 책을 번역하여 교육용 지리교과서로 간행했던 것이다. 그리하여 1905년 이후 대한제국이 망해가는 암울한 시기에도 독도는 한국인들의 마음속에 살아 있었다.

5. 일본 식민지기의 지도와 독도

육지측량부의 지도와 독도

일본은 1905년 2월 독도를 시마네현에 편입했음에도 불구하고, 1910년 한일병합 이후 일본 정부와 한국인이 만든 지도에는 독도가 한국의 경상북도 울릉군 소속으로 표시된 것이 존재한다. 일본은 19세기 후반에 이어 20세기 전반에도 한반도를 측량하여 각종 지도를 간행했으며, 대표적인 관찬지도 제작은 육군참모본부가 담당했다.

육지측량부는 한일병합 이전에 군사적 목적으로 지도를 제작했지만, 한일병합 이후에는 효율적 통치와 토지 수탈을 목적으로 측량을 실시하고 지도를 완성했다. 조선총독부 임시토지조사국은 1910년부터 1915년에 걸쳐 측량 업무를 종료했으며, 육지측량

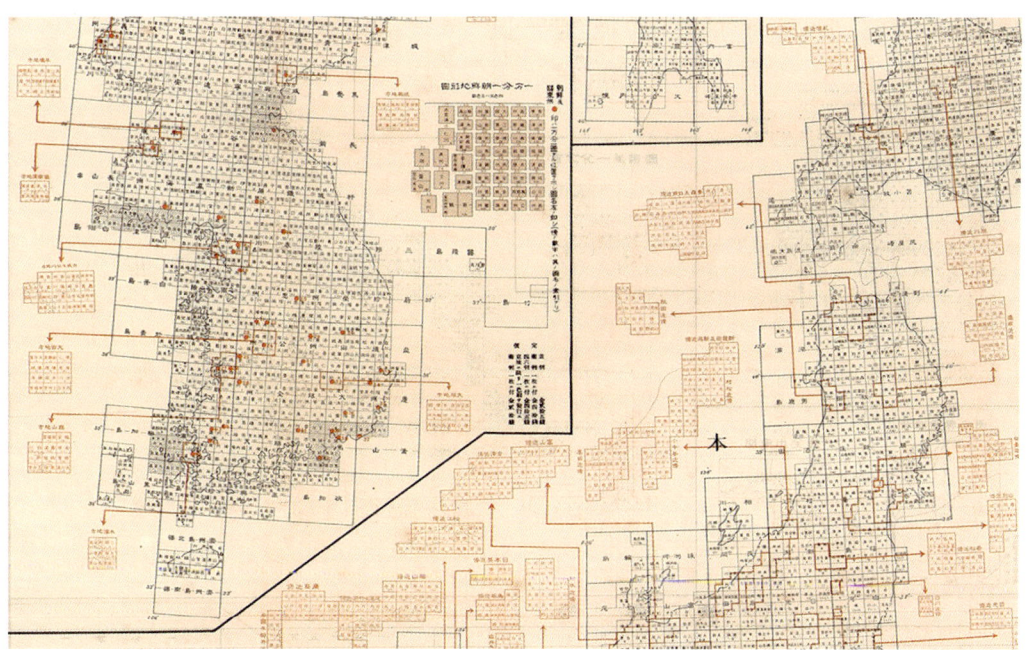

육지측량부발행지도구역일람도(1935)의 독도(竹島)

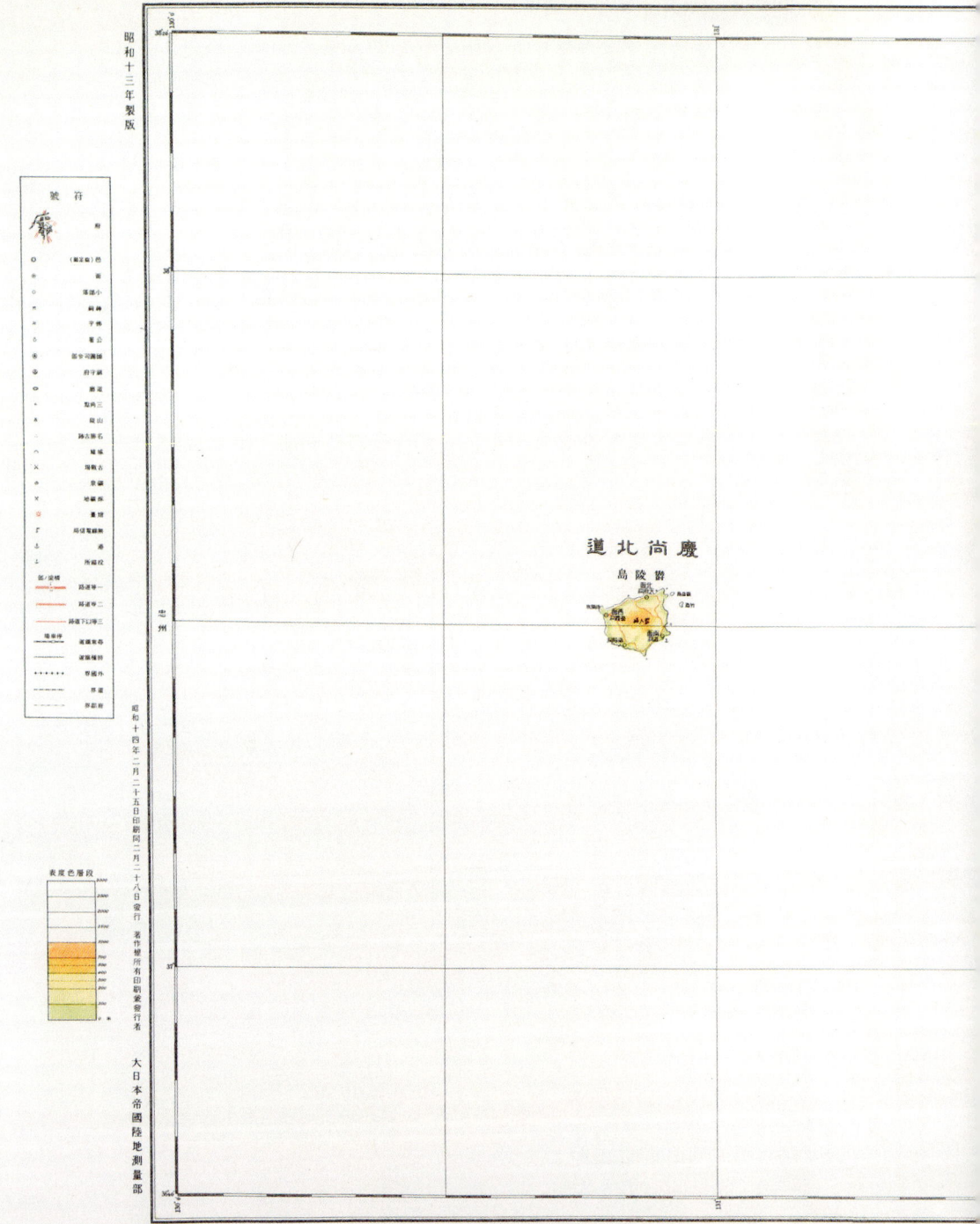

울릉도(1939)의 독도(竹島)

부는 전문 인력과 측량원도 등을 임시토지조사국에 제공하여 이 사업을 실질적으로 주도했다. 육지측량부는 토지조사사업을 마무리한 이후에도 1/5만, 1/2.5만, 1/1만 등의 지형도를 제작했지만, 이들 지형도에 독도는 한반도와 일본열도 어느 영역에도 포함되지 않았다.

그런데 1935년부터 1944년까지 간행된 육지측량부발행지도구역일람도(1/5만, 1/2.5만, 1/1만)에는 독도가 조선의 영역으로 표시되었다. 1935년판 지도구역일람도에는 혼슈, 시코쿠, 규슈, 홋카이도를 중앙에 배치하고, 외곽에는 가라후토, 치시마열도, 오가사와라군도, 난사이제도, 대만, 조선, 관동주를 나타내었다. 조선에는 북위 38도에 울릉도, 북위 37도에 독도竹島가 표시되었다. 1937년판 지도구역일람도에는 울릉도와 독도를 이전과 동일하게 표시했으며, 울릉도 위에 조선이라는 명칭과 함께 조선총독부 임시토지조사국 측량이라는 글귀를 나타내었다. 이를 통해 당시 조선총독부와 육지측량부는 독도를 한국의 영토로 인식하고 있었음을 알 수 있다.

한편 참모본부는 1938년에 1/50만 울릉도라는 지형도를 부외비部外秘로 제작했으며, 이것을 대일본제국육지측량부가 1939년 2월 동일한 내용으로 발행했다. 이 지도에 울릉도는 충주와 동일하게 북위 37.5도에 위치하며, 채색을 달리하여 고도가 나타나고 교통로가 표시되었다. 지명은 중앙에 성인봉을 비롯하여 남면, 서면, 북면과 주요 동洞, 그리고 북동에 죽도와 관음도가 표기되었다. 이 섬은 경상북도 울릉도로 표기하여 소속을 명확하게 나타내었다. 아울러 울릉도 동남에는 동경 132도 좌측에 두 개의 섬 위에 다케시마竹島라는 명칭을 기재했다.

당시 육군참모본부 육지측량부는 전국을 측량하여 지도를 제작하는 국가 기관이었다. 그 역사는 메이지 시대 육군성 참모국까지 거슬러 올라가며, 1945년에는 내무성 지리조사소, 1958년에는 국토지리원으로 이전되어 현재에 이르고 있다. 지도를 전문적으로 발행했던 일본 정부의 기관은 독도를 일본의 영역이 아니라고 판단하여 조선의 경상북도 울릉도 관할로 나타내었던 것이다.

송완식의 경상북도관내도와 독도

일본의 식민지였던 1939년 한국인 송완식이 간행한 『조선일람』에는 경상북도관내도가 수록되어 있는데, 여기에는 독도가 울릉도와 함께 경상북도 소속으로 제시되었다. 저자 송완식은 주로 일본 식민지 시대에 활동한 저술가이자 출판인이었다. 저술가로서 그의 관심은 문학, 사회학, 법학, 지리학, 역사학, 사전학 등 다양했으며, 그의 저작에서 공통적으로 느껴지는 것은 한국에 대한 사랑과 한국 국민을 깨우쳐야 한다는 계몽의식이었다.

송완식(1893~1965)

그의 대표적 저술은 1927년에 간행된 『백과신사전』으로 1940년대까지 표제를 바꾸고 증보되면서 판이 거듭되었다. 그리고 『조선일람』은 1931년 초판이 완성된 이래 1937년까지 9판이 나왔으며, 1939년에는 분량이 증가한 혁신 제1판이 발행되었다. 이 책은 전국을 도별로 다룬 한국의 인문지리서로 우리 국토에 대한 지리적 지식을

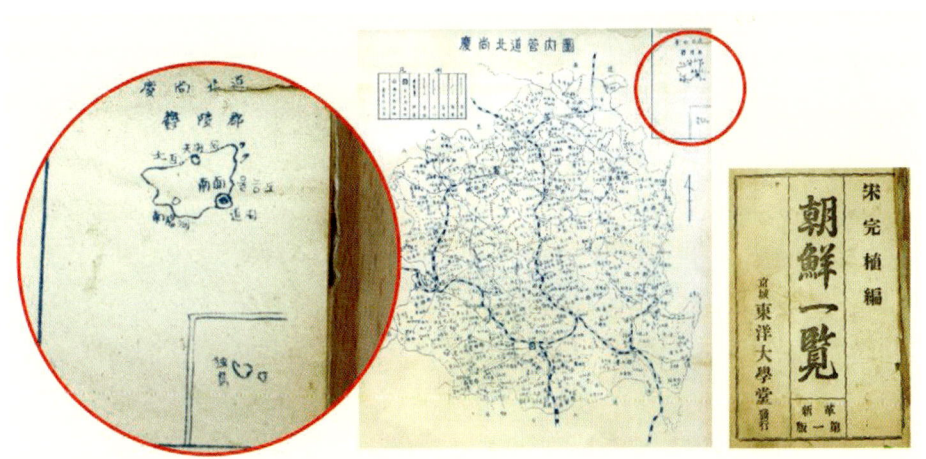

『조선일람』 경상북도관내도(1939)의 독도

알리려는 목적으로 저술되었다.

이 책은 전국을 13개 도로 구분하여 각 도의 부府와 군郡의 역사 및 지리를 빠짐없이 종합적으로 다뤘다. 범례에 따르면, 저자는 한반도 4천여 년의 역사와 자연지리, 인문지리, 전설, 일화, 이언, 인정, 풍속, 방언 등을 지방별로 편집하여 금수강산의 과거와 현재를 일목요연하게 파악하도록 했다. 각 도의 내용은 위치경계, 지세, 연혁, 산악, 평균기온, 해만도서, 면적, 도청소재지, 산물, 산업, 교통, 명물, 강우량, 강하, 인정, 풍속, 방언 등의 순으로 구성되었으며, 각 항목의 내용은 간단명료하게 기술되었다.

이 책에는 각 도마다 지도를 수록하여 지명, 도·군·면의 경계, 하천, 도로 및 철도 교통 등의 지리적 정보를 이해하는 데 도움이 되도록 했다. 특히 경상북도 부분에는 경상북도관내도가 수록되어 있다. 이 지도에는 울릉도를 경상북도 울릉도로 표시하고, 그 남쪽에 독도를 동도와 서도라는 2개의 섬으로 나타내고 명칭을 獨島로 표기했다. 송완식은 독도가 경상북도 울릉군 소속임을 확신했던 것이다. 그가 완성한 『조선일람』에 수록된 경상북도관내도는 국내외 지도 가운데 독도獨島라는 명칭이 최초로 표시되었다는 점에서 의의가 있다.

이 책은 판을 거듭할 정도로 많은 한국인들에게 읽혀져 독도는 암울했던 일본 식민지기를 살았던 한국인들의 마음속에 살아 있었다. 비록 『조선일람』과 수록 지도는 일본 식민지 시대에 만들어졌지만, 해방 이후 한국지리와 한국전도, 초·중등학교 지리교과서 및 지리부도의 편찬에 미친 영향은 과소평가할 수 없다.

Q&A

Q 한국의 옛 자료에 나오는 우산도, 석도는 독도인가?

A

현재 한국에서 사용되고 있는 독도는 과거에 여러 지명으로 불렸다. 신라 시대에는 울릉도와 독도를 포함하여 우산국으로 표기되었다. 고려 시대에는 독도의 명칭으로 우산도于山島가 처음 등장하며, 이 지명은 조선 시대에도 계승되어 20세기 초까지 사용되었다. 그 외에 성종 때는 삼봉도, 정조 때는 가지도可支島라는 명칭도 문헌에 나타난다. 조선 시대에는 우산도가 우산于山, 우도于島, 자산도子山島, 천산도千山島, 방산도方山島, 간산도千山島 등으로도 기록되었다. 이들 가운데 자산, 천산, 방산, 간산은 모두 우于를 잘못 필사한 것이다.

그러나 일본은 한국의 문헌과 지도에 나오는 우산도에 대해 현재의 독도가 아니라고 주장한다. 조선 전기에 편찬된 『세종실록』 지리지에는 두 섬이 날씨가 맑으면 가히 바라볼 수 있다고 기록되어 있는데, 그것은 불가능하다고 주장한 적이 있다. 이에 한국은 맑은 날 울릉도에서 육안으로 보이는 독도의 모습을 사진으로 찍어 증명하였다.

게다가 일본은 『신증동국여지승람』의 본문에 나오는 우산도는 독도가 아니며, 여기에 수록된 팔도총도에 그려진 울릉도 서쪽의 우산도도 실재하지 않는 섬이라고 주장하고 있다. 나아가 일본은 이를 계승한 조선 시대의 고문헌과 고지도에 표현된 우산도의 존재를 전면 부정하였다. 두 섬은 별개의 섬이 아닌 울릉도 일도설, 울릉도의 동도이명同島異名이라는 것이다. 또한 일부 학자는 울릉도 옆의 우산도는 현재의 죽도(댓섬)에 해당되며, 독도는 존재하지 않는다고 주장한다. 일본이 우산도=독도를 인정하지 않는 것은 울릉도에서 독도가 보인다는 사실, 독도가 울릉도 주민의 생활권이었다는 사실을 부정하기 위함이다.

근대에 들어와 대한제국은 울릉도에 일본인이 증가함에 따라 한국인과 마찰이 자주 발생하자 칙령 제41호를 반포하여 울릉제도를 체계적으로 관리하고자 했다. 칙령에는 울도군수의 관할구역으로 울릉전도와 함께 죽도竹島 및 석도石島가 명기되어 있다. 이에 대해 한국은 당시 전라도 사람들이 울릉도를 자주 왕래했으며, 그들은 돌로 이루어진 독도를 돌섬 또는 돌섬의 사투리에 해당하는 독섬으로 불렀으며, 칙령에는 한자어 석도石島로 표기되었다는 입장이다. 그러나 일본은 조선 시대부터 계승된 울릉도의 강역이라는 것이 있는데, 그것을 무시하고 어학적 설명만으로 석도를 독도로 간주하는 주장은 독단으로 보았다.

전라도 방언에서 독섬의 독은 돌의 방언이 확실하다. 이에 대한 규명은 한국에서 1950년대부터 이루어졌지만, 일본에서는 그 전에 연구가 마무리되었다. 일본의 언어학자 오구라 신페이小倉進平(1882~1944)는 1910년대 조선의 방언을 연구하여 전라도 방언에서 돌을 독으로 부른다는 사실을 밝혀 일본에서 『조선어 방언의 연구』(1944)를 간행했다. 그 외에도 칙령에서 울도군수의 관할구역으로 석도를 표기한 것과 관련하여 울릉도 주변 해상에 죽도(댓섬)보다 작은 섬들이 있지만, 칙령에 기재할 만큼 중요한 섬이 아니므로 그 작은 섬들을 석도로 보는 것은 무리이다.

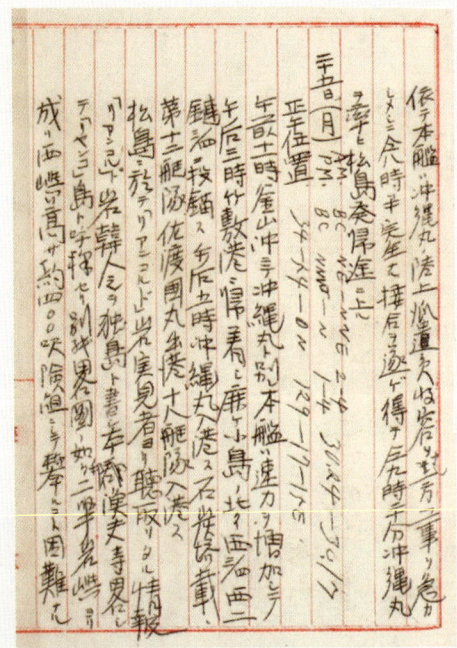

니타카(新高)호 항해일지(1904)의 독도(獨島)

전라도 사람들이 독도를 가리켰던 독섬은 뜻을 취하면 한자로 석도石島가 되지만, 음(소리)에 따라 한자로 표기하면 독도獨島가 된다. 현재 독도의 명칭에 대한 최초의 기록은 일본의 문헌에서 확인된다. 1904년 9월 일본의 군함 니타카新高호는 러시아 함대의 동태를 감시하기 위해 독도에 해군 망루를 설치하려고 예비 탐사를 실시했다. 니타카호의 항해 일지에는 한인韓人들은 이 섬을 독도獨島라고 부른다고 기록하였다. 한국의 문헌에는 1906년 3월 울도군수 심홍택의 보고서에 본군소속 독도獨島라는 부분에 최초로 등장하며, 지도에는 1939년 송완식의 『조선일람』에 수록된 경상북도관내도에 한자로 독도獨島가 처음 표기되었다.

현대 초기의
독도 이슈와 대응

제2차 세계대전의 종결과 함께 한국은 일본의 식민지에서 독립했으며, 한반도 침탈의 첫 희생물이었던 독도는 한국의 영토가 되었다. 그럼에도 일본인이 독도에 침입하자 한국 정부와 민간은 영유권 강화를 위해 울릉도와 독도에 대한 현지 조사를 실시했다. 연합국은 독도를 한국의 영토로 인식하여 일본이 접근하지 못하도록 잠정적 조치를 내렸다. 샌프란시스코 강화조약의 준비 과정에서 연합국은 독도를 일본의 영역에서 제외했지만, 최종 조약문에는 일본의 로비 활동으로 독도 관련 내용이 생략되어 논쟁의 씨앗을 남겼다. 이에 이승만 대통령은 평화선을 선언하여 한국의 해역에 일본이 침범하지 못하도록 저지했다. 이후 한국 정부는 독도 수호를 위해 각종 정책을 펼쳤으며, 영유권 문제로서 초·중등학교 사회과 지리교육을 강화했다.

1. 한국에서 독도 수호의 첫걸음

민관합동조사단의 구성과 독도 조사

해방 이후 한국인들이 동해상의 작은 섬 독도를 주목한 계기는 1947년 6월 19일 경상북도가 일본인의 독도 침입 내용을 중앙에 보고했고, 이것을 『대구시보』가 다음 날에 보도한 데서 비롯되었다. 이후 여러 언론사는 독도를 영토문제로서 다루기 시작했다. 일본인의 독도 침입이 지속되자 정부와 민간은 영유권 공고화를 위해 울릉도 및 독도 조사의 필요성을 공감했다.

당시 국사관장이었던 신석호는 민정장관 안재홍의 명령으로 외무부 일본과장 추인봉, 문교부 편수사 이봉수, 수산국 기술사 한기준과 함께 울릉도 및 독도에 대한 학술조사를 추진했다. 이들 정부 파견 조사단 이외에 산악회 소속의 저명한 전문가 63명, 경상북도의 공무원과 경찰 등의 지원 인력을 포함하여 총 80여 명이 민관합동조사단으로 참여하여 1947년 8월 16일부터 25일까지 두 섬을 답사하고 조사했다. 산악회 소속 전문가는 역사, 지리, 경제, 사회, 고고, 민속, 언어, 동물, 식물, 농림, 지질·광물 등 다양하게 구성되었다.

1945년에 창립된 조선산악회(1948년 정부 수립 이후 한국산악회로 개칭)는 일제에 의해 피폐해진 국토를 재건하고자 저명한 학자들을 중심으로 설립되어 국토구명사업을 전개했다. 산악회는 국토를 직접 답사 및 조사하고, 그 성과를 발표회와 보고서 형식으로 일반인들과 공유했다. 이 사업의 일환으로 산악회는 정부와 함께 1947년부터 1953년까지 세 차례에 걸쳐 울릉도·독도학술조사를 실시했다.

1947년 8월의 제1차 학술조사에서는 독도의 역사적 연구를 비롯하여 약 50여 종의 식물과 동물(곤충) 표본 채집, 목측 측량, 한국령을 표시한 표목 설치, 사진 촬영 등 여러 성과를 거두었다. 제2차 학술조사는 1952년 9월에 실시되었지만, 독도에서 미 공군의 폭격연습과 파도가 높아 독도 상륙에 실패했다. 1953년 10월의 제3차 학술조사

동도 몽돌해변의 조사대(1947.8.20)

에서는 일본이 동도와 서도에 설치한 '시마네현 다케시마竹島'라는 표목을 제거하고, 동도에 '조선 울릉도 남면 독도'라는 한국령 표석 2개를 설치했으며, 독도 측량도 이루어졌다. 특히 해방 이후 최초로 동도와 서도의 해발고도를 측정하고, 독도의 총면적을 측량한 것은 성과였다.

독도 연구의 선구자 신석호

산악회와 정부가 구성한 민관합동조사단에 의한 세 차례의 울릉도·독도학술조사와 그 성과물은 독도 영유권의 기초 구축 및 공고화에 중요한 역할을 했다. 특히 역사학자 신석호의 역사적 연구는 주목할 만하다. 그는 경성제국대학 사학과 출신으로 조선사편수회에서 활동했으며, 해방 이후에는 국사관장, 고려대 교수 등을 역임했다.

신석호(1904~1981)

당시 국사관장 신석호는 제1차 울릉도·독도학술조사 과정에서 중추적 역할을 했는데, 울릉군청에서는 '본군소속독도'로 시작하는 1906년 3월의 울도군수 심흥택 보고서의 부본副本을 최초로 발굴하여 소개했다. 그의 가장 빛나는 연구 업적은 1948년 12월 조선사연구회의 창간호 『사해史海』에 게재된 "독도 소속에 대하여"라는 논문이다. 이 글의 본문은 독도의 지세와 산물, 독도의 명칭, 삼봉도와 독도, 울릉도 소속 문제와 독도, 울릉도 개척과 독도, 일본의 독도강탈, 일본 영유 이후의 독도 등으로 구성되었다.

연구의 핵심은 독도가 6세기부터 한국의 영토가 되었다는 것, 숙종 때에 일본은 울릉도와 독도를 조선의 영토로 승인했다는 것, 일본이 독도를 러일전쟁으로 강탈했다는 것, 섬을 강탈한 이후에도 독도는 일본의 기록에 조선의 속도로 등장한다는 것 등이다. 게다가 논문의 말미에는 동해약도와 독도전경 사진을 실었다. 동해약도에는 동해상의 울릉도, 독도, 오키의 섬 모양과 명칭을 각각 기재하고, 독도와 오키 사이에 맥아더선을 표시하여 독도가 한국 소속이라는 사실을 명확히 드러냈다.

신석호의 논문은 한국에서 최초로 독도를 학술적으로 연구한 성과물로서 의의가 있다. 저자는 독도 관련 한국과 일본의 역사적 문헌을 섭렵하고, 일본 학자의 연구와 울릉도 주민의 증언 등에 근거하여 독도는 한국의 영토라고 결론지었다. 그는 당시

『사해』 동해약도(1948)의 독도

묵정밭과 같은 상황에서 독도 연구의 토대를 형성한 선구자였다. 그의 연구 성과는 역사학, 지리학, 국제관계학, 국제법 등 여러 분야에서 독도를 연구하는 학문 후속 세대들에게 영향을 미쳤다. 따라서 한국의 독도 영유권 논리는 신석호에 의해 기초가 형성되었고, 이후 여러 분야의 학자들에 의해 더욱 발전되어 공고해졌다.

2. 독도의 소속을 둘러싼 국제 정치

연합국의 독도 인식과 잠정적 조치

제2차 세계대전 말기에 미국의 루스벨트 대통령, 영국의 처칠 수상, 중국의 장제스 총통은 1943년 11월 22일부터 26일까지 이집트의 카이로에서 수뇌 회담을 가졌다. 카이로 회담에서는 일본에 대한 군사적 대응, 전후 일본의 영토 처리, 한국의 독립 등이 다뤄졌으며, 결과는 12월 1일 발표되었다. 선언의 주요 내용은 일본이 제1차 세계대전 이후 탈취 및 점령한 태평양의 모든 도서를 박탈하고, 만주·대만·팽호도를 중국에 반환하며, 폭력과 탐욕으로 빼앗은 일체의 지역에서 일본을 물러나게 하며, 한국인들의 노예 상태임을 주목하여 적절한 시기에 독립하도록 한다는 것이다.

제2차 세계대전이 끝나기 직전, 1945년 7월 26일 독일의 포츠담에서 연합국은 일본에 항복 권고, 일본의 처리 방침 등을 논의하여 포츠담 선언을 발표했다. 선언의 제8항에 카이로 선언의 조항은 이행되어야 하며, 또한 일본의 주권은 혼슈, 홋카이도, 규슈, 시코쿠 및 연합국이 결정하는 여러 작은 섬들에 국한한다고 규정되었다. 일본은 미군이 히로시마와 나가사키에 원자폭탄을 차례로 투하하자 1945년 8월 15일 포츠담 선언을 수락하고 무조건 항복했다. 연합국과 일본은 포츠담 선언에 근거하여 종전에 합의했다.

패전국 일본은 항복 문서에 조인한 1945년 9월 2일부터 샌프란시스코 강화조약이 발효된 1952년 4월 28일까지 연합국의 통치를 받았다. 연합국 최고사령관은 전후 일본의 영토문제 처리와 관련하여 1946년 1월 29일 이른바 스캐핀SCAPIN(Supreme Command Allied Powers Instruction) 677을 내렸다. 이 지령을 통해 연합국은 일본이 국외의 모든 지역, 즉 패전 직전까지 지배했던 식민지와 점령지에 대한 통치 및 행정상의 권력 행사를 정지해야 한다고 명령했다. 지령의 제3항은 일본의 영토를 홋카이도, 혼슈, 규슈 및 시코쿠와 북위 30도 이상의 류큐제도와 쓰시마를 포함한 약 1,000여 개의 인접하는 여러 작은 섬들로 구성된다고 정의했다. 여기에 인접하는 여러 섬

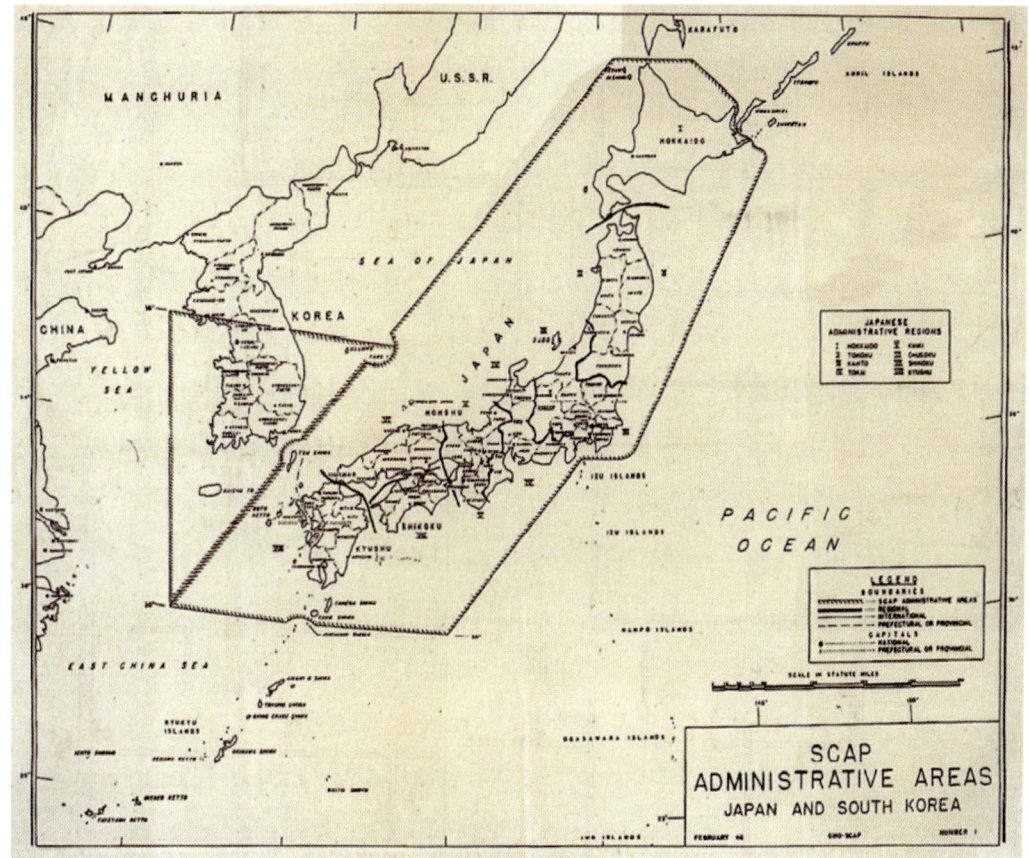

SCAPIN 677 관련 일본 및 남한의 행정관할지역도(1946)의 독도

들에 포함되지 않는 지역으로 울릉도와 독도, 제주도가 명기되었다. 스캐핀SCAPIN과 관련된 일본 및 남한의 행정관할지역도(1946)에는 독도가 TAKE라는 일본 명칭으로 명기되었고, 경계선을 표시하여 독도가 한국의 소속임을 명확히 드러냈다.

게다가 연합국은 1946년 6월 22일 스캐핀 1033에 일본의 어업 및 포경업 허가 구역을 내렸다. 지령의 제3항에는 일본의 선박 및 그 승무원은 차후 북위 37° 15 ′, 동경 131° 53 ′에 위치한 독도에 대하여 12해리 이내로 진입하지 못하며, 또한 이 섬과

여하한 접촉도 하지 못한다고 규정했다. 맥아더 라인MacArthur Line으로 불리는 이 해양선은 잠정적 조치로서 독도에 대한 일본의 어업 활동을 차단하는 의미를 갖는다.

논쟁의 씨앗을 남긴 샌프란시스코 강화조약

제2차 세계대전의 당사국은 전쟁의 종결과 평화를 회복하기 위해 강화조약 체결이라는 원칙이 남아 있었다. 샌프란시스코 강화조약의 초안은 연합국을 실질적으로 이끈 미국과 영국에 의해 만들어지기 시작했으며, 1951년 8월 최종 초안이 완성되기까지 여러 차례 수정 및 보완을 거쳤다. 이 과정에서 샌프란시스코 강화조약의 초안은 일본에 대해 엄격하고 징벌적인 내용에서 관대하고 간결한 내용으로 바뀌었다. 미국은 1949년 10월 중화인민공화국이 성립하자 동아시아의 공산화를 막기 위해 일본을 활용해야 했기 때문이다.

샌프란시스코 강화조약의 초안에서 독도의 지위도 변화가 있었다. 처음에는 독도가 일본의 영역에서 분리되어 한국령으로 인식되었지만, 최종 조약문에는 아무런 언급이 없었다. 연합국은 독도의 귀속 문제를 둘러싸고 1947년 3월 19일자 강화조약 초안부터 1949년 11월 2일까지 독도를 한국의 영토로 명기했다. 그러나 1949년 12월 8일자 초안부터는 일본의 영토로 명기되었으며, 1950년 8월 7일 초안부터는 독도가 조약문에서 삭제되었다.

초안의 독도가 한국령에서 일본령으로 바뀌는 과정에는 친일파 윌리엄 시볼드William. J. Sebald라는 미국인이 있었다. 그의 부인은 일본계 영국인이며, 일본의 유력 인사들과 친분도 두터웠다. 시볼드는 법학을 전공하고 변호사를 역임했으며, 마지막 직업은 전문 외교관으로 활동했다. 그는 1945년 12월부터 1952년 4월까지 도쿄에 근무하면서 한·

윌리엄 시볼드(1901~1980)

미·일 국제정치에 영향력을 발휘했다. 일본 외무성이 1947년에 제작한 영문판 홍보 책자 『일본 본토에 인접한 소도서(Minor Islands Adjacent to Japan Proper)』에는 울릉도와 독도가 자국의 영토라는 주장이 담겨 있다. 일본 외무성은 이것을 그에게 전달하고, 잦은 만남을 가져 독도가 일본의 영토라는 인식을 갖도록 했다.

마침내 시볼드는 1949년 11월 미 국무부가 만든 초안에 독도가 일본의 영역에서 제외되자 독도는 일본의 영토라고 주장하면서 이 섬의 소속에 대해서 재고할 것을 건의했다. 그 결과 1949년 12월 초안부터 독도는 일본의 영역에 포함되었다. 1950년 5월에는 존 포스터 덜레스Joha Foster Dulles가 샌프란시스코 강화조약 담당 미국 대통령 특사로 임명되어 초안이 크게 바뀌었다. 샌프란시스코 강화조약은 일본과의 화해에 바탕을 두고 1950년 8월에 미국 측 초안이 만들어졌는데, 일본의 영토에 대한 구체적 내용이 사라졌다.

1951년 3월에 작성된 미국 측 최종 초안은 한국에도 전달되었다. 한국은 초안을 검토하여 한국에게 강화조약 서명국 자격 부여, 재한 일본인 재산 몰수 인정, 맥아더 라인 존속, 대마도 반환 요구 등의 내용을 담은 답신을 1951년 4월 미국 국무부에 전달했다. 한국의 요구에 대해 1951년 7월 양유찬 주미대사는 덜레스 특사로부터 어렵다는 내용을 통보받았다. 7월에 다시 양유찬 주미대사는 덜레스 특사를 만나 한국의 요구 사항을 전달했다. 여기에는 초안의 문장과 관련하여 일본은 한국 및 제주도, 거문도, 울릉도, 독도와 파랑도를 포함하는 섬들에 대한 권리, 권원, 청구권을 포기해야 한다는 내용이다. 미국 국무부는 이 내용을 검토하기 위해 지리담당관으로 근무했던 새뮤얼 보그스Samuel W. Boggs가 7월 31일 여러 자료를 조사했지만, 독도와 파랑도라는 섬을 확인할 수 없었다.

미국 국무부는 1951년 8월 초 강화조약 최종안을 작성하기 위해 마지막으로 독도에 대한 확인 작업에 착수했다. 국무부는 주미 한국대사관에 이 문제를 문의했으며, 한국 외교관은 독도가 울릉도 인근 혹은 다케시마 부근에 있다고 믿으며 파랑도 역시 그렇게 생각한다는 보고서를 작성했다. 이 외교관은 분명히 독도에 무지했고, 그의 옳지 않은 보고서 내용은 심각한 부작용을 초래했다. 1951년 8월 10일 미 국무부의 극동담당 차관보 데이비드 딘 러스크David Dean Rusk는 양유찬 주미대사에게 공문을 보냈다. 이 공문은 러스크 서한으로 불리며, 독도에 대해 다음과 같은 내용을 적었다.

> 독도, 다른 이름으로 다케시마 혹은 리앙쿠르암으로 불리는 이 섬과 관련해서 우리의 정보에 따르면, 통상 사람이 거주하지 않는 이 바위덩어리는 한국의 일부로 취급된 적이 없으며, 1905년 이래 일본 시마네현 오키도사 관할 하에 있었다. 한국은 이전에 이 섬에 대한 권리를 주장한 적이 없는 것으로 보인다.

미국 국무부는 러스크 서한에서 독도를 한국이 아닌 일본의 소속으로 보았다. 그 이유는 공문에서 언급했듯이 '우리의 정보에 따르면'이라는 부분이다. 이러한 사태를 초래한 것은 주미 한국대사관이 독도에 대한 올바른 정보를 미국에 제공하지 못했고, 일본 외무성은 자국에 유리하도록 제작한 영문판 홍보 자료를 제공했기 때문이다.

1951년 8월 13일에 완성된 최종 샌프란시스코 강화조약 제2조에 일본은 한국의 독립을 승인하고 제주도, 거문도 및 울릉도를 포함한 한국에 대한 모든 권리, 권원, 그리고 청구권을 포기한다고 규정되었다. 최종 조약문에 독도의 소속에 대한 내용이 생략되었다. 일본은 러스크 서한을 샌프란시스코 강화조약에서 독도가 일본 영토로 판단된 결정적 자료로 간주하며, 제2조에 독도가 제외된 점을 들어 독도는 일본의 영토라고 주장한다. 이후 한일 양국의 독도 논쟁은 고조되었고, 일본은 러스크 서한에 목소리를 높였다. 한일 간에 독도를 둘러싼 논쟁이 심화되자 미국은 러스크 서한을 작성했지만, 샌프란시스코 강화조약의 결정과는 무관하다. 그리고 미국은 현재까지 독도 논쟁에 개입하지 않겠다는 중립적 입장을 취하고 있다.

이승만 대통령의 평화선 선언

샌프란시스코 강화조약에서 독도의 소속에 대한 내용이 제외되는 비극이 발생한 것은 한국전쟁으로 인한 혼란, 외교력의 부재가 초래한 결과였다. 그리하여 이승만 대통령은 1952년 1월 18일 '인접 해양에 대한 주권에 관한 선언'을 국무원 고시 제14호로 선포했다. 이 선언을 한국에서는 일명 평화선이라 부르며, 일본에서는 이승만 라인이라 부른다.

한국에서 평화선으로 불리게 된 경위는 1953년 1월 28일 영국 정부에게 보내는 서간에 의한다. 한국 정부는 영국 정부에게 해양주권선언의 필요성이 어업 보호, 한일 간의 분쟁 방지라는 평화적인 목적 등을 위하여 불가피한 것이라고 설명한 것에 유래하며, 1953년 9월 11일 한국 정부 관계자는 공식적으로 해양주권선언을 평화선으로

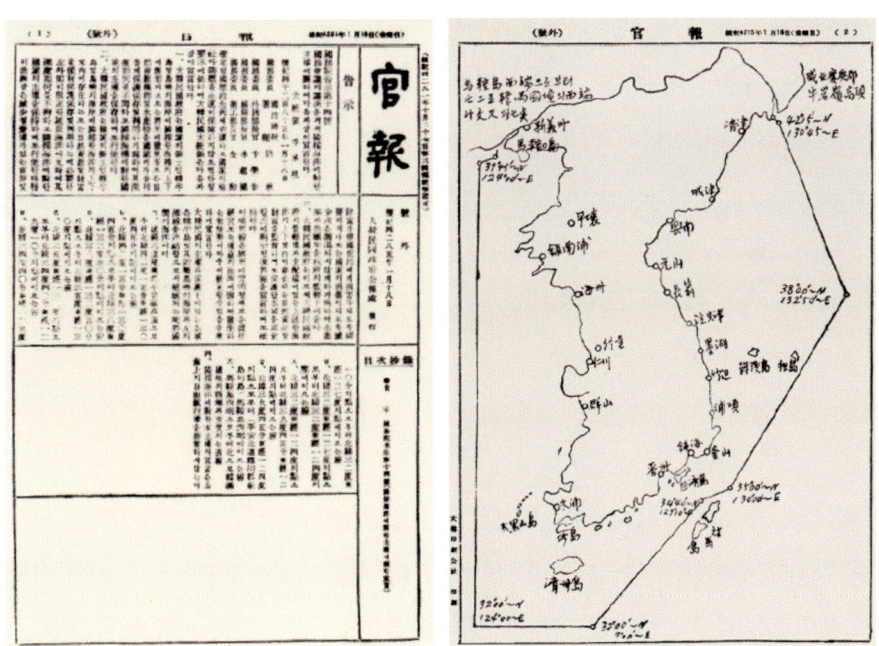

관보(1952.01)의 인접 해양에 대한 주권 선언과 관련 지도

제8장 현대 초기의 독도 이슈와 대응

부르기 시작했다.

한국 정부가 평화선을 선언한 계기는 1952년 4월 28일 샌프란시스코 강화조약의 발효로 종래 해양 경계선 역할을 했던 맥아더 라인이 폐지될 것이라고 보았기 때문이다. 그렇게 된다면 한국은 발달된 어로 기술과 어선, 어구를 앞세운 일본 어선이 우리의 바다로 몰려올 것으로 예상하여 한국은 어업 보호의 차원에서 이러한 조치를 취했던 것이다. 평화선 선언의 일차적 목적은 한국이 한반도를 비롯한 독도 근해의 어족자원을 보호하는 것이지만, 그 외에도 대륙붕, 광물자원 등 해양 자원을 보호하고 영해에 대한 주권을 행사한다는 의도가 담겨있다. 평화선 선언 이후 한국 정부는 평화선을 침범하는 일본 어선을 나포했으며, 이에 일본은 국제법상 불법조치라고 비판했다. 이러한 비판에도 불구하고, 한국 정부는 독도가 포함된 평화선 수역이 대한민국 관할임을 국내외적으로 명확히 선언했다.

특히 일본은 독도가 평화선 내에 있다고 즉각 항의했다. 그렇지만 연합국은 한국의 조치에 대해 어떠한 반응도 없었으며, 이는 독도가 한국의 영토임을 묵인한 것이다. 1952년 1월 이승만 대통령의 평화선 선언을 계기로 한일 간에 독도를 둘러싼 정치적 갈등과 논쟁은 더욱 심화되었다.

3. 일본의 독도 침입과 한국의 대응

독도에서 한국과 일본의 물리적 충돌

연합국은 한국이 독립한 이후 잠정적 조치로서 1946년 1월 SCAPIN 677로 독도에 대한 일본의 행정권을 분리했으며, 1946년 6월에는 SCAPIN 1033으로 일본 선박이 독도 해역 12해리에 들어가는 것을 금지했다. 그럼에도 해방 이후 일본인의 독도 침입은 계속되었다. 1947년 4월에는 일본인의 독도 침입 관련 사실이 언론에 보도되었고,

동도의 독도 표석(2015)

1947년 6월에는 경상북도가 이러한 사실을 중앙에 보고하고, 언론에 보도되어 한국인들은 독도를 주목하게 되었다.

1949년 9월에는 일본인이 비료를 만들어 판매하기 위해 독도에 퇴적된 괭이갈매기 조분을 채취해 갔다. 1951년 5월에는 일본인이 독도 해역에 침입하여 어로 활동을 하던 한국인에게 독도는 일본의 영토라고 주장하면서 빨리 이곳에서 나갈 것을 지시했다. 1951년 11월에는 아사히 신문의 기자와 사진사 등 6명이 돗토리현 사카이고등학교 실습선을 타고 독도에 들어와 섬의 상황을 보도했다. 그들은 샌프란시스코 강화조약이 조인된 이후 독도가 일본의 영토가 될 것으로 기대하고 취재에 나섰지만, 이후 불법 도항으로 일본 정부로부터 취조를 받았다.

1953년 3월에는 미군에 의해 독도폭격연습장 지정이 해제되자 일본 국내법상 독도 도항이 가능해져 일본 정부의 독도 침입은 본격화되었다. 5월 28일에는 어장 조사를 위해 시마네현의 수산시험 선박이 독도에 상륙하여 한국인의 어로 활동을 확인하고 돌아갔다. 6월 25일에도 한국인의 어로 활동을 둘러보고, 독도에 상륙했다. 6월 27일에는 일본 정부가 세 번째 독도 침입을 단행하여 1947년 8월 조선산악회가 설치한 영토 표목을 제거하고, 그들이 준비한 표목 2개와 경고판 2개를 동도에 설치했다. 표목에는 일본 시마네현 오치군 고카무라 다케시마 日本島根縣隱地郡五個村竹島 라고 표기되었고, 경고판에는 일본 정부의 허가 없이 영해 내에 들어가는 것을 금지한다는 내용이 적혔다. 이들 표목과 경고판은 7월 1일 경상북도 경찰국이 제거했다.

이후에도 일본은 독도에 상륙하여 8월 7일, 10월 6일, 10월 23일에 표목을 설치했지만, 그때마다 한국의 울릉경찰서, 한국산악회 등이 이들을 모두 철거했다. 한국도 1947년 8월에 한국령 표목을, 1953년 10월에 한국령 표석을 설치했지만, 일본에 의해 제거되었다. 현재 독도 동도에는 한국산악회가 2015년 7월에 설치한 독도 표석이 설치되어 있으며, 여기에는 독도 명칭이 한글, 한자, 영어로 새겨져 있다.

국가의 경계는 자연적 지물을 채택하거나 인공물을 의도적으로 설치함으로써 설정된다. 이 시기에 한국과 일본은 자신들의 영역이라고 명기한 독도 표목과 표석 등을 설치하고, 상대편이 설치한 독도 표목과 경고판 등을 제거하는 일이 반복되었다. 양국은 국가의 변경에 인공물 설치를 통해 자신들의 경계를 상대에게 명확히 알리고 침범을 방지하고자 했던 것이다.

그렇지만 한국과 일본이 각각 독도에 설치한 인공물 경계는 분리 기능을 발휘하지 못하고 물리적 충돌로 이어졌다. 1953년 7월 12일에는 일본 해상보안청의 순시선 헤쿠라호가 독도 해역을 침범했다. 이 사실을 목격한 울릉군 경찰관들이 헤쿠라호에 총격을 가하자 그들 선박은 독도 해역에서 사라졌다. 8월 23일에는 기관총을 장착한 순시선 오키호를 향해, 11월 21일에는 다시 침범한 헤쿠라호에 총격을 가해 물리쳤다.

한편 혼란스러운 시기에 일본인이 독도를 침범함에 따라 현장에서 어로 활동을 하던 한국인 어민들과 영역 문제로 갈등이 발생했다. 울릉도 주민들은 삶의 터전을 지키기 위해 홍순칠 대장을 중심으로 독도의용수비대를 조직하여 일본에 맞섰다. 민간의 독도의용수비대는 울릉경찰서의 지원으로 1954년 8월과 11월에 독도로 접근하는 일본 해상보안청 순시선에 총격을 가해 그들의 독도 상륙을 저지했다. 독도의용수비대의 일부 인원은 12월에 경찰로 특채되어 독도 경비를 담당했다.

이처럼 한국의 강경한 대응에 일본은 무력을 행사할 수 없었다. 왜냐하면 전후 연합국 총사령부(GHQ)의 통치 하에 만들어진 일본국 헌법에는 무력을 행사할 수 없도록 군대 보유, 전쟁 등이 금지되었기 때문이다. 따라서 일본 정부는 외교적 전략으로 독도 영유권 문제를 해결하기 위해 한국 정부에 국제사법재판소 회부를 제의했지만, 한국은 일본의 제안을 거부했다.

한국의 독도 수호 정책

일본은 1953년부터 본격적으로 독도 해역을 침범하기 시작하여 독도 상륙, 점거 시도, 한국령 표목 및 표석 제거, 일본령 표목 및 경고판 설치, 한국 어민의 퇴거 위협 등의 도발을 일으켰다. 마침내 한국과 일본은 1953년부터 1954년까지 독도 해역에서 섬의 수호와 침탈을 둘러싸고 물리적인 대립과 충돌이 격화되었다. 한국 정부는 1954년까지 일본의 침입에 강경하게 대응하여 일본 어민, 일본 순시선 등의 독도 해역 침입을 저지시켰다.

한국 정부는 독도 영토 주권 행사의 일환으로 독도경비대 상주, 경비초사 설립, 독도등대 및 무선통신시설 설치, 대한민국 경상북도 울릉군 독도라는 영토 표지 설치, 독도를 그려 넣은 3종(2환, 5환, 10환)의 독도 우표 발행 등 적극적인 조치를 취했다. 일본은 한국에서 일본으로 들어오는 우편물에 독도 우표를 붙인 것은 한국으로 반환할 것이라고 반발했지만, 만국우편협약에 위배되기 때문에 더 이상 항의할 수 없었다. 이처럼 한국은 일본을 의식하지 않고 1954년에 독도 수호를 위한 하드웨어와 소프트웨어를 갖추어 독도 영유권의 공고화에 힘썼다.

독도우표(1954)

4. 독도 수호를 위한 지리교육

독도교육의 선구자 노도양

해방 이후 한국의 초·중등학교 사회과 지리교육에서 주목할 사항은 영유권 차원에서 독도교육이 본격적으로 실시된 것이다. 교과용 도서에 최초로 독도가 등장하고, 『중학교 사회생활과 교수요목집』에 최초로 독도가 명기되었다. 동해상의 작은 섬 독도의 중요성을 일찍부터 인식해서 학교교육을 통해 독도를 수호하고자 했던 노도양은 독도교육의 선구자였다.

노도양(1909~2004)

그는 해방 이전에 고마자와駒沢대학 고등사범부 지리역사과를 졸업하고 일본과 한국에서 초·중등학교 교사로 재직했다. 해방 이후에는 문교부 지리편수관을 거쳐 단국대와 명지대 교수 등을 역임했다. 지리편수관 시절부터 중등학교의 『우리나라지리』, 『이웃나라지리』, 『먼나라지리』, 『자연환경과 인류생활』, 『중등국토지리부도』 등의 지리교과서를 집필하여 지리교육에 공헌했다.

독도교육과 관련하여 노도양의 첫 번째 업적은 근·현대 한국의 초·중등학교 교과용 도서에서 최초로 독도라는 명칭을 사용했다는 것이다. 그가 집필한 1947년의 『사회생활과용 중등국토지리부도』에는 축척 1:250만의 울능도부근이라는 지도가 수록되어 있다. 여기에는 경상북도 소속의 울릉도와 그 동남쪽 바다에 동도와 서도 두 섬의 형상과 함께 독도獨島가 국한문으로 표기되었다. 독도를 지리교과서보다 지리부도에서 먼저 다뤘으며, 1949년에 간행된 『우리나라지리』 교과서에는 이 섬의 영유에 관하여 일본과 문제가 있지만, 당연히 우리나라 영토라고 기술되었다. 그가 집필한 지리부도와 지리교과서의 이러한 표현은 이후 다른 집필자들에게도 영향을 주어 교과용 도서에서 독도 수호를 위한 내용이 더욱 다양해지고 풍부해졌다.

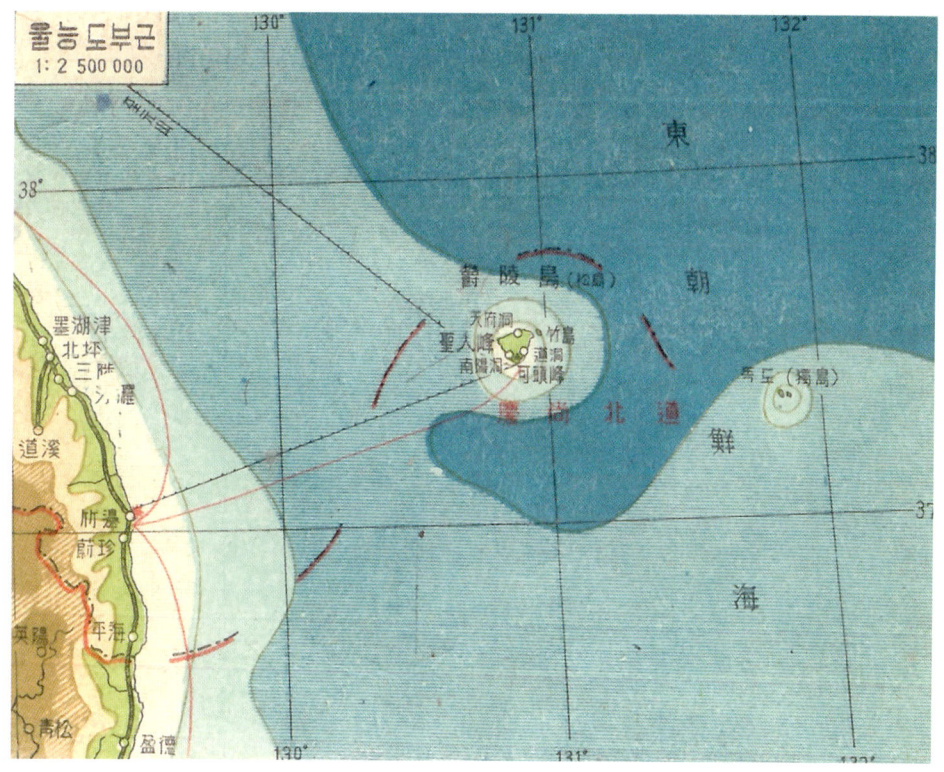

『사회생활과용 중등국토지리부도』 울릉도부근(1947)의 독도

그의 두 번째 업적은 문교부 지리편수관으로 재직하면서 1948년에 고시된 문교부의 『중학교 사회생활과 교수요목집』의 지리 영역에 독도를 최초로 명기하여 독도교육의 중요성을 강조했다는 것이다. 문교부의 『중학교 사회생활과 교수요목집』에 독도는 제3학년 우리나라 생활의 영남지방 부분에 "동해는 어떠한 바다이며, 울릉도와 독도는 어떠한 중요성을 가졌는가", "울릉도와 독도는 어떠한 섬들인가?"라고 기술되었다. 울릉도와 독도를 대한민국의 극동, 경상북도 소속으로 파악하고, 이 섬의 관계적 위치, 경제적 중요성 등을 인식하도록 기술한 것이다.

당시 교수요목집은 현재의 교육과정에 해당되며, 그것은 초·중등학교 교육의 목적,

36

7. 이 지방의 지하 자원은 어떠하며 산림은 어떠하고 그것은 어떻게 이용되고 있는가?
8. 이 지방의 농업은 어떠하며, 식량문제는 어떠한가?
9. 이 지방의 수리조합은 어떠한 일을 하고 있으며, 황무지와 밭은 어떻게 이용되고 있는가?
10. 이 지방의 교통은 어떻게 발달하였으며, 다른 지방과는 어떻게 연락하고 있는가?
11. 이 지방의 중요한 항구는 어떠한 것이 있으며 경주(慶州) 안동(安東) 김천(金泉) 상주(尙州) 울산(蔚山) 밀양(密陽) 대구(大邱)들은 어떠한 도시인가?
12. 이 지방 근해에는 어떠한 해류가 흐르며 어업은 어떻게 발달하였는가?
13. 이 지방의 목축업은 어떠하며, 양잠업은 얼마나 발달 되었는가?
14. 이 지방의 육지면의 재배는 어떠한가? 또 과실의 산출은 어떠한가?
15. 이 지방의 왕골의 재배는 어떠하며, 그 제품은 어떻게 이용되고 있는가?
16. 동해는 어떠한 바다이며, 울릉도와 독도는 어떠한 중요성을 가졌는가?
17. 이 지방 산림은 어떻게 보호할 것이며, 또 어떻게 벌채하여야 하겠는가?
18. 이 지방은 어째서 제염업(製鹽業)이 발달되지 못하며, 김은 어떻게 유명한가?
19. 이 지방에서는 어째서 보리가 많이 생산되며, 일반 식량에는 어떠한 도움이 되는가?
20. 안동(安東)의 마포(麻布)와 소주는 어떻게 유명한가?
21. 이 지방의 산악 지대의 약초와 풍기(豊基) 인삼은 어떻게 유명하며, 대구 약령시(藥令市)와는 어떠한 관계가 있는가?
22. 영덕(盈德)의 백지와 영일(迎日)의 우무는 어떻게 유명하며, 앞으로 어떻게 발전 시킬 것인가?
23. 영남 지방의 음식물이 북부 지방보다 일반으로 싼 것은 무슨 까닭이며, 여러의 재료도 다른 것은 무슨 까닭인가?
24. 이 지방에는 어째서 초가 집이 많이며 집의 구조가 북부 지방

『중학교 사회생활과 교수요목집』(1948)의 독도

내용, 방법과 평가 등의 지침서이다. 특히 법률적 문서로서 성격을 갖기 때문에 저자와 출판사는 반드시 교육과정에 근거해서 교과용 도서를 집필 및 간행해야 한다. 일본 문부과학성이 2008년 『중학교 학습지도요령해설 사회편』의 지리적 분야에 독도(일본명 竹島)를 처음 명기한 것에 비하면, 당시 문교부의 지리편수관 노도양은 일찍이 대한민국의 영토에서 작은 섬 독도의 중요성을 파악하고, 나아가 독도 수호의 일환으로 중학교 사회생활과 교육과정에 독도를 명기했던 것이다. 그는 분명히 일본의 침략 근성을 파악하고 있었으며, 영토 수호를 위한 독도교육에 선견지명이 있었다.

국민학교 사회교과서의 독도

국민학교 교과용 도서 가운데 독도가 최초로 등장하는 것은 사서출판사가 1949년에 간행한 『우리나라의 지리·역사부도』이다. 이 책은 문교부의 인정 도서로서 독도는 대한민국 전도가 아닌, 중부지방 지도에 울릉도와 함께 경상북도 소속으로 제시되어 대한민국 영토임을 명확히 했다. 국정 교과서는 1950년 문교부가 편찬한 『다른 나라의 생활 지도와 그림 1』이다. 이 부도의 일본 부분에는 독도와 오키 사이에 국경선을 표시하여 독도를 대한민국의 영토로 인식하도록 했다.

지리부도 이외에 교과서에서 독도 기술은 문화교육연구회가 1953년과 1954년에 각각 간행한 『애국생활 1·2학년』, 『애국생활 5·6학년』의 내용이 주목할 만하다. 이 책은 한국전쟁 이후 애국심 양성을 위한 교재로 문교부 추천의 인정 도서이다. 1·2학년 교과서의 주요 내용은 애국심 함양을 지향한 태극기, 국민, 위인들, 왜구, 북한 공산군, 국군 등이다. 모든 페이지에는 저학년 아동의 수준을 고려하여 큰 삽화가 시원스럽게 실려 있다.

이 책의 앞부분에는 일본의 평화선 침범에 대한 경고를 수록하여 우리의 영토 및 영해의 중요성을 강조했다. 삽화는 일본의 어부들이 평화선을 넘어 독도 해역까지 침범하여 고기잡이를 하고, 이에 이승만 대통령은 경고의 화살을 쏘고, 옆에 국민들은

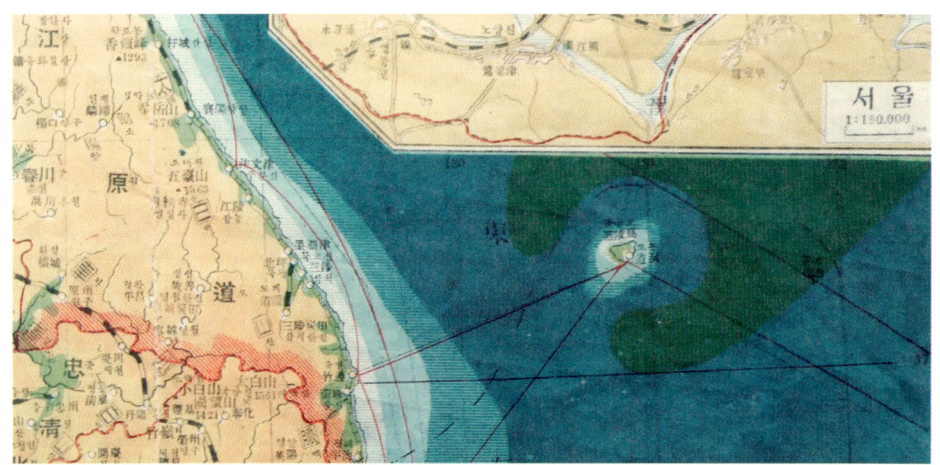

『우리나라의 지리·역사부도』 중부지방(1949)의 독도

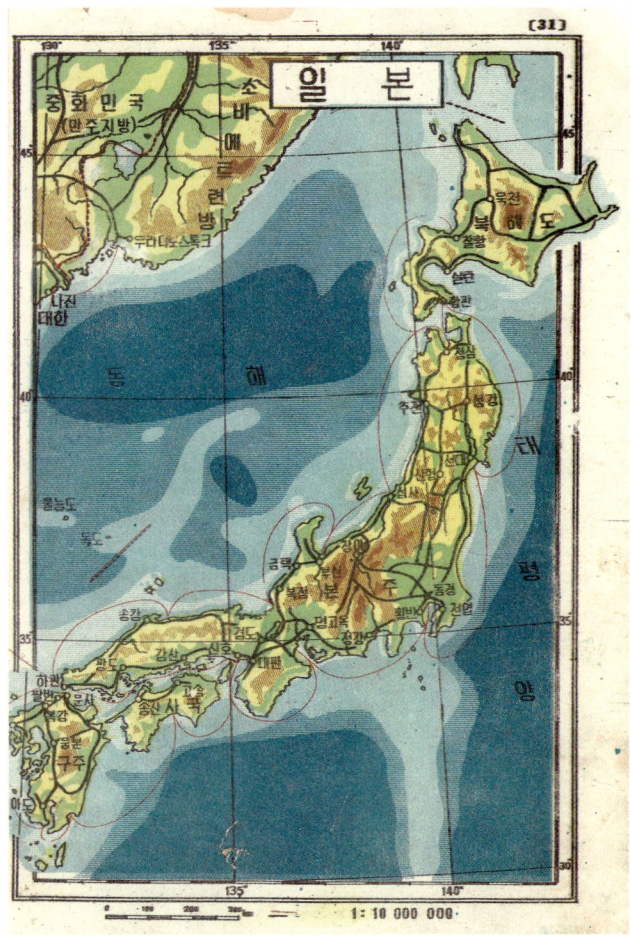

『다른 나라의 생활 지도와 그림 1』 일본(1950)의 독도

『애국생활 1·2학년』(1953)의 평화선 침범에 대한 경고

몽둥이를 들고 있는 모습이다. 교재에는 "일본이 다시 넘실거려도 우리는 온 국민이 한데 뭉쳐서 대한민국 굳세게 지켜 갑니다"라는 글귀를 수록하여 일치단결로 독도를 수호하는 마음을 형성하도록 했다. 독도를 지키려는 한 장의 그림과 짧은 구호는 당시 어린 국민학교 1학년 아동들에게 강한 인상을 심어 준 것은 틀림없다.

국민학교 고학년이 사용하는 『애국생활 5·6학년』의 마지막 단원은 한국과 일본 부분에서 독도를 다뤘다. 아버지와 아들의 대화체 형식으로 아동이 독도를 이해하고, 독도를 수호하고자 하는 태도를 형성하도록 했다. 주요 내용은 첫째, 평화선 침입에서는 바다에 임자가 있는가를 시작으로 영해와 공해의 개념, 평화선 공포, 일본의 평화선 침범과 어업 활동, 한국 정부의 경고, 일본의 행위에 괘씸하고 분이 난 영수, 한국의 대응, 평화선 침범의 이유로서 한국을 무시하고 한국을 먹어보려는 야심, 일본의 침략

버릇, 역대 일본의 침략 사건 등을 언급하면서 애국의 마음을 갖도록 했다. 둘째, 나쁜 버릇을 못 고친 일본에서는 일본이 남을 해쳤던 일을 잊고, 건방지게 한국을 얕보면서 독도를 자기네 영토라고 떼를 쓰는 것에 대해 스스로 일본을 경계하고, 일본을 막아야 한다고 다짐하는 내용이다.

한편 문교부는 1955년에 간행한 『사회생활(고장생활) 3~2』의 남쪽 지방의 생활 단원에서 6페이지에 걸쳐 이야기 형식의 대화체, 지도, 그림을 통해 독도를 이해하도록 했다. 남쪽 지방의 지도를 중심으로 각 도의 위치와 명칭을 이해하고, 나아가 울릉도와 독도의 위치 및 소속 등을 파악하도록 했다. 아울러 일본의 독도영유권에 대한 억지 주장과 독도 침입, 그리고 대응의 일환으로 한국에서 등대 설치 및 관리, 무인도,

『사회생활(고장생활) 3~2』 남쪽 지방(1955)의 독도

위치의 중요성, 독도우표 발행 등을 기술하여 아동들에게 독도의 인식 및 수호 의지를 형성하도록 했다.

중등학교 지리교과서의 독도

해방 이후 독도교육은 초등 단계보다는 중등학교에서 먼저 본격적으로 실시되었다. 앞에서 언급했듯이 1947년 노도양의 교과용 도서에 독도獨島가 처음 등장하며, 1948년 문교부가 고시한 『중학교 사회생활과 교수요목집』에 독도가 최초로 명기되었다. 일본의 독도 침입이 잦아지고, 독도를 둘러싼 국제정치가 긴박하게 전개되었다. 그 결과

독도 수호를 위해 중학교 국토지리 교과서에는 관련 내용이 점차 증가하고 문장 표현도 과격해졌다.

1940년대 후반에는 우리나라의 위치와 영남지방 단원에서 독도를 간단하게 이해하는 수준이었다. 우리나라의 위치 단원에서는 대한민국의 극동으로 수리적 위치에 해당하는 동경 131° 57′와 함께 독도라는 명칭이 기술되었다. 특히 전후 최초로 중등학교 『조선지리』를 공동으로 집필했던 이부성은 1950년 단독으로 『우리나라지리』를 완성했다. 이 교과서의 우리나라 위치 단원에 수록된 대한민국의 위치 지도는 주목할 만하다. 그는 교과서에 수록한 지도에 최초로 독도와 일본 사이에 국경선을 표시하여 독도를 대한민국 영토로 인식하도록 했다. 저자는 비교적 넓은 지역을 간략하게 제시한 대한민국 중심의 소축척 지도에서 동해상의 작은 섬 독도를 점으로 나타내고, 국경선까지 표시하여 학생들이 독도를 대한민국의 영토로 인식하도록 심혈을 기울였다.

영남지방 단원에서는 독도를 경상북도 및 울릉도의 부속도서로 다뤘다. 독도는 해식지형으로 형성된 무인도로 오징어, 미역, 물개의 특산지이며, 섬의 영유권과 관련하여 일본과 문제가 있지만 당연히 우리의 땅임을 강조했다. 특히 독도와 관련하여 배타성이 강한 영토 및 영해라는 용어를 자주 사용한 것은 흥미롭다. 그 외에 지리부도에도 독도는 울릉도의 부속도서 또는 독도와 오키 사이에 경계선을 표시하여 독도가 대한민국의 영토임을 명확히 했다.

게다가 평화선 선언 이후 1950년대의 검정 국토지리 교과서에 독도는 우리의 영토로서 더욱 구체적으로 기술되었다. 우리나라의 위치, 수산업, 영남지방 단원에서 독도는 위치(극동·동단), 영토개념, 해양주권선, 평화선 지도, 독도의 어업 및 정책, 독도의 지도, 사진, 그림 등과 함께 대한민국의 영토로 제시되었다. 내용 기술에서 일본을 왜적, 노략질, 침범, 침략, 책동, 침투, 적색분자, 불법침입, 재침, 근성, 야욕성, 강도, 책동 등과 같은 적대적 용어를 빈번하게 사용하여 학생들에게 분노감을 형성하고, 나아가 일본을 물리쳐야 할 적으로 인식하도록 했다.

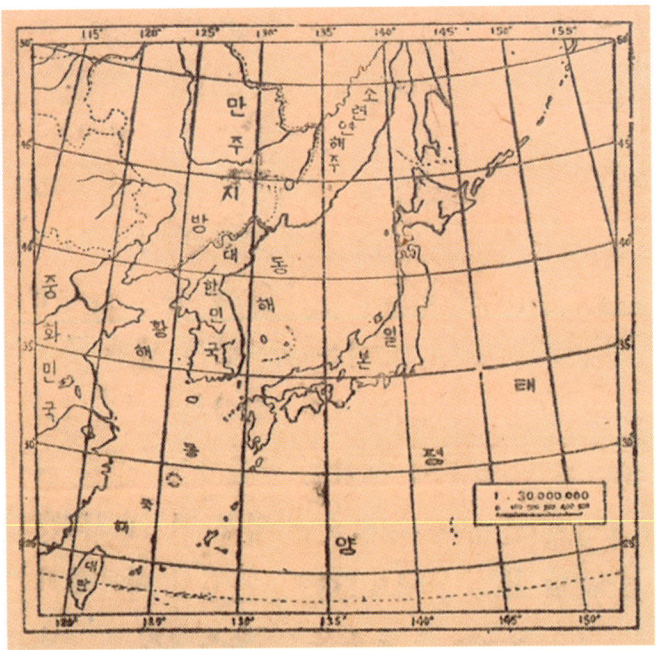
『우리나라지리』 대한민국 위치(1950)의 독도

일본이 우리의 해양과 독도에 침범할 경우에는 나포, 엄벌, 생명선, 봉쇄, 행동 제한, 미연의 방지, 멸공전 완수, 사수, 지킴이 등과 같은 단호하고 강경한 용어를 사용하여 독도를 반드시 수호하는 태도를 형성하도록 했다. 특히 1956년에 간행된 서울출판사의 중학교 『우리나라지리』 교과서 본문에는 한국 어장에서 조업하는 일본인을 가리켜 '이것들이', '노략질'을 한다는 표현까지 사용하여 일본에 대한 적대 감정을 노골적으로 드러냈다. 이러한 비이성적인 용어 및 지시어는 교과서의 문장 표현으로 부적절하지만, 당시 한국의 독도 수호에 대한 강한 의지를 엿볼 수 있다.

제2차 세계대전 이후 일본이 독도 영유권을 지속적으로 주장함에 따라 한국은 단호한 영토적 행동을 전개했다. 나아가 한국의 교과서 집필자들은 영역에 대한 동물 및 인간의 본능적 속성에 의도적, 계획적인 방어 내용을 지리교과서에 기술하여 성장하는 세대들에게 독도에 대한 인식 및 수호 의지를 적극적으로 육성하고자 했다. 근·현대 한국의 지리교육사에 있어서 1950년대 전후 독도교육은 당시로서는 독도 수호를 위한 최선의 대응이었다. 이 시기의 독도 수호를 위한 강경한 반일 교육이 현재에 이르기까지 한국인에게 지대한 영향을 미치고 있음은 부인할 수 없다.

5. 한일어업협정과 독도

국교정상화와 독도 이슈

해방 이후 한국과 일본은 1965년에 국교가 정상화되었다. 한일국교정상화를 위한 협상에서는 재일 한국인의 법적 지위, 샌프란시스코 강화조약에 따른 대일 청구권, 어업 및 평화선, 문화재 반환 등의 문제가 다뤄졌다. 1951년 예비회담을 시작으로 1965년 6월 22일 한일 기본조약에 조인하기까지 14년의 시간이 걸렸다. 주요 의제 가운데 어업 및 평화선은 독도 문제와 밀접한 관련이 있다.

1952년 1월 이승만 대통령의 평화선 선언 이후 1965년 6월까지 평화선 침범으로 나포된 일본의 어선은 총 326척, 억류된 선원은 3,094명에 달했다. 일본은 독도에 대한 미련을 버리지 못한 가운데 국내 정치에서 한국에 나포된 일본의 어부, 넓은 수역에서 어로 활동을 할 수 없다는 어민들의 불만이 국내 정치에서 지속적으로 제기되었다. 그래서 일본 정부는 어민과 야당으로부터 정치적 공격을 피하고자 해결의 실마리를 모색했다.

한일회담에서 일본의 주장으로 독도가 언급되기도 했다. 한국 정부의 공식 입장은 독도가 한일회담에서 현안 사항이 아님을 분명히 지적했다. 일본 정부가 독도를 다시 제기한다면 한국인에게 과거의 침략을 상기시켜 회담에 악영향을 초래할 수 있다는 것을 주지시켰다. 그럼에도 일본은 1962년에 독도 영유권을 집요하게 거론했으며,

이 문제를 해결하기 위해 일본은 국제사법재판소 제소에 한국이 동의할 것을 요청했지만, 한국은 결코 독도가 국제사법재판의 대상이 될 수 없다고 단호하게 거부했다.

어업협상과 독도의 지위

한일회담에서 어업 문제는 가장 중요한 이슈로 양국은 서로의 국익을 위해 첨예하게 대립했다. 어업협상의 핵심은 평화선 문제로 한국은 연안국의 관할권을, 일본은 공해 자유의 원칙을 자국의 이익으로 보았다. 한국은 평화선이 사라지면, 우수한 기술력을 갖춘 일본의 어선들이 한국의 연안까지 몰려와 어업자원을 고갈시킬 것으로 전망했다. 양국은 입장 차이로 어업협상이 쉽지 않았지만, 청구권 기본합의를 계기로 어업협상은 본격적으로 전개되었다.

초기에 한국은 평화선에서 약간 축소된 어업수역안을 제안했으며, 나중에는 연안국이 배타적 권리를 가질 수 있는 전관수역을 40해리로 한다는 유연한 입장을 보였지만, 일본은 12해리를 제시했다. 1963년 7월 일본은 자신들의 주장이 받아들여지지 않을 경우 회담을 거부하겠다는 입장을 표명하기도 했다. 한국은 평화선 문제에 대한 대책 회의를 개최했으며, 정부 부서 간에는 서로 뚜렷한 입장 차이를 보였다.

외무부는 세계적 추세에 비추어 12해리 전관수역을, 농림부는 영세 어민을 위해 40해리 전관수역을, 국방부는 어업보다는 군사적 견지에서 평화선 존속의 입장을 주장했다. 1958년 유엔해양법회의에서 12해리를 넘는 주장은 국제법상 바람직하지 않다는 국가들의 동의가 있었기에 한국이 평화선을 계속 유지하는 것은 명분을 잃었다. 결국 한국 어민들의 반발 속에 한일어업협정은 전관수역을 12해리로 설정하고, 그 밖에 공동규제수역은 선박 국적국이 선박을 단속 및 재판 관할권을 행사하는 기국주의를 적용하기로 했다. 이 협정은 양국 모두 국익의 측면에서 이루어져 5년마다 자동 갱신되고, 종료를 선언하면 선언일로부터 1년 후에 종료된다.

한일어업협정으로 일본은 평화선 폐지와 어선 단속에 관한 기국주의를 한국에게

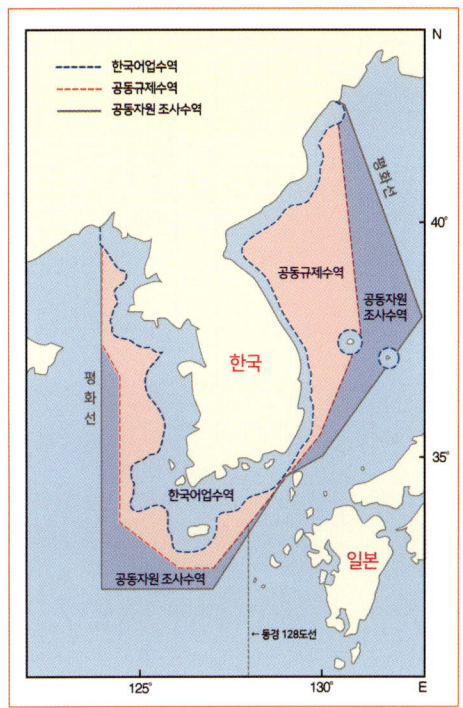

한일어업협정 수역도(1965)의 독도

보장받았으며, 한국은 일본 어선의 남획을 막기 위한 12해리 전관수역, 공동규제수역, 공동자원조사수역 설정에 대한 동의를 얻었다. 게다가 한국은 어업협력자원 9천만 달러를 지원받아 어업의 선진화를 도모했다. 일본이 관철한 기국주의는 한국의 어업이 급속하게 발전함에 따라 그들에게 불리하게 작용했다.

한일어업협정에서 주목할 사항은 동해의 전관수역이다. 평화선에서는 독도를 기점으로 영해가 설정되었지만, 한일어업협정에서는 동해안, 울릉도, 독도가 각각 별도로 설정되었다. 울릉도와 독도 사이의 바다가 배타성의 전관수역이 아닌, 공동자원조사수역으로 지정된 것이다. 이와 같이 첫 단추를 끼웠기 때문에 현재 황·남해는 직선기선, 동해와 울릉도 및 독도는 통상기선으로 자리를 잡았다.

Q&A

Q 미군의 독도폭격사건에 대한 한국의 대응은?

A
    이 사건은 해방 이후 미 공군기가 독도에서 폭격 연습을 실시하여 한국 어민이 다수 사망하고, 선박이 파손 및 침몰하여 재산상의 피해를 초래했다. 미 공군에 의한 독도 폭격은 여러 차례에 걸쳐 이루어졌는데, 가장 주목할 만한 사건은 1948년 6월 8일과 1952년 9월 15일에 발생한 것이다.

    주일 연합국 최고사령관은 1947년 9월 16일자 SCAPIN 1778로 제1차 독도폭격연습지를 지정했다. 한국의 어민들은 이러한 사실을 모르고 독도 근해에서 미역 채취와 어로 활동을 하고 있었다. 1948년 6월 8일 오키나와에 기지를 둔 미 공군이 순식간에 독도에 접근하여 선박을 향해 폭탄을 투하하고 기관총을 발사하여 많은 희생자가 발생했다. 1950년 6월 8일에는 경상북도 지사가 참석한 가운데 위령제를 지내고, 서도에 독도조난어민위령비를 건립했지만, 이것은 곧 일본에 의해 바다에 버려졌다. 2005년 8월 경상북도는 위령비를 동도 몽돌해안 위쪽에 다시 복원하여 건립하였다.

    한국의 항의로 미군은 독도폭격연습지 사용을 중단했지만, 주일 연합국최고사령관은 1951년 6월 8일자 SCAPIN 2160으로 제2차 독도폭격연습지를 지정했다. 1952년 9월 15일 미국의 공군 폭격기가 독도 상공에 나타나 폭탄을 투하하고 남쪽으로 날아갔다. 당시 독도 인근에서 해녀와 선원 등이 소라와 전복을 따고 있었지만, 인명 피해는 없었다. 마침 한국산악회의 울릉도 독도 학술조사단 일행이 독도에 상륙하여 현지 조사를 실시할 예정이었지만, 독도 조사를 포기하고 울릉도로 돌아왔다.

    한국 정부는 주한 미국 대사관에 항의했으며, 미국 대사관은 독도를 폭격연습지로 사용하지 않겠다는 취지의 답변을 주었다. 그런데 일본은 1952년 4월 샌프란시스코 강화조약이 발효되고, 미군이 계속 독도를 폭격연습지로 사용할 것을 희망했기 때문에 미일행정협정에 의해 독도가 주일 미군의 폭격연습지로 지정 및 해체되었다고 언급했다. 그러면서 일본은 이러한 조치를 통해 독도가 일본의 영토라는 것을 보여주는 것이라고 주장해 왔다. 이에 대해 한국 정부는 한국의 강한 항의로 독도가 미군의 폭격훈련구역에서 즉시 제외되었기 때문에 독도는 한국의 영토라는 입장이다.

21세기 전후의
독도 이슈와 대응

1950년대 초반 한일 간에 격렬했던 독도 영유권 논쟁은 한동안 잠잠했지만, 21세기를 전후하여 일본에 의해 독도 이슈는 다시 요동쳤다. 해양 질서의 변화에 따라 1998년에 체결된 신한일어업협정에서 독도는 주변 해역이 중간수역으로 설정되었다. 2005년 3월에는 일본 시마네현 의회가 독도 편입 100주년을 맞아 이른바 다케시마의 날을 조례로 제정함에 따라 한일 지자체 간에 자매결연과 각종 교류가 취소되는 등 정치적 갈등도 심화되었다. 2008년 7월에는 문부과학성이 『중학교 학습지도요령해설 사회편』 지리적 분야에 독도를 명기한 이후 초·중등학교 사회과 학습지도요령 및 해설, 사회과 교과서에 독도가 일본령으로 기술되어 한국의 반발은 절정에 달했다. 이에 맞서 한국은 독도교육을 강화하는 등 다양한 방법으로 대응했다.

1. 신한일어업협정과 독도

해양 질서의 변화와 독도

 1977년 3월 소련의 200해리 설정으로 일본의 어민은 타격을 받아 불만이 많았다. 이 시기에 한국의 어업도 발전하여 한국 어선이 대화퇴어장, 홋카이도 해역 등에서 조업했다. 1980년대에 들어 한일 간에 어업 마찰이 자주 발생하여 일본 정부는 한일어업협정의 개선을 희망하기도 했다. 1994년 11월에는 유엔해양법협약이 발효되어 바다는 영해, 접속수역, 배타적경제수역, 대륙붕, 공해로 세분되었다. 유엔해양법협약을

신한일어업협정 수역도(1998)

한국은 1996년 1월에, 일본은 1996년 6월에 비준했다.

　유엔해양법협약에 근거하여 한국은 1996년 8월에, 일본은 1996년 6월에 각각 200해리 배타적경제수역을 선포함으로써 양국의 배타적경제수역이 중첩되어 새로운 어업협정은 불가피했다. 한국과 일본 정부는 어업협상 과정에서 독도에 대한 입장을 좁히지 못했다. 1997년 8월 한국은 울릉도와 오키제도의 중간을 경계선으로 제시했다. 그러나 이 경우 일본은 독도가 한국의 수역에 포함되기 때문에 동의하지 않았고, 울릉도와 독도 사이를 중간선으로 주장했다.

　협상이 난항을 거듭하자 한국과 일본은 독도의 지위를 1965년 한일어업협정과 동일하게 유지하는 것에 우선적으로 합의했다. 그리하여 양국은 배타적경제수역을 주장하지 않으며, 독도는 12해리 영해를 가지며, 그 주변은 중간수역(일본명 잠정수역 또는 공동관리수역)으로 설정했다. 중첩 수역에 대한 해양 경계 획정은 성과를 거두지 못했으며, 잠정적으로 어업을 규율하는 협정이었다. 해양 환경의 변화에 부응하여 한국과 일본은 1998년 11월 28일 신한일어업협정을 체결했으며, 이 협정은 1999년 1월 22일부터 발효되었다.

중간수역의 성격

　1998년 신한일어업협정의 최대 관심은 중간수역의 탄생이다. 1965년 한일어업협정에서 독도는 주변이 공해였지만, 1998년 신한일어업협정에서 독도는 12해리 영해를 가지며, 주변이 중간수역으로 설정되었다. 중간수역은 양국이 공동으로 해양생물자원을 관리하며, 기국주의가 적용되어 어민들은 자국의 국내법에 따라 조업을 규제받는다.

　독도 주변이 배타적경제수역이 아닌, 중간수역으로 설정됨에 따라 신한일어업협정이 독도 영유권을 훼손했다는 논란과 함께 실패한 협상이라는 여론의 목소리가 높았다. 비판의 주요 내용은 한국이 배타적경제수역의 기점을 독도로 설정하지 않은 것은 방대한 수역을 포기하여 국익을 훼손했다. 게다가 독도 주변의 중간수역은 공동관리가 가능함에 따라 배타적 개념을 볼 수 없다. 그리고 어업권은 주권적 영유권에서 연유하므로 본질적으로 분리될 수 없다는 주장이다.

이에 대해 다음과 같은 반론이 존재한다. 신한일어업협정은 독도 영유권과 무관하여 12해리 독도 영해에도 영향이 없다. 협정에서 어업권을 규율하고, 영유권을 규율하지 않은 경우에는 국제적 판례에 비추어 독도 영유권과 관련이 없다. 그리고 중간수역에서 수산자원의 공동관리는 이전의 공해가 바뀐 것으로 독도 영유권에 영향을 미치지 않으며, 이 수역은 양국의 합의로 배타적경제수역이 확정되면 사라진다고 보았다.

신한일어업협정은 일본에서는 환영받았지만, 한국에서는 국민 정서에 비추어 만족스럽지 못했다. 1965년 한일어업협정에 이어 1998년 신한일어업협정에서도 한국은 일본의 지원이 절실했기 때문이다. 한국은 1997년 말에 IMF 외환위기를 맞아 일본의 경제적 협력이 필요했다. 이러한 위기를 이용하여 일본은 1998년 1월 22일에 종래의 한일어업협정을 파기했으며, 한국은 일본의 공세에 밀려 독도 영유권의 지위 향상은 기대하기 어렵게 되었다.

2. 일본의 독도 기념일 제정과 파문

시마네현의 다케시마의 날

한국의 경상북도와 일본의 시마네현은 독도와 가장 가까운 지자체이다. 이들 지역은 동해 바다를 사이에 두고 있지만, 지리적 근접성으로 오랜 옛날부터 교류가 있었다. 1980년대에 일본이 국제화 시대를 선언함에 따라 시마네현은 1989년 6월 경상북도에 자매결연을 제안하여 같은 해 10월 자매결연을 체결한 이래 우호 관계를 유지해 왔다. 지방 정부와 민간 차원에서 문화, 교육, 학술, 경제 등 여러 분야에 걸쳐 국제적 협력과 교류가 활발하게 이루어졌다.

그러나 2005년 3월 16일 일본 시마네현 의회가 다케시마竹島의 날을 조례로 가결함에 따라 한국 정부와 자매 지자체 경상북도와의 관계가 급속하게 악화되었다. 일본에서 다케시마의 날 제정은 1987년 8월 이시바시 가즈야石橋一彌 자민당 의원이 최초로 주장했지만, 당시 별다른 주목을 받지 못했다. 이후 시마네현 의원연맹이 2004년 3월 다케시마의 날 조례 제정 촉구 의견서를 시마네현 의회에 제출하는 등 일본의 독도편입 100주년이 되는 2005년에 다케시마의 날을 제정하기 위한 작업이 전개되었다.

일본의 교도통신은 2005년 1월 13일 시마네현 의회의 의원연맹이 2월 정례회의에서 다케시마의 날 제정을 제안할 예정이라는 기사를 보도했다. 이에 한국의 민간단체 독도수호대는 1월 19일 성명서를 발표했다. 경상북도 이의근 지사는 2월 4일 시마네현에 항의 서한문을 보냈으며, 2월 23일에는 시마네현이 다케시마의 날 제정을 철회하지 않는다면 교류를 전면 중단한다는 성명서를 발표했다. 아울러 시마네현에 파견된 도청 공무원의 즉각 소환과 함께 경상북도 도청에 근무하고 있는 시마네현 공무원에 대해 출근을 정지시키는 등 단호한 조치를 취했다. 한국의 강한 반대에도 불구하고 시마네현 의회는 3월 15일 다케시마의 날 제정 조례안을 가결했다.

한국 정부는 조례 제정이 통과된 다음날 국가안전보장회의(NSC)를 소집하여 대일 외교의 기조와 방향으로 대일신독트린을 발표하였다. 노무현 정부는 시마네현이 다케시마의 날을 제정한 것은 한국의 영토 도발 행위로 인식하여 독립운동에 임하는 비장한 각오로 독트린을 선포하였다. 게다가 노무현 대통령은 국민 여러분에게 드리는 글에서 과거 일본이 한반도 침략의 역사를 정당화하고, 다시 패권주의 의도를 볼 수만은 없다고 천명하면서 외교전쟁도 있을 수 있다며 발언 수위를 높였다.

한국의 중앙 정부와 지방 정부가 강하게 대응하고, 그 후폭풍으로 전국에서 한일 간의 민간 교류도 50여 건 이상 취소되었다. 한국의 강한 반발과 조치에 대해 시마네현 지사는 양국의 외교를 통해 독도 문제는 평화적으로 해결될 수 있으며, 한일 지자체 간의 교류는 분리해서 다루어야 한다는 입장을 표명했다.

시마네현의 다케시마의 날 기념행사(2020.02.22)

    일본 시마네현은 2006년부터 매년 2월 22일에 다케시마의 날 기념행사를 실시하고 있다. 시마네현은 중앙 정부가 러시아와의 북방영토 문제에 지원과 관심을 갖는 만큼 독도에도 관심을 가져 주기를 요청했다. 기념행사는 해가 갈수록 국회의원이 대거 참석함에 따라 규모가 확대되었다. 특히 이 행사는 2013년부터 차관급 고위 공무원이 참석함에 따라 정부의 행사로 격상되었다. 일본 시마네현이 다케시마의 날을 제정하고, 매년 기념행사를 성대하게 실시함에 따라 일반 국민들에게 독도에 대한 이해와 관심을 불러일으켰고, 시마네현의 독도 영유권에 대한 논리와 주장이 전국적으로 확산되는 경향을 보였다.

    아울러 일본에서는 독도에 대한 논리 구축과 한국의 주장에 대응하기 위해 독도 관련 조사 연구 및 홍보도 본격적으로 이루어졌다. 2005년 3월 시마네현의회가 다케시마의 날을 제정하고, 그것을 계기로 6월에는 다쿠쇼쿠拓殖대학의 시모조 마사오下條正

男 교수를 좌장으로 하는 다케시마문제연구회竹島問題硏究会가 발족하여 독도를 둘러싼 조사와 연구가 이루어졌다. 2018년 1월에는 일본 정부가 도쿄에 영토·주권전시관을 개관하여 독도가 일본의 땅이라고 주장할 수 있는 고문헌과 고지도 등의 자료를 전시하여 홍보하고 있다.

경상북도의 대응으로서 독도의 달

2004년부터 일본 시마네현 의회는 2005년에 다케시마의 날을 제정하기 위해 치밀하게 준비해 왔다. 앞에서 언급했듯이 이러한 움직임에 한국의 민간단체 독도수호대는 2005년 1월 19일 성명서를 발표했으며, 경상북도 이의근 지사는 2005년 2월 4일 시마네현에 항의 서한문을 보냈다. 그럼에도 일본 시마네현 의회는 2005년 3월 16일 다케시마의 날 제정 조례안을 통과시켰다. 이날 경상북도 지사는 시마네현의 도발적인 행위를 만행으로 규정하고, 주권 국가에 대한 도전 행위로서 규탄했다. 그리고 우호와 신뢰 관계를 더 이상 유지할 수 없기에 시마네현과의 자매결연을 철회했다.

한국에서는 일본에 맞서 독도의 날을 제정해야 한다는 목소리가 높아졌다. 독도수호대는 시마네현 의회가 2004년 10월 6일 다케시마의 날 제정을 위한 청원서를 제출하자 12월 10일에 독도의 날 제정 청원서를 국회에 제출했다. 청원서의 내용은 독도가 울릉도와 함께 우리의 영토임을 선언한 대한제국 칙령 제41호가 공포된 10월 25일을 기념하여 매년 10월 25일을 독도의 날로 정하자는 것이다.

이 제안은 국회에 제출되었지만, 청원심사소위원회로부터 거절되었다. 가장 큰 이유는 일본의 시마네현이라는 일개 지방의회의 행위에 한국의 중앙 정부가 대응하는 것은 서로 격이 맞지 않는다고 보았기 때문이다. 국제사회에 독도가 분쟁 지역으로 비춰질 수 있으므로 중앙 정부가 아닌, 지방의 경상북도가 나서는 것이 바람직하다는 것이다. 결국 독도의 날 제정 청원은 국회 본회의에서 논의되지 못하고 폐기되었으며, 이후에도 여러 차례 재논의가 있었지만 부정적인 입장은 변함이 없었다.

독도재단의 대한민국 독도문화 대축제(2016.10)

나라독도살리기 국민운동본부의 독도의 날 기념식(2017.10)

현재 독도의 날은 2000년 8월 독도수호대가 제정한 것이므로 중앙 정부 차원에서 기념행사는 없다. 중앙 정부의 의도대로 경상북도에서는 2005년 7월 4일 경상북도 독도의 달 조례가 제정되었다. 조례의 목적은 시마네현의 다케시마의 날에 대응하기 위함이며, 도지사는 독도의 달에 경상북도 공무원의 일본 방문을 규제할 수 있다. 그리고 독도의 달에는 도민의 단결과 독도 침탈 행위에 대응하기 위해 각종 행사를 개최하고, 도지사는 독도 관련 단체 등에 예산을 지원할 수 있다고 정했다. 경상북도는 2009년 5월 독도재단을 설립하여 국내외 독도수호 활동을 통해 독도 영유권 인식을 강화하고 있다. 독도재단은 매년 10월에 독도의 달을 맞이하여 경상북도와 전국에서 다양한 기념행사를 개최하며, 시민단체를 지원하기도 한다. 독도의 달에는 전국의 민간단체와 학교에서도 독도를 기념하는 행사가 열린다.

한편 노무현 정부는 일본의 독도 영유권 주장과 역사교과서 왜곡, 중국의 동북공정 등을 바로잡아 진정한 동북아시아의 관계를 정립할 목적으로 2006년 9월 동북아역사재단을 설립했다. 이 기관은 동북아의 역사 및 독도에 대한 장기적·종합적·체계적 연구 및 정책 수립을 위한 상설전담기구의 성격을 지닌다. 그리고 2008년 7월에는 일본 문부과학성이 『중학교 학습지도요령해설 사회편』에 독도竹島를 명기함에 따라 동북아역사재단 내에 독도연구소가 설치되어 전문 인력의 확충과 함께 다양한 조사연구 및 홍보활동을 담당하고 있다.

3. 일본의 독도교육 도발

사회과 학습지도요령 및 해설의 독도 명기

21세기에 들어 일본의 독도 도발은 거침없이 전개되어 한국인들의 반일감정은 절정에 달했다. 그것은 앞에서 언급했듯이 2005년 3월 시마네현 의회가 다케시마의 날을 제정하고, 매년 기념행사를 실시한 것이다. 게다가 일본의 문부과학성이 초·중등학교에서 독도를 자국의 영토로 가르치도록 학습지도요령 및 학습지도요령해설에 독도를 명기하고, 나아가 사회과 교과서에 독도가 기술되도록 검정을 강화한 것이다.

일본에서 교과서의 집필과 검정에서 법적인 구속력을 갖는 것은 교육기본법, 학교교육법, 학습지도요령, 교과서 검정기준 등이다. 이들 가운데 교과서 집필자에게 직접적인 영향을 미치는 것은 교육과정에 해당하는 학습지도요령이다. 여기에 학습지도요령을 더 자세하게 설명한 학습지도요령해설은 법적으로 구속력이 없지만, 교과서 집필자들은 그것을 반드시 참고하기 때문에 실질적인 구속력을 갖는다.

일본의 문부과학성이 초·중등학교 교육을 통해 독도 도발을 전개한 것은 2006년 아베 총리가 집권할 때에 60여 년 만에 교육기본법을 개정하여 애국심 함양을 교육의 목표로 설정했기 때문이다. 우익 세력의 주장을 반영하여 초·중등학교 학습지도요령 및 학습지도요령해설에는 애국심 함양의 일환으로 영토교육이 강화되기 시작했다. 그리하여 일본의 영토교육은 상대국의 입장을 무시하고 자국의 입장만을 내세워 사회과 교과서의 왜곡이 심화되었다.

독도 관련 영토교육 내용은 2008년 7월에 개정된 『중학교 학습지도요령해설 사회편』의 지리적 분야에 처음 제시되었다. 주요 내용은 "우리나라와 한국 사이에 독도竹島를 둘러싸고 주장에 상이가 있는 것 등도 언급하여 북방영토와 마찬가지로 우리나라의 영토·영역에 대해서 이해를 깊게 하는 것도 필요하다"는 것이다. 일본의 중학교 학습지도요령에 독도가 명기됨에 따라 반일감정과 함께 한일 관계는 급속하게 악화되었다. 이후 10년에 걸쳐 일본의 초·중등학교 학습지도요령 및 학습지도요령해설에 독도는 일본의 영토로 구체적으로 기술되었다.

2014년 중학교 학습지도요령해설 사회편의 지리적 분야에 독도는 일본의 고유의 영토 및 한국이 불법점거, 역사적 분야는 일본이 국제법에 따라 독도를 영토편입, 공민적 분야는 일본이 독도를 평화적 수단으로 해결하려고 노력한다고 서술했다. 이러한 논리에 근거하여 2017년 학습지도요령 및 학습지도요령해설에 초등학교는 독도가 일본 고유의 영토라는 내용이 기술되었고, 중학교는 종래와 비슷한 내용이 언급되었다. 그리고 2018년 고등학교 학습지도요령 및 학습지도요령해설에서 독도는 지리역사, 공민 분야에 종래의 중학교 내용과 유사하게 일본의 고유영토, 영토편입, 평화적 해결이 구체적으로 기술되었다.

이와 같이 일본 문부과학성에 의해 초·중등학교 학습지도요령 및 해설에 독도가 기술됨에 따라 그들의 독도교육은 논리적 토대가 완성되었다. 특히 2014년 중학교 학습지도요령해설에서 지리적, 역사적, 공민적 분야의 독도 논리는 학교급별, 과목별 계열성 확보의 기준이 되었다. 그리하여 1982년 일본의 역사교과서 왜곡 사건을 계기로 교과용 도서 검정 기준으로 신설된 근린제국조항은 유명무실하게 되었다. 즉 교과서의 역사 기술에서 이웃나라와의 국제이해 및 국제협조의 배려는 찾아볼 수 없게 되었다.

사회과 교과서의 독도 기술

일본의 문부과학성이 초·중등학교 사회과 학습지도요령 및 해설에 독도를 명기함에 따라 현재 대부분의 사회과 교과서에는 독도 관련 내용이 등장한다. 초등학교 사회과 교과서에는 독도가 일본 고유의 영토라는 것을 간략하게 기술했다. 중등학교 지리는 독도가 일본 고유의 영토라는 것, 한국이 불법점거하고 있다는 것, 한국에 누차 항의하고 있다는 것 등을 언급하였다. 역사는 근대 국제법에 근거하여 정식으로 독도를 일본의 영토로 편입한 역사적 사실을 중점적으로 다뤘다. 그리고 공민은 일본 고유의 영토로서 독도는 미해결의 문제로 남아 있는데, 평화적 해결을 위해 노력하고 있다는 것을 중점적으로 서술하였다.

그 외에 교과서 수록 지도 또는 부도에 울릉도와 독도 사이에 국경선을 표시하거나 일본의 배타적경제수역에 독도를 포함시켜 독도를 일본의 영토로 인식하도록 했다. 이들은 한국의 사회과 교과서에서 볼 수 없는 내용으로 일본의 독도 논리와 주장을

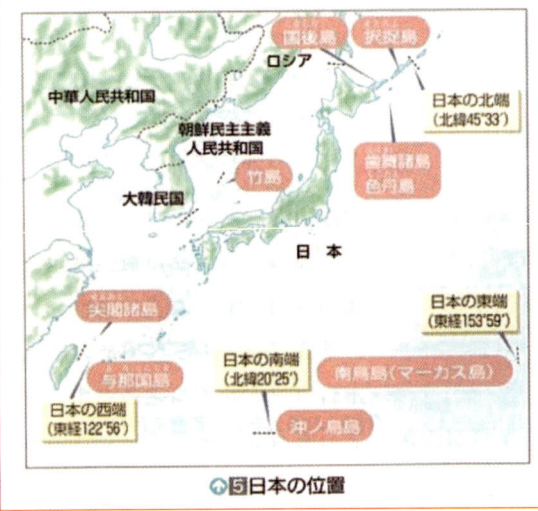
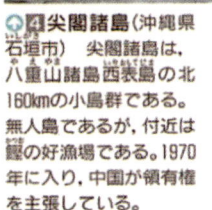

고등학교 『현대사회』(2008, 第一學習社) 교과서의 독도 관련 내용

담은 것이다. 독도교육의 효율성을 위해 교과서의 내용은 학교급이 달라짐에 따라 계속성의 원리에 근거하여 반복적으로 기술되었다. 아울러 계열성의 원리에 근거하여 상급학교로 갈수록 내용이 구체적이고 수준이 높아지도록 구성되었다.

그런데 일본의 초·중등학교 독도교육에는 논리적 모순이 보인다. 독도를 일본 고유의 영토로 기술하는 것에 대해 2017년 3월 초·중학교 학습지도요령 개정안의 의견수렴 과정에서 '고유의'라는 표현을 삭제하는 것이 바람직하다는 의견이 나왔다. 이에 문부과학성은 '고유의 영토'라는 의미를 역사적으로도 국제법적으로도 한 번도 타국의 영토가 된 적이 없다는 의미라고 설명했다. 이렇게 수정된 해석은 17세기 독도의 고유

영토론과 1905년 일본의 독도 편입은 논리적 모순임을 알 수 있다. 왜냐하면 17세기부터 독도가 일본 고유의 영토였다면, 1905년에 독도를 일본의 영토로 구태여 편입할 이유가 없었기 때문이다. 그리고 문부과학성은 독도가 타국의 영토가 된 적이 없음에도 독도를 자국의 영토로 편입했다는 설명도 비논리적이다.

게다가 미해결의 독도문제를 평화적 수단으로 해결해야 한다는 방법도 일관성이 결여되었다. 일본이 주장하는 독도문제의 평화적 해결 방법은 국제사법재판소를 통하는 것이지만, 한국 정부는 이것을 거부하여 미해결로 남아 있다고 보았다. 일본은 평화적 방법을 원하지만, 한국은 그렇지 않다는 것이다. 일본은 대만·중국과 센카쿠제도를 둘러싸고 영유권 문제가 존재하지만, 교과서에는 그러한 사실을 부정하고 있다. 일본은 센카쿠제도에 대해서는 영유권 문제가 있다는 것을 인정하지 않지만, 유독 독도에 대해서는 영유권 문제가 있다고 주장하여 영토 문제에 차별성이 보인다.

일본의 초·중등학교 사회과는 과목과 출판사에 따라 독도에 대한 내용 기술에서 다소 차이를 보인다. 그렇지만 교과서에 기술된 일본의 독도 영유권 주장의 논리는 17세기 초반부터 울릉도와 독도에서 어업활동 → 17세기 중반 독도 영유권 확립 → 근대 국제법에 따라 1905년 일본이 독도를 시마네현에 편입 → 전후 샌프란시스코 강화조약에서 독도문제 미해결 → 한국 이승만 대통령의 평화선 설정과 독도 불법점거 → 일본의 평화적 문제해결 제안에 한국 정부가 국제사법재판소 회부를 거부하여 현재 독도문제는 해결되지 않고 있다는 것이다. 이러한 논리는 한국의 사회과 교과서에 기술된 내용과 크게 다르다.

시마네현의 독도 부교재

초·중등학교 교과서는 교육과정에 근거하여 국정, 검정으로 간행되어 전국의 학생들이 사용하지만, 각 지역에서 발행하는 교과서는 인정 제도에 따른다. 일본에서 독도와 가장 가까운 시마네현에서는 독도 부교재를 만들어 지역 소재의 초·중등학교

 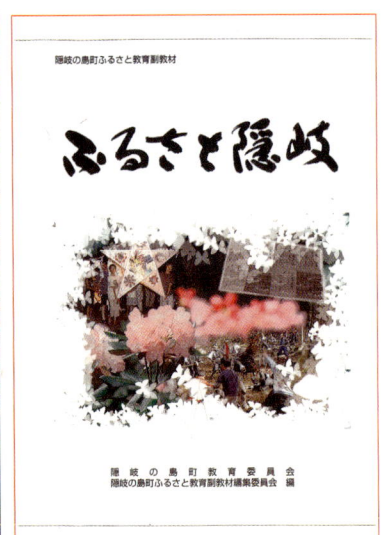

우리들의 향토와 고향 오키

학생들에게 독도를 보충적으로 가르치도록 했다.

시마네현에서 독도에 대한 지역학습이 최초로 실시되었고, 가장 적극적, 전형적, 시범적, 구체적으로 이루어진 곳은 독도와 가장 가까운 오키제도의 학교들이다. 이곳의 초등학교와 중학교 사회과 교사들은 오키 초·중학교교육연구회 사회과 부회를 중심으로 독도에 관한 연구 및 교육 활동을 전개해 왔다. 이 모임은 전후부터 현재까지 활동의 역사가 있으며, 활동 내용도 충실하다. 특히 향토 자료의 발굴과 교재화 및 수업 실천은 꾸준한 노력과 연구를 거듭하고 교재를 집적하여 자료집을 만들기에 이르렀다. 그 성과로서 역사적 분야의 자료집『우리들의 향토私たちの郷土』와 오키의 시마쵸隱岐の島町 향토교육 부교재『고향 오키ふるさと隱岐』를 집필하여 각 학교의 수업에서 사용해 왔다.

부교재『고향 오키』는 오키의 시마쵸의 요청에 의해 시마쵸교육위원회가 편집한 것이다. 부교재의 내용은 오키의 지지, 자연, 역사, 전통문화로 구성되었다.

소·중학교용 다케시마학습 부교재

그 가운데 오키의 지지에서 오키와 독도·울릉도 부분을 독도 관련 영토교육 부교재로 편성했다. 부교재의 앞부분은 독도의 동도와 서도 사진, 지도를 수록했으며, 본문은 주로 에도江戶시대 울릉도와의 관계, 메이지明治에서 쇼와昭和 초기 독도와의 관계를 다뤘으며, 독도를 둘러싼 영토문제, 평화적 해결을 위한 내용 등이 기술되었다.

시마네현 차원에서는 2008년 2월 '다케시마의 날'에 다케시마학습 부교재 제작에 대해서 검토하였다. 여기에 참석했던 위원들은 가까운 곳에 영토문제가 있다는 것을 확실히 가르칠 필요가 있다는 의견이 많아 Web 다케시마문제연구소가 교재를 감수하도록 했다. 이 회의를 계기로 시마네현은 지역의 초등학교 5학년과 중학교 1학년을 대상으로 독도문제에 대한 이해를 넓힌다는 취지로 다케시마학습 부교재 제작에 착수했다. 2009년 5월에 완성된 다케시마학습 부교재는 동영상 DVD와 자료편 CD 등 2종으로 구성되었다.

시마네현은 지역의 모든 초등학교와 중학교, 각 교육위원회 등 401곳에 다케시마학

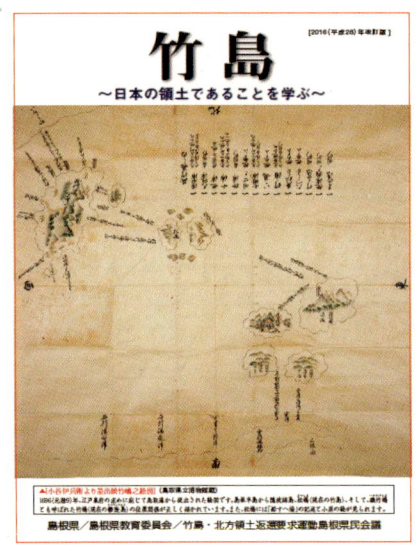

다케시마학습 리플릿   향토 독본 시마네의 역사

습 부교재를 배포하여 사회과 지역학습에서 적극 활용하도록 했다. 초등학교와 중학교 수업의 부교재 활용, 교원의 다케시마교재연구, 교육관계자 및 영토문제 연구자가 연구 등을 위해 사용하도록 만들었다. 2012년 2월에는 『다케시마학습 리플릿』, 2012년 11월에는 향토 독본 『더 알고 싶은 시마네의 역사』가 간행되었다.

이들 다케시마 부교재의 특징은 독도가 1905년 2월 22일 일본 영토로 결정되어 시마네현 소속이 되었다는 것, 샌프란시스코 강화조약에서 일본 영토로 결정되었다는 것, 영유권 문제는 국제사법재판소에서 평화롭게 해결해야 한다는 것, 현재 한국은 불법점거하고 있다는 것 등의 내용이다. 어업문제를 중점적으로 다루면서 독도 영유권의 정당성을 강조하고 있다.

4. 한국의 독도교육 강화

사회과 교육과정의 독도 명기

앞에서 언급했듯이 한국에서는 1948년 『중학교 사회생활과 교수요목집』 지리 영역에 독도가 최초로 등장하지만, 일본에서는 한국보다 훨씬 늦은 2008년 7월 『중학교 학습지도요령해설 사회편』의 지리적 분야에 독도가 최초로 명기되었다. 21세기에 들어 일본이 독도 도발의 일환으로 초·중등학교 학습지도요령을 통해 독도 영유권을 주장함에 따라 한일 간의 정치적 갈등은 심화되었으며, 한국도 초·중등학교 사회과 교육과정에서 독도를 구체적으로 기술하였다.

현재 한국의 초·중등학교 교육과정에 독도가 기술된 과목은 초등학교 사회, 중학교 사회와 역사, 고등학교 한국지리와 한국사이다. 초등학교 사회과에서 독도는 6학년 2학기에 독도를 지키려는 조상들의 노력을 역사적 자료를 통하여 살펴보고, 독도의 위치 등 지리적 특성에 대한 이해를 바탕으로 영토의식 주권을 기르도록 했다.

중학교 교육과정에서 사회과는 우리나라의 영역을 지도에서 파악하고, 영역으로서 독도가 지닌 가치와 중요성을 파악하도록 했다. 반면 역사과는 근대와 현대로 나누어 근대는 일제의 국권 침탈 과정에서 일본이 독도를 불법으로 점유한 사실, 그리고 현대는 독도가 우리 영토인 근거를 정확하게 이해하고, 해결 및 실천 방안을 모색하는 것이다.

고등학교 교육과정에서 한국지리는 우리나라의 위치와 영역의 특성을 파악하고, 독도 주권, 동해 표기 등의 의미와 중요성을 이해하도록 했다. 한국사는 독도와 간도에서 독도가 우리 영토임을 역사적 연원을 통해 증명하고, 일제에 의해 이루어진 독도 불법 편입 과정의 문제점을 이해하는 것이다. 게다가 현대 세계의 변화에서는 일본의 독도 영유권 주장을 논리적으로 반박하도록 했다.

이와 같이 한국의 교육부가 제시한 초·중등학교 독도교육의 주요 내용은 독도의 위치와 영역, 독도가 지닌 가치와 중요성, 일본의 독도 불법 점유, 독도가 우리 영토인 근거, 역사 갈등의 해결 및 실천 방안, 독도 주권, 일본의 독도 영유권 주장에 대한 논리적 반박 등이다. 내용 편성은 지리적, 역사적 관점에서 학교급 및 과목별로 계속성과 계열성을 고려한 것이 특징이다. 그리고 독도교육의 목적은 독도를 지키기 위한 지식·이해 중심의 내재적 목적과 태도·의식의 육성을 기대하는 외재적 목적으로 구성되었다.

한편 교육과학기술부는 2011년에 초·중·고교 독도교육 내용체계라는 가이드라인을 마련하여 각 학교에 배포했다. 학습자의 발달 단계에 따라 학교급별로 독도교육의 목적을 설정했으며, 내용은 독도의 역사적, 지리적, 국제법적 사실과 가치관 등을 체계적으로 구성했다. 게다가 개정 교육과정의 총론에서는 10대 범교과학습의 주제로 독도교육을 선정하여 여러 교과의 경계를 가로지르는 종합적·통합적인 독도 학습이 이루어지도록 했다.

사회과 교과서의 독도 기술

학교급별 사회과 교과서의 독도 내용을 살펴보면, 초등학교 사회는 대한민국 전도에서 독도의 위치를 확인하고, 다양한 시각 자료와 활동 등을 통해 독도가 우리의 영토임을 인식하도록 했다. 중학교는 사회와 역사 교과서에서 독도를 다뤘는데, 사회는 지리 영역에서 독도의 위치와 자연환경, 독도의 가치 등이 중점적으로 기술되었다. 그 외에 독도를 지키거나 홍보와 관련된 내용도 담겨 있다. 중학교 역사는 근대 일본의 독도 침탈에 대한 내용을 중점적으로 언급하면서 『삼국사기』의 우산도, 조선 초기의 쇄환정책, 안용복, 전후 연합국과 독도, 이승만 대통령의 평화선, 샌프란시스코 강화조약, 21세기 일본의 다케시마의 날 제정과 교과서 문제, 독도 홍보 등을 고대에서 현대까지 폭넓게 다뤘다.

고등학교 한국지리는 중학교 사회의 지리 영역과 유사하게 독도의 위치와 자연환경,

행정구역, 독도의 가치, 독도 홍보 활동, 근대 전후의 역사적 내용 등이 수록되었다. 한국사는 중학교 역사와 유사하게 근대 러일전쟁 전후 한국과 일본의 독도 정책과 인물을 중점적으로 기술하면서 삼국시대의 우산국, 전후의 연합국, 평화선, 샌프란시스코 강화조약, 그리고 현대의 다케시마의 날, 학습지도요령의 독도 명기, 우리의 영토 주권 행사와 홍보 활동 등을 다뤘다.

초·중등학교 사회과 교과서에 독도는 내용 기술과 함께 독도가 한국의 영토임을 증명할 수 있는 고지도와 현대지도, 고문헌, 사진, 그림(만화) 등의 시각 자료가 학교급 및 과목에 관계없이 공통적으로 수록되었다. 한국과 일본의 초·중등학교 사회과 교과서에 수록된 독도 내용을 비교하면, 내용의 공통점보다는 상이점이 더 많다.

일본의 사회과 교과서에 독도는 일본 고유의 영토, 1905년 시마네현 편입, 한국의 불법 점거, 평화적 해결을 위한 국제사법재판소 회부 등이 주요 내용이다. 그러나 한국의 사회과 교과서에는 일본의 논리에 대응할 수 있도록 독도가 한국의 영토임을 증명할 수 있는 역사적 자료, 사건과 인물 등이 대부분을 차지한다. 하나의 독도를 둘러싸고, 한국과 일본의 학생들은 이 섬을 서로 자국의 영토로 배우기 때문에 미래 세대의 갈등은 피할 수 없을 것이다.

다양한 독도 부교재 등장

일본 시마네현이 독도 부교재를 제작함에 따라 한국에서도 독도 부교재를 만들기 시작했다. 한국에서 최초의 독도 부교재는 2009년 3월 경상북도교육청의 『초등학교 독도』로 교사용도 간행되었다. 이어 동북아역사재단, 각 시와 도의 교육청, 민간 출판사 등에서 여러 독도 부교재가 나왔다. 특히 독도 부교재에 가장 관심을 갖고 다양하게 제작한 곳은 교육부 산하 동북아역사재단의 독도연구소이다.

동북아역사재단은 내부와 외부의 연구진을 구성하여 2011년 『초등학생 독도 바로 알기』, 『중학생 영원한 우리 땅 독도』, 『고등학생용 독도 바로 알기』를 인정 교과서로 간행했다. 그 외에도 초·중·고 학교급별로 『독도 교수학습 과정안 및 학습지』, 『독도 계기교육 자료』, 『독도체험 활동지』, 『특수학교용 독도 부교재』, 『독도 디지털교재』 등을 지속적으로 간행하여 전국의 각 학교에 배포했다.

체험 및 실천 중심의 독도교육

앞에서 살펴보았듯이 일본은 2008년 이래 초·중등학교 학습지도요령 및 해설에 독도竹島 명기, 사회과 교과서의 독도 기술, 독도 부교재 간행 등 학교교육을 통한 독도 도발을 거침없이 전개했다. 이에 못지않게 한국의 교육부는 학교교육에서 독도교육을 강화했으며, 특히 일본에서 볼 수 없는 독도지킴이학교 운영, 독도교육주간 운영, 독도바로알기대회, 독도교육실천연구회 운영, 독도전시관 운영 등 실천 및 체험 중심의 독도교육을 적극적으로 추진했다.

전국의 독도지킴이학교 운영은 동북아역사재단이 2008년부터 전국 시·도의 고등학교 지리교사를 중심으로 선정 및 지원하기 시작했다. 현재는 초등학교, 중학교, 고등학교까지 확대해서 독도동아리를 지원하여 독도와 동해표기 교육의 활성화를 도모한다. 선정된 학교는 독도동아리를 중심으로 독도지킴이학교 발대식, 교원 및 학생 대표의 독도탐방, 성과발표회 및 시상식 등을 통해 독도교육의 성과를 전국의 각 학교에 확산 및 공유하도록 했다. 특히 독도탐방은 참가자들에게 현장학습을 통한 실질적인 독도교육 및 영토 수호의 중요성을 인식하고, 나아가 태도를 형성하는 계기가 되었다.

독도교육주간 운영은 2016년부터 시도교육청 또는 단위학교에서 4월 어느 한 주를 독도교육주간으로 선정하여 학생들에게 독도사랑의 계기가 되도록 했다. 게다가 교육부는 같은 시기에 독도교육주간의 효율성 제고를 위해 유동 인구가 많은 KTX역을 중심으로 독도전시회를 개최했다. 전시회에는 독도 관련 자료와 동영상 시청, 그리고 홍보자료를 배포하여 방문자들이 독도를 바르게 이해하고, 독도수호실천의 의지를 지니도록 했다.

독도지킴이 거점학교의 독도탐방(2008.08.13)

　독도바로알기대회는 일본의 독도 영유권 주장에 대한 논리적 대응의 일환으로 2012년부터 전국에서 3천 여 명의 중고생이 참여하며, 지역 예선과 전국 본선으로 진행되어 수상자 및 지도교사에게 상장 수여 및 독도탐방의 기회를 부여했다. 독도교육실천연구회는 초·중등학교에서의 독도교육이 실천적 교육 활동이 될 수 있도록 전국적 차원에서 연구회를 선정하여 지원 및 운영하였다.

　독도전시관 또는 독도체험관은 학생 및 시민들의 살아있는 독도교육의 장소로서 지역사회에 건립 및 운영하고 있다. 2012년 서울에서 처음 개관한 이래, 현재는 각 시·도에서 1개 정도를 운영하고 있다. 전시관의 주요 내용은 독도의 모형과 자연 및 생태, 독도가 한국의 영토임을 증명하는 각종 고지도와 고문헌 등의 역사적 사료이다. 학교 밖에서의 실천과 체험을 통해 학생들은 독도에 대한 이해와 관심, 애정을 높이고, 교사는 독도 수업에 대한 전문성을 신장하는 계기가 되었다.

5. 한일 대학생들의 독도 인식

독도를 알게 된 경위

초·중등학교에서 독도를 자국의 영토라고 교육받고 성장한 대학생들은 독도를 어떻게 인식하고 있는가를 파악하기 위해 2002년 1월 설문조사를 실시했다. 이 조사에 참여한 한국과 일본의 모든 대학생들은 독도의 존재를 알고 있었다. 일본 국민의 94.5%가 독도라는 섬을 알고 있다는 것에 비하면, 일본 대학생들의 독도 인지는 높은 편이다. 독도를 기억하게 된 계기는 한국의 경우 약 70%가 학교 수업, 나머지는 뉴스라고 밝혔다. 반면 일본의 대학생들은 약 70%가 뉴스를 통해 알게 되었고, 나머지는 수업과 뉴스, 학교 수업이라고 응답했다. 한국의 대학생들은 학교 수업에서, 일본의 대학생들은 뉴스에서 다루는 독도가 더 인상적으로 기억에 남아 있다.

학교에서의 인상적인 독도 수업에 대해 한국의 대학생들은 93.1%가 그렇다고 응답했다. 반면 일본의 대학생들은 56.8%로 한국의 대학생들에 비해 현저하게 낮았다. 공통적 특성으로 인상적인 수업은 양국 모두 중학교와 고등학교 시절의 수업이 과반 이상을 차지하며, 대학교와 초등학교가 그 뒤를 이었다. 독도를 다룬 주요 과목은 초등학교는 사회, 중학교는 사회와 역사, 고등학교는 지리와 역사 등이다.

학교 밖의 영역에서 독도를 새롭게 알거나 경험한 내용에 대해 한국의 대학생들은 50%가 있는 것으로 드러났다. 정규 수업 이외에 활동, 체험, 기념관과 전시관 방문, 답사 등을 통해 독도를 새롭게 인식 또는 경험한 적이 있다고 했다. 반면 일본의 대학생들은 6.8%에 불과하여 한국과 대조를 이룬다. 특히 한국의 이명박 대통령이

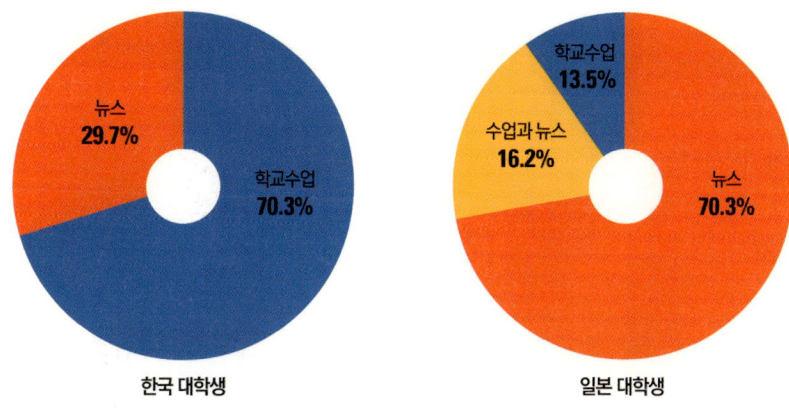

독도를 기억하게 된 계기

마음대로 독도에 상륙했다는 뉴스는 인상적이었다고 언급했다. 이처럼 일본의 초·중등학교에서는 정규 수업 이외에 독도를 거의 다루지 않는다.

현재 독도에 대한 인식

독도 인식의 기초·기본은 지도에서 독도가 어디에 위치해 있는가를 파악하는 것이 우선이다. 양국의 대학생들에게 공간 인식을 파악하기 위해 자신들이 거주하는 지역과 독도를 지도에 표시하도록 했다. 그 결과 한국의 대학생들은 자신들의 거주지 위치, 독도의 위치에 대한 정답률이 각각 75.9%로 모두 높은 편이다. 반면 일본의 대학생들은 자신들의 거주지 위치에 대한 정답률이 86.4%로 한국보다 높지만, 독도의 위치에 대한 정답률은 한국에 비해 매우 낮다. 이러한 경향은 일본의 경우 사회과에서 지역학습을 강조한 결과이며, 독도에 대한 관심이 낮다는 것을 의미한다.

독도에 대한 기억이나 생각에 대해서는 한국 대학생의 경우 독도가 우리 땅이라는 당연함과 함께 단호함을 엿볼 수 있다. 아울러 독도의 역사적 인물과 사건, 독도의

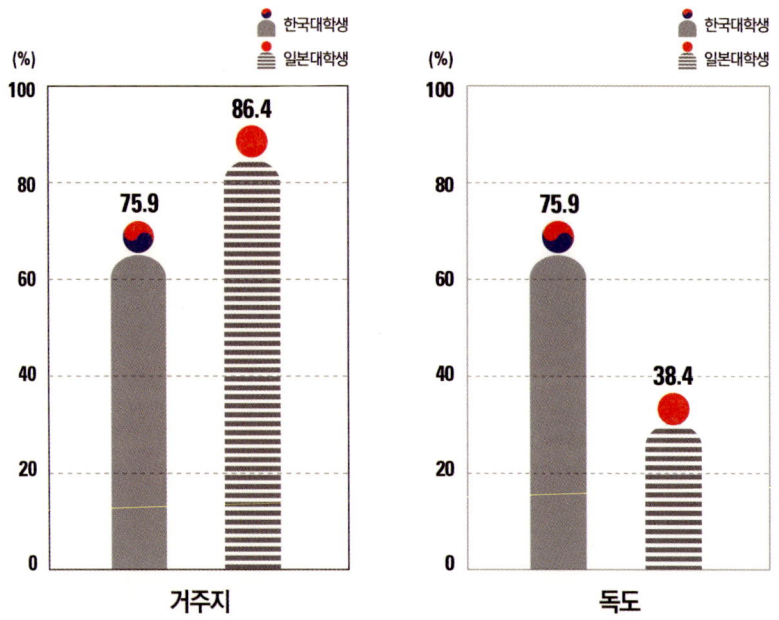

지도에서 자신들의 거주지와 독도 인지도

생물과 지하자원 등 초·중등학교 사회과 교과서에 나오는 내용들로 가득하다. 반면 일본의 대학생들은 분쟁지역, 불법점거, 영토문제, 일본 고유의 영토 등 그들의 사회과 교과서에 기술된 내용과 비슷하다. 독도는 한국의 대학생들에게 말할 필요도 없이 우리 땅이라는 인식이 강하지만, 일본의 대학생들에게는 미해결의 영토문제로서 미래 세대가 해결해야 할 과제로 인식되고 있다.

독도 영유권에 대한 한일 대학생들의 생각에는 상이점이 보인다. 한국의 대학생들은 100% 독도가 한국의 영토라고 믿고 있다. 하지만 일본의 대학생들은 70.5%가 독도를 일본의 영토로 생각하고 있다. 이는 일본 국민 77.7%가 독도는 일본 고유의 영토라고 답변한 것과 비교하면 낮은 편이다. 현재 일본의 대학생들이 초·중등학교 시절부터 독도를 일본 고유의 영토라고 배웠음에도 불구하고 독도 영유권에 대해 모르겠다,

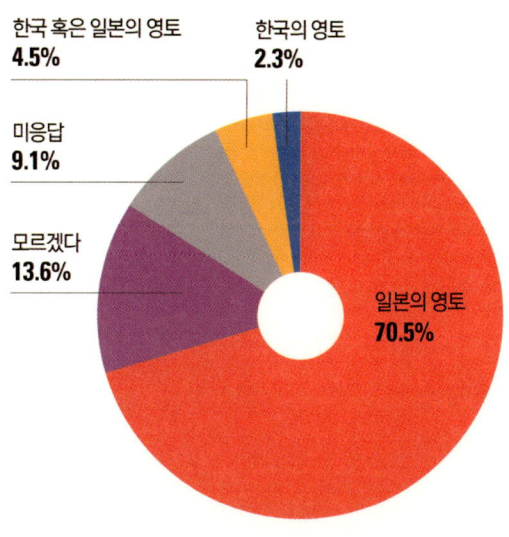

독도 영유권에 대한 일본 대학생들의 인식

무응답, 한국과 일본의 영토, 한국의 영토라는 답변이 나온 것은 독도 영유권에 대한 불확실성과 의구심이 많다는 것이다.

독도 이슈의 전망

한국과 일본의 대학생들은 다소 차이가 있지만, 독도가 자국의 영토라고 생각하는 비율은 상당히 높다. 이러한 인식은 미래의 한일 관계에 결코 긍정적인 신호라고 할 수 없다. 한국의 대학생들이 부정적 내용으로 지적한 것은 양국 간의 관계 악화 및 끊임없는 감정적 갈등 심화로 국제 교류, 외교 문제, 자원 문제, 어업 문제, 경제 문제, 군사적 행동, 한미일 동맹 악화 등을 초래할 가능성이 있다고 보았다.

반면 일본의 대학생들은 영토 문제가 국가 간의 대립으로 발전하여 외교 문제, 한일 관계, 수출입 문제, 우호 관계, 교류 문제 등 관계가 악화되어 이 문제가 해결되지 않으면 국교 단절이나 충돌 가능성까지 발생할 수 있다고 보았다. 한일 대학생들의 독도 이슈에 대한 전망은 모두 부정적 입장으로 유사하다. 부정적 견해의 비율은 한국의 대학생들 보다는 일본의 대학생들이 더 높은 편이다. 양국 대학생들은 이 문제가 원만하게 해결되지 않는다면, 향후 독도는 한일 관계에 장애가 된다고 전망했다.

독도 이슈의 해결을 위해 한국의 대학생들은 독도 교육의 충실을 가장 우선해야 하며, 그 다음은 한일 정부(정상 또는 외교부)의 논의, 해외 홍보 등이 중요하다고 생각했다. 반면 일본의 대학생들은 한일 정부(정상 또는 외교부)의 논의가 거의 과반을 차지하며, 국제사법재판소 회부도 비교적 높게 나왔다. 일본의 대학생들은 초·중등학교 사회과 수업에서 독도는 국제사법재판소에서 해결하는 것이 바람직하다고 배웠음에도 재판보다는 정부 간의 대화를 중요하게 생각했다.

향후의 바람직한 독도교육에 대해 한국의 대학생들은 독도의 역사에, 그리고 일본의 대학생들은 독도의 분쟁·논쟁·영토문제, 독도의 역사에 중점을 두어야 한다는 의견이 많았다. 공통적 특성은 내용 지식으로 한국과 일본의 사회과 수업에서 독도의 역사를 중요한 주제로 생각하고 있으며, 방법 지식으로 교사가 학습자들에게 독도 영유권을 일방적으로 강요하기 보다는 비판적 사고력을 육성하고 종합적으로 판단하도록 해야 한다는 의견도 나왔다.

Q&A

Q 이명박 대통령의 독도 상륙에 대한 반응은?

A

2012년 8월 10일, 이명박 대통령이 광복절을 앞두고 독도를 전격 방문했다. 그동안 도지사, 장관, 국회의원 등의 정치인이 독도를 방문한 적은 있었지만, 대한민국 대통령으로서는 처음이다. 대통령이 직접 독도에 발을 내디딤으로써 독도는 우리 땅이라는 사실을 국내외에 각인시키는 계기가 되었다. 대통령은 독도경비대원들에게 독도가 우리 국토 동해 제일 동단에 위치한 섬으로 진정한 우리의 영토이며, 목숨을 바쳐 지켜야 할 가치가 있는 곳이므로 긍지를 갖고 지켜달라고 당부했다. 독도에 거주하는 주민 김성도·김신열 부부에게는 반갑게 인사하며 민간 독도지킴이로서의 역할에 고마운 마음을 전했다.

독도에 상륙한 이명박 대통령(2012)

역대 한국의 대통령들은 일본의 독도 억지 주장과 도발에 대해 강경한 발언을 쏟아냈지만, 한일 관계 등을 고려하여 독도를 방문하지 않고 이 섬에 대한 주권 행사를 강화하는 방향의 정책을 택했다. 대통령의 독도 방문은 일본 시마네현이 다케시마의 날 제정, 문부과학성이 교육을 통한 독도 도발, 방위백서에 독도 명기, 우익 정치인들의 억지 주장과 행동 등이 도를 넘는 지나친 행위였기에 광복절을 앞두고 강경한 행보를 하게 된 것이다.

이를 계기로 많은 일본인들은 독도의 존재를 알게 되었고, 일본 정부는 강하게 반발하여 주일 한국대사를 불러 항의했으며, 주한 일본대사를 일시 귀국시키는 등 한일 관계는 급속하게 냉각되었다. 게다가 일본 정부는 다시 국제사법재판소를 통해 독도를 해결하자고 한국 정부에 제안했다. 이명박 대통령은 역대 대통령에게서 볼 수 없는 용기 있는 결단으로 독도 상륙을 단행하고, 일본에 대한 강경한 발언을 쏟아내어 임기 말에 지지율이 상승했지만, 일본을 자극한 것은 부적절했다는 의견이 나왔다.

10장
독도 영유권의 쟁점

한국과 일본 정부의 독도 영유권에 대한 주장은 명확히 대조적이다. 이러한 입장 차이는 일본 외무성의 『다케시마 문제를 이해하기 위한 10가지 포인트』와 이것을 비판한 한국 동북아역사재단의 『일본의 거짓 주장 독도의 진실』, 그리고 한국 외교부의 『독도에 관한 15가지 일문일답』에 잘 드러나 있다. 일본의 핵심 주장은 5가지 정도이다. 그것은 1905년 국제법에 근거해 독도를 일본에 편입했다는 무주지선점론, 일본은 늦어도 17세기 중반에 영유권을 확립했다는 고유영토설, 샌프란시스코 강화조약에서 독도를 일본령으로 확인했다는 것, 한국이 1952년 이래 독도를 불법점거하고 있다는 것, 독도 문제를 평화적으로 해결하기 위해 국제사법재판소에 회부해야 한다는 것 등이다. 이들 내용은 일본의 초·중등학교 사회과 교과서에 중점적으로 기술되어 있다.

1. 무주지선점론

논리적 모순

무주지란 국제법상 어느 국가의 주권도 미치지 않는 토지를 말한다. 이러한 공간에 특정 국가가 영유 의사를 가지고 주권을 행사하면, 그 장소는 그들의 영토로서 선점된다. 국가의 영역 취득에서 선점의 충족 요건은 대상 토지가 무주지일 것, 선점의 주체로서 국가는 그 의사를 대외적으로 공표할 것, 대상 토지에 대한 실효적인 점유가 따라야 한다는 것 등이다. 국가는 영역의 취득 과정에서 단순한 선언이 아닌 제3국으로부터 인정을 받아야 한다.

일본 정부는 1905년 1월 28일 내각회의에서 무주지 독도를 선점했다고 주장한다. 회의에서 독도는 타국이 점유했다고 인정할 만한 형적이 없는 무주지이며, 일본인이 국제법상 점령한 사실을 인정하여 독도를 자국의 영토로 취득했다는 것이다. 당시 일본 정부는 독도를 무주지로 판단하여 다른 국가보다 먼저 시마네현에 편입함으로써 그들의 새로운 영토가 되었다는 논리이다.

이후 1953년 7월 13일 외무성이 작성한 외교문서에는 독도 영유권 주장으로 무주지선점론이 명확하게 등장한다. 그 내용은 국제법상 영토 취득의 필요 요건으로 영토 취득 의사와 실효적 지배의 행사를 열거하면서 독도라는 무주지를 선점했다고 주장했다. 게다가 1953년 외무성이 작성한 외교문서에는 무주지선점론과 고유영토설이 함께 등장한다. 주요 내용은 국제법상 무주지 선점의 모든 요건을 충족시켰다고 주장하면서도, 다른 한편에서는 옛날부터 일본 영토의 일부를 이루고 있었다는 고유영토설을 언급한 것이다.

그런데 독도가 일본의 고유 영토라는 주장과 무주지선점론을 내세워 독도를 편입했다는 주장은 서로 모순이다. 독도가 일본의 고유 영토라면 구태여 일본의 영토로 편입하는 조치를 취할 필요가 없기 때문이다. 일본 정부는 서로 양립할 수 없는 혼합된 논리로서 자기모순이라는 것을 깨달아 1960년대부터는 더 이상 무주지선점론을 거론하지 않고, 고유영토설을 주장하고 있다. 이러한 현실을 반영하여 일본 외무성이 2008년 2월 처음 만들고, 2014년 3월에 개정한『다케시마 문제를 이해하기 위한 10가지 포인트』에는 더 이상 무주지선점론이라는 용어가 등장하지 않으며, "일본은 1905년 내각회의 결정에 의해 독도 영유 의사를 재확인했다"는 문장으로 다듬었다.

국제법상 무효

일본은 1905년 무주지선점론을 내세워 독도를 편입했지만, 선점의 요건과 관련하여 그들의 행위는 두 가지 측면에서 국제법상 무효이다. 첫째, 일본은 독도 편입 조치를 영유 의사의 재확인이라고 주장하고 있지만, 그들은 1905년 이전에 독도에 대한 영유 의사를 표시한 적이 한 번도 없다는 것이다. 오히려 일본 정부는 1868년 메이지 유신 이후 독도가 일본의 영역과 무관하다는 점을 명확하게 밝혔다.

예컨대 울릉도와 독도를 조선의 영토로 인정한 1870년 외무성의 조선국교제시말내탐서, 울릉도 외 일도는 일본과 무관하다고 결정한 1877년 태정관의 지령, 19세기 후반 육군참모국과 내무성이 완성한 일본전도에 울릉도와 독도를 표시하지 않고, 오히려 그들이 제작한 조선전도에 울릉도와 독도를 포함시킨 것 등이다. 반면 조선은 한 번도 울릉도와 독도를 포기하지 않고 영유권을 확립해 왔다. 아울러 대한제국은 1900년 10월 25일 칙령 제41호를 통해 독도 영유권을 근대법적으로 재확인했다.

둘째, 일본은 독도를 편입하면서 대한제국에 아무런 통고를 하지 않고 비밀리에 강행했다는 것이다. 무주지를 선점하기 위해서는 관계 국가에 알리는 것이 일반적이다. 일본은 1876년 오가사와라군도를 편입하면서 주일 각국 공사(미국, 영국, 프랑스, 네덜란드 등 12개국) 앞으로 통고해서 양해를 구했다. 이와 관련하여 1885년 베를린 일반의정서에서는 선점에 대한 통고를 의무로 정했다. 통고의 필요성은 관련 국가와의 분쟁을 방지하기 위한 것으로 당시 국제관습법이었다.

그러나 일본은 약소국과 관련된 독도와 센카쿠제도를 편입하는 과정에서 통고 절차를 무시했다. 약소국 대한제국의 영토였던 독도는 일본이 비밀리에 편입을 추진하면서 그 경위에 대한 설명이나 자료를 공개하지 않았다. 일본이 통고의 의무를 이행하지 않고 독도를 편입한 것은 강자의 논리로서 한반도 강탈의 전초전이었다.

2. 고유영토설

역사적 사실과 모순

고유영토설이란 어떤 토지의 소속과 관련하여 특정 시기 이전에 이미 한 국가에 의해 그 땅에 대한 영유권이 성립되었다는 것이다. 독도에 대한 고유 영토라는 개념의 맹아는 1954년 2월 10일 일본 외무성 구술서에서 국제법상 무주지 선점의 모든 요건을 충족시켰다고 하면서도, 다른 한편에서는 "옛날부터 일본 영토의 일부를 이루고 있었다"라는 문장에서 비롯되었다. 옛날부터는 고유와 비슷한 의미로 사용된 것이다.

이러한 일본 정부의 주장은 마침내 한일회담이 추진되었던 1959년 1월 7일 "일본 정부는 독도가 오래전부터 일본 고유의 영토임을 예전부터 명확히 해 왔지만 이 입장을 여기서 재차 강조한다"는 정부의 문서에 공식적으로 고유 영토가 등장하기 시작했다. 이후 시마네현 의회는 2005년 3월에 이른바 다케시마의 날을 조례로 제정하면서 독도는 일본 고유의 영토라는 표현을 사용했다. 이러한 논리는 일본 외무성의 『다케시마 문제를 이해하기 위한 10가지 포인트』에 더욱 진전된 모습을 보였다.

여기에는 독도의 고유영토설과 관련하여 "일본은 17세기 중반에는 독도 영유권을 확립했다"고 기술되었다. 17세기 초반 요나고의 오야와 무라카와 두 집안이 막부의 허가를 받아 울릉도에서 독점적으로 어업 활동을 했으며, 독도는 울릉도로 가는 중간에 위치하여 항해의 정박장으로 이용되거나 강치와 전복 채취의 어장으로도 활용되어 일본은 늦어도 17세기 중반에 독도 영유권을 확립했다는 것이다. 현재 일본 외무성의 홈페이지에는 독도 영유권과 관련하여 "다케시마는 역사적으로도 국제법상으로도 일본 고유의 영토이다"라는 슬로건으로 일본 정부의 입장을 대변하고 있다.

외무성의 독도竹島 논리를 반영하여 문부과학성은 초·중등학교 학습지도요령 및 학습지도요령해설의 사회편, 그리고 사회과 교과서에 독도竹島를 일본 고유의 영토로 기술하도록 검정을 강화했다. 그러나 일본 정부가 주장하는 독도의 고유영토설은 역사적 사실에서 모순적이다. 예컨대 17세기 말 안용복 사건에서 비롯된 1695년 돗토리번의 회답서와 1696년 일본 정부의 제1차 울릉도도해금지령, 이마즈야 하치에몬 사건에서 비롯된 관련자 처벌과 1837년 제2차 울릉도도해금지령, 울릉도와 독도를 조선의 영토로 인식한 1870년 외무성의 조선국교제시말내탐서, 울릉도 외 일도는 일본과 무관하다고 결정한 1877년 태정관의 지령 등이 그러하다.

역사성과 근거의 부재

일본 외무성이 1959년부터 독도에 대한 고유 영토를 처음 사용하기 시작한 이래 정치와 교육의 장에서 이 용어는 빈번하게 사용되었다. 그렇지만 독도에 대한 고유 영토와 관련하여 일본 정부의 공식적인 정의나 설명, 근거는 없다. 메이지 시대의 제국 헌법에서 제국의 고유 영토는 혼슈, 규슈, 시코쿠, 이와지섬으로 명확하게 규정되어 있다. 따라서 일본 정부가 주장하는 독도竹島 고유영토설은 역사성과 근거가 없는 것이다.

일본은 주요 섬 이외의 섬들에 대해서 고유 영토라고 호칭하기도 하고, 그렇지 않은 경우도 있다. 오키나와는 미군의 점령을 받은 적이 있고, 홋카이도는 선주민 아이누가 거주한 적이 있고 현재 일본의 영역이기 때문에 고유 영토라고 주장하지 않는다. 그러나 독도, 센카쿠제도, 쿠릴열도(북방영토) 등 주변 국가와 영토 갈등을 초래하는 섬들에 대해서는 일본이 고유 영토라고 주장하여 장기적으로 이들 섬을 획득하거나 잃지 않는 전략을 취하고 있다. 이 섬들은 어느 국가에서도 고유하지 않은 경우가 일반적이다.

영토적 내셔널리즘

　인류의 역사는 전쟁의 역사라고 할 만큼 싸움과 다툼이 끊이지 않았다. 오랜 옛날부터 피비린내가 나도록 전쟁을 치렀던 유럽을 비롯하여 대부분의 국가는 국경선의 혼란으로 고유 영토라는 개념이 존재하지 않는다. 그럼에도 일본 외무성이 제2차 세계대전 이후 독도, 센카쿠제도, 쿠릴열도에 일본 고유의 영토라는 개념을 만들어 부여한 것은 이 섬들에 대한 일본의 전략적 정책으로 정치성의 고려이다. 고유영토설이라는 개념은 일종의 영토적 내셔널리즘이라는 마력을 만들어 내기 때문에 잃은 땅을 다시 획득하고, 획득한 땅은 절대로 빼앗겨서는 안 된다는 정치적 언어, 분쟁적 언어이다. 잘못된 역사 인식으로 발생한 고유 영토는 자국민과 외국인을 홍보, 선전, 교육하기 위한 주입식 언어에 불과하다.

　일본열도 외곽의 독도, 센카쿠제도, 쿠릴열도가 일본 고유의 영토인가에 대해서는 일본 내에서도 의문이 지속되었다. 2017년 초·중등학교 학습지도요령 및 학습지도요령해설, 2018년 고등학교 학습지도요령 및 학습지도요령해설의 개정안이 발표된 이후 약 1개월 동안 의견 수렴의 기간이 있었다. 이 과정에서 일반 국민들로부터 독도, 북방영토, 센카쿠제도를 일본 고유의 영토로 표현하는 것은 현실적으로 이해가 되지 않기 때문에 '고유의'라는 표현을 피하는 것이 좋겠다는 의견이 나왔다. 이에 문부과학성은 고유 영토를 역사적으로도 국제법상으로도 한 번도 타국의 영토가 되었던 적이 없다는 의미라고 회답했다. 이와 같이 문부과학성이 수정된 해석을 내놓은 것은 1905년 일본 시마네현의 독도 편입은 고유영토설과 모순 또는 충돌하는 점이 있음을 인지했기 때문이다.

3. 샌프란시스코 강화조약

현대 독도 논쟁의 계기

제2차 세계대전 이후 일본의 민간인들은 독도 해역을 침범하는 사례가 자주 있었고, 일본 정부는 샌프란시스코 강화조약에 이르기까지 독도가 일본령이 되도록 미국을 상대로 적극적인 로비 활동을 펼쳤다. 일본이 한국을 상대로 독도 영유권을 본격적으로 주장하기 시작한 시기는 1951년 9월 샌프란시스코 강화조약 이후이다. 일본 정부는 독도 영유권에 대한 주장으로 무주지선점론이나 고유영토설보다는 샌프란시스코 강화조약에 더 주목했다.

일본은 외무성의 『다케시마 문제를 이해하기 위한 10가지 포인트』에서 "샌프란시스코 강화조약 작성 과정에서 미국은 독도가 일본의 관할하에 있다는 의견을 냈다"고 주장했다. 즉 한국은 샌프란시스코 강화조약 준비 과정에서 일본이 포기해야 할 영토에 독도를 포함하도록 미국에 요구했다. 그러나 미국은 러스크 서한을 보내 이 요구를 거부했으며, 1951년 9월에 체결된 샌프란시스코 강화조약은 일본이 포기해야 할 지역에 독도를 포함시키지 않았다는 것이다.

불편한 역사와 해석의 오류

러스크 서한은 1951년 8월 10일 미국 국무부 극동담당차관보 딘 러스크Dean Rusk가 샌프란시스코 강화조약과 관련하여 양유찬 주미 대사에게 보낸 것이다. 서한에서 독도 관련 내용은 통상 사람이 거주하지 않는 이 바위덩어리는 우리들의 정보에 의하면 한국의 일부로 취급된 적이 없으며, 1905년 이래 일본 시마네현 오키제도의 관할하에 있었다는 것이다. 여기에서 '우리들의 정보에 의하면'은 일본 외무성이 1947년 6월에 만든 홍보 자료로 일본의 독도 영유권 주장이 담겨 있다. 미국은 일본이 제공한 잘못된

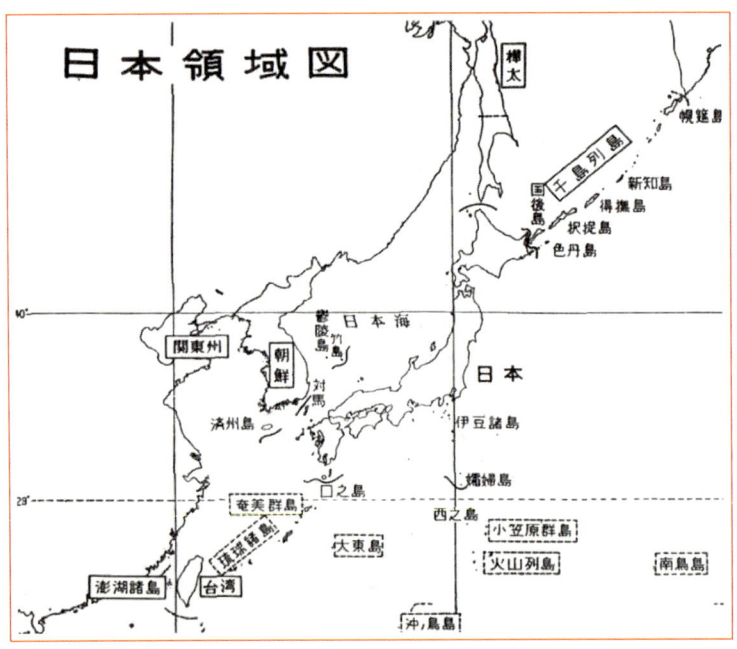

일본영역도(1952)의 독도(竹島)

정보를 바탕으로 독도를 인식한 것이다.

결국 샌프란시스코 강화조약에서 일본은 한국의 독립을 승인하고, 포기해야 할 한국의 영토로 제주도, 거문도, 울릉도 등 대표적 섬만을 규정했다. 샌프란시스코 강화조약 초안에는 독도가 한국의 영토로 표시되었지만, 최종안에서 독도는 생략되었다. 미국은 한일 간에 독도를 둘러싼 논쟁이 치열하게 전개되자 중립을 유지했던 것이다.

독도가 일본의 영역에서 제외되었다는 사실은 당시 일본의 자료에서도 알 수 있다. 샌프란시스코 강화조약 체결 이후 1951년 10월 일본 중의원 특별위원회에서 외무정무차관은 점령하의 행정구획에는 독도가 제외되어 있다고 진술했다. 1952년 5월 마이니치신문사는 『대일평화조약』이라는 해설서를 간행했다. 이 책에 수록된 일본영역도에는 일본의 외곽에 경계선을 표시하여 울릉도와 독도(竹島)가 일본의 영역에서 제외되었다.

4. 한국의 불법점거

전후 연합국은 독도를 한국의 영토로 인정

일본 외무성은 『다케시마 문제를 이해하기 위한 10가지 포인트』에서 1~8번째 포인트에서는 전근대, 근대, 현대에 이르기까지 독도의 역사와 영유권을 다뤘으며, 그래서 9번째 포인트에서 한국은 현재 독도를 불법으로 점거하고 있다는 결론을 내렸고, 10번째 포인트에서 독도는 국제사법재판소를 통해 해결해야 한다고 주장한다. 일본이 한국에 의한 독도 불법점거라는 표현을 처음 사용한 시기는 1971년판 일본의 『외교청서』이다.

일본의 주장에 따르면, 한국은 국제법에 반하여 공해상에 소위 이승만 라인을 일방적으로 설정하여 1952년부터 독도를 불법점거하기 시작했다는 것이다. 이 내용과 관련하여 일본은 한국이 국제법상 아무런 근거도 없이 독도를 불법으로 점거하여 효력이 없다고 보았다. 따라서 한국이 독도에서 실시하고 있는 모든 조치는 법적인 정당성이 결여되어 있기 때문에 일본은 한국의 조치에 엄중하게 항의함과 동시에 철회를 요구하고 있다고 주장했다.

일본 정부는 독도와 관련된 한국 정부와 한국인의 모든 역사적 행위를 부정하고 있지만, 전후 연합국의 독도 처리는 독도가 한국의 영토임을 말해준다. 일본은 한반도 침탈의 전단계로 1905년 독도를 시마네현에 편입했으며, 1910년 한일병합 이후 조선총독부는 식민지 조선의 모든 지역을 통치했다. 그러나 1945년 8월 연합국의 승리로 한국은 한반도와 부속도서에 대한 영토주권을 되찾았다.

전후 연합국 총사령부는 일본의 영토문제 처리와 관련하여 1946년 1월 연합국 최고사령관 각서(SCAPIN) 677을 하달했다. 이 각서에는 일본의 영역에서 제외되는 지역으로 울릉도와 독도, 제주도를 명시하여 일본 어민들은 더 이상 독도에 접근할 수 없었다. 게다가 연합국 총사령부는 1946년 6월 연합국 최고사령관 각서 1033으로 독도와 그 주변 해역이 한국의 영역이라는 것을 명확히 표시했다.

한국의 정당한 영토주권 행사

연합국이 독도를 한국의 영토로 인정했지만, 일본의 독도 침입은 끊이지 않았다. 이에 한국 정부와 민간은 영유권 공고화를 위해 1947년 8월 독도를 실지 답사하고, 문헌 조사를 실시했다. 한국의 어민들은 독도 주변 바다에서 어로 활동을 했으며, 한국 정부와 민간은 일본인들의 독도 침입을 수호하면서 독도는 한국령이라는 표목을 독도에 설치했다. 한국은 1948년 8월 정부 수립 이후 독도에 경상북도 울릉군 남면 도동 1번지 주소를 부여하고 영토 주권을 행사했지만, 이에 대해 연합국과 일본은 아무런 이의를 제기하지 않았다.

1954년 8월에는 독도에 무인 등대를 운용하기 시작했으며, 9월에는 독도 우표 3종을

서도의 주민 숙소

동도의 독도경비대

발행했다. 1955년부터는 독도경비대가 독도에 상주하면서 경비를 담당했다. 독도에 민간인은 1968년부터 울릉도 주민 최종덕이 어로 활동을 하면서 최초로 거주하기 시작했으며, 1981년에는 그의 가족이 독도로 주민등록을 옮겼다. 1996년 2월에는 독도에 접안 시설을 완공했으며, 2005년부터는 일반 관광객들의 입도가 가능해졌다.

서도에는 주민 숙소가 위치하며, 동도에는 독도경비대의 건물, 초소, 레이더 기지, 헬리콥터 착륙장 등의 시설이 갖추어져 있다. 서도에는 주민과 울릉도 독도 관리소 직원 2명이 거주하며, 동도에는 독도경비대 30여 명과 등대 관리원 3명이 거주한다. 이와 같이 한국 정부는 해방 이후부터 현재까지 독도에 대해 정당한 영토 주권을 행사하고 있다.

5. 국제사법재판소 회부

국제사법재판소의 기능

국제사법재판소(ICJ)는 국가 간의 분쟁을 평화적으로 해결하기 위한 유엔의 주요 사법기관으로 1945년에 발족했으며, 본부는 네덜란드 헤이그에 위치한다. 재판관은 유엔의 안전보장이사회와 총회에서 선출된다. 재판관은 국적이 서로 다른 15명으로 구성되며, 재판의 단절을 방지하기 위해 3년마다 5명씩 선출되며, 임기는 9년이다. 국제사법재판소는 국제법 해석을 통해 장년에 걸쳐 국제법 발전에 기여해 왔으며, 그 판결과 의견은 높은 권위가 인정된다.

네덜란드 헤이그의 국제사법재판소

국제사법재판소는 주로 영토분쟁, 국경분쟁, 선박통행권, 어업수역 등의 국제분쟁을 재판한다. 또한 총회와 안전보장이사회, 기타 국제기구의 요청이 있을 때에 법률문제에 대한 의견을 권고할 수 있다. 사건 당사자는 원칙적으로 유엔가맹국이지만, 비회원국도 분쟁의 사법적인 해결을 부탁할 수 있다. 재판소의 공용어와 판결은 영어 및 프랑스어로 이루어진다. 판결은 1심제로 최종적이며 항소할 수 없다. 판결은 구속력을 가지며, 불이행에 대해서는 안전보장이사회가 대책을 결정한다.

한국 정부의 단호한 거부

1945년 8월 한국이 일본의 식민지로부터 독립하면서 동해상의 작은 섬 독도는 한국의 영토가 되었다. 그럼에도 일본인들이 독도에 불법으로 침입하여 어로활동을 하거나 독도에 상륙하여 독도는 일본령이라는 표목을 설치하기도 했지만, 그때마다 한국은 표목을 제거하는 등 신속하게 대응했다. 게다가 일본 정부는 독도를 자신들의 영토로 만들기 위해 미국을 상대로 치열한 로비 활동을 전개했지만, 모든 계획은 뜻대로 이루어지지 않았다.

제2차 세계대전에서 패배한 일본은 연합국 총사령부(GHQ)의 통치를 받으면서 헌법 개정을 강요받았다. 새롭게 만들어진 일본국 헌법은 1947년 5월부터 적용되었으며, 이 헌법의 제9조에 따라 일본은 군대 보유의 금지와 함께 전쟁 및 무력을 행사할 수 없게 되었다. 따라서 일본이 독도 문제를 해결할 수 있는 유일한 방법은 외교적 전략이다.

일본 외무성은 『다케시마 문제를 이해하기 위한 10가지 포인트』에서 일본은 독도 영유권 문제를 평화롭게 해결하기 위해 국제사법재판소 제소를 제의했으나, 한국 정부는 이를 거부하고 있다고 언급했다. 일본 정부는 1954년 9월, 1962년 3월, 2012년 8월 독도 영유권 문제를 국제사법재판소에 회부할 것을 한국 정부에 제안했다. 그러나 한국은 일본의 제안을 단호하게 거부했으며, 현재도 그러한 입장은 조금도 변함이 없다.

일본 정부는 1954년 9월 25일 주일 한국대표부에 독도 문제를 국제사법재판소에 제소하여 판결을 따르자는 외교문서를 전달했다. 그러나 한국 정부는 1954년 10월 28일 일본 정부의 제소 제의를 거절하는 외교문서를 전달했다. 주요 내용은 다음과 같다.

> 일본 정부의 제의는 사법절차를 가장한 또 다른 허위의 시도에 불과하다. 한국은 독도에 대해 영유권을 갖고 있으며, 한국이 국제사법재판소에서 이 권리를 증명해야 할 하등의 이유가 없다.

한국 정부의 공식 입장은 독도 영유권 분쟁은 존재하지 않으며, 독도는 결코 사법적 해결의 대상이 될 수 없다는 것이다. 독도에 영토 분쟁이 존재하지 않는데, 독도를 분쟁화하는 것은 일본이라고 반박했다. 샌프란시스코 강화조약, 평화선 선언 등 일본과의 독도 영유권 이슈가 고조된 시기에 당시 변영태(1892~1969) 외무부 장관은 일본 정부의 제안에 대해 다음과 같은 성명을 발표했다.

> 독도는 일본의 한국 침략에 대한 최초의 희생물이다. 해방과 함께 독도는 다시 우리의 품 안에 안겼다. 독도는 한국 독립의 상징이다. 이 섬에 손을 대는 자는 모든 한민족의 완강한 저항을 각오하라! 독도는 단 몇 개의 바윗덩어리가 아니라 우리 겨레 영해의 닻이다. 이것을 잃고서야 어찌 독립을 지킬 수가 있겠는가! 일본이 독도 탈취를 꾀하는 것은 한국에 대한 재침략을 의미하는 것이다.

이 성명문은 영문학자 출신의 변영태 외무부 장관이 직접 작성한 것이다. 그는 쉽게 타협하지 않는 강직한 성격의 인물로 업무 처리는 매우 치밀하고 꼼꼼했다고 한다. 일본 정부는 1962년에도 독도 문제를 국제사법재판소에 제소하자고 제의했으며,

이명박 대통령이 독도에 상륙했던 2012년 8월에도 같은 제안을 했다. 그러나 한국 정부는 그 때마다 일본의 제의를 지체하지 않고 단호하게 거부했다. 당시 한국 정부의 외교문서와 변영태 외무부 장관의 성명은 독도에 관한 대한민국 정부의 입장을 정립한 초석이 되었다.

변영태(1892~1969)

그동안 한국 정부는 일본의 제안에 명확한 의사를 전달했음에도 불구하고, 일본 정부는 기회를 보아 독도를 국제사법재판소에서 해결하자고 주장하고 있다. 일본의 의도는 국제사회에서 독도가 분쟁지역이라는 이미지를 심어주기 위함이다. 모든 한국인들은 독도가 단순히 동해상의 작은 섬이 아니라 한국 주권의 상징이라는 역사적 사실을 명심하고 있다.

국내 소송과 달리 국제 소송은 국가 간의 합의가 필수적이다. 당사국 사이에 어느 한 국가가 국제 소송에 동의하지 않으면, 국제사법재판소는 직권으로 재판을 진행할 수 없다. 또한 유엔안전보장이사회는 국제평화와 안전을 위협하는 국가 간의 분쟁에 대해서 국제사법재판소에 제소를 권고할 수 있다. 그렇지만 이것 역시 권고일 뿐이며, 그 이상의 법적 강제력은 없다. 따라서 일본은 국제사법재판소를 통해 독도 문제를 해결하려는 의지가 강하지만, 한국이 동의하지 않기 때문에 국제 소송을 통한 사법적 해결은 사실상 불가능하다.

Q&A

Q 유엔해양법협약과 독도 현안은?

A

인류는 오랜 옛날부터 넓은 바다에서 어로 활동, 자원 채취 등을 실시해 왔으며, 사람과 물자를 운반하기 위해 교통로도 이용하고 있다. 그러나 국가들 사이에 바다를 둘러싸고 경쟁과 대립이 격화되어 문제 해결을 위한 관습과 법규가 생겨나게 되었다. 해양에 관한 국제법을 최초로 체계화한 것은 17세기 전반 네덜란드의 그로티우스(Hugo Grotius)가 집필한 『해양자유론』이다. 이후 20세기 전반까지 해양에 관한 포괄적인 협약의 필요성이 조금씩 발전했다.

제2차 세계대전 이후에는 국제연합에 의해 협약 작업이 진행되어 1958년부터 3차에 걸쳐 유엔해양법회의가 개최되었다. 1958년 제1차 회의에서는 영해, 공해, 대륙붕, 공해생물자원보호라는 4개의 협약을 채택했다. 1959년 제2차 회의는 영해의 폭을 의제로 다뤘지만, 합의에 이르지 못했다. 1960년대에는 많은 식민지가 독립하여 바다의 개발과 이용에 대한 대립이 심화되었다. 그래서 1973년부터 1982년까지 제3차 회의가 개최되어 유엔해양법협약(해양법에 관한 유엔협약)이 1982년에 채택되어 1994년에 발효되었다.

유엔해양법협약에는 영해, 접속수역, 국제해협, 배타적경제수역, 군도수역, 공해, 대륙붕, 심해저, 해양환경보호, 해양의 과학적 조사 등이 규정되어 있다. 그 중에서 200해리 배타적경제수역은 독도 이슈를 표면화시키는 계기가 되었다. 배타적경제수역의 기선을 독도로 할 것인가 아닌가에 따라 한국과 일본의 경계선은 크게 달라진다. 결국 한국과 일본은 배타적경제수역 설정에 합의하지 못해 1998년 신한일어업협정에서 독도 주변이 중간수역으로 규정되었다.

유엔해양법협약에는 문제의 평화적 해결과 조화를 염두에 두고 있지만, 당사국 사이에 문제가 해결되지 않으면 구속력 있는 결정을 수반하는 강제 절차로서 재판이라는 것이 도입되었다. 독도가 중간수역에 포함되기 때문에 중간수역에서 독도해양과학기지를 비롯하여 해양 환경에 영향을 줄 수 있는 시설물의 설치는 상대국이 잠정조치(공사 중단 및 원상복구)를 신청할 가능성이 존재한다.

동해와 독도 이슈의 전망

동해 표기는 한국이 논쟁을 제기하지만, 일본의 반응은 소극적이다. 반면 독도 영유권은 항상 일본이 도발을 감행하여 분쟁화를 시도하지만, 한국은 단호하게 대응한다. 향후에도 한일 간에 동해 표기를 둘러싼 논쟁과 분쟁은 지속될 것이며, 한국은 국제사회를 대상으로 동해 표기의 정당성을 홍보할 것이다. 그리고 일본의 독도 영유권 주장은 정치인들이 자신들의 이익 추구를 위해 주기적으로 도발할 것으로 전망된다. 문제 해결을 위해 새로운 사료 발굴과 연구를 통해 역사적 진실을 이해하고, 나아가 상호 이해를 위해 한일 민간 단체의 지속적인 교류도 중요하다.

1. 동해/일본해 표기

한국과 일본 사이에 동해와 일본해를 둘러싼 지명 논쟁이 발생한 이래, 국내외에서는 지명 분쟁이 자주 발생했다. 예컨대 한국에서 일본해가 표기된 전시 작품을 철거하는 소동, 일본 돗토리현 한일우호교류비문의 동해 지명 분쇄 사건, 동해와 일본해가 표기된 제품의 불매 및 회수 운동, 한국과 일본 관광객이 외국의 박물관이나 호텔에 비치된 세계지도나 지구본에 펜으로 바다 명칭을 낙서하는 행위 등이다. 동해와 일본해 지명 분쟁이 지속되는 가운데, 이 문제를 해결하기 위해 제3의 바다 명칭, 동해/일본해 병기 등의 방안이 제시되었다.

제3의 바다 명칭은 한국과 일본이 각각 동해와 일본해만을 고집하지 말고, 새로운 명칭을 사용하자는 것이다. 그동안 학자와 정치가들은 제3의 바다 명칭으로 청해, 녹해, 근해, 극동해, 동양해, 평화의 바다, 공해公海, 협해協海, 창해, 한국동해, 동한국해 등을 제안한 적이 있다. 이들 가운데 청해와 평화의 바다가 학계와 언론으로부터 주목을 받았다.

청해는 한일 간의 역사적 관계를 고려하여 평화와 희망을 상징하며, 양국 모두에게 국가 상징성이나 민족적 감정이 결부되지 않아 양측이 수용하는 데 별다른 문제가 없다고 보았다. 또한 깊은 바닷물은 파랗고 맑아 청해라는 명칭과 잘 어울린다는 것이다. 바닷물의 색과 관련하여 세계지도에는 황해, 홍해, 흑해 등의 명칭이 사용되고 있으며, 바다를 접하고 있는 국가들 간에 반감이나 갈등을 불러일으키지 않는 장점이 있다.

평화의 바다는 2006년 11월 베트남 하노이에서 열린 아시아 태평양경제협력체(APEC) 회의 당시 별도로 가진 한일 정상회담에서 노무현 대통령이 일본의 아베 신조安倍晋三 총리에게 한국과 일본 사이의 바다를 평화의 바다로 부르면 어떻겠냐고 제안했지만, 즉석에서 거절당했다. 노무현 대통령은 개인적 차원에서 바다의 명칭을 두고 서로 분쟁하는 것은 한일 관계에 좋지 않으므로 화해의 의미를 담아 양국이 조금씩 양보하면 좋겠다는 의도였다.

일본 정부가 한반도와 일본열도 사이의 바다 명칭으로 일본해를 고집하는 가운데, 한국 정부는 국제사회의 지도에 동해/일본해가 병기되도록 주장함과 동시에 다양한 정책을 지속적으로 추진해 왔다. 예컨대 세계 각국의 지도제작사, 해외 지리교사, 언론인 등을 초청하여 동해 표기의 역사성과 정당성을 홍보하고 관련 자료를 제공하고 있다. 그 결과 국제사회에서 동해/일본해 병기는 2000년 2.8%에 불과했지만, 현재는 40%를 넘는다.

한국 정부가 동해 단독이 아닌, 동해/일본해 병기를 주장하는 것은 그동안 일본해가 국제사회에서 널리 사용되어 왔다는 점, 그리고 병기를 권고하는 국제 결의, 병기의 가능성 등을 고려한 것이다. 특히 두 개 이상의 국가가 공유하고 있는 지형물에 대한 지명 표기는 일반적으로 관련 국가들 사이의 협의를 통해 결정한다. 만약 합의에 도달하지 못할 경우, 지도에는 각각의 국가에서 사용하는 지명을 병기한다. 이러한 원칙은 국제수로기구와 유엔지명표준화회의 의결에서 확인된다.

일본은 일본해가 19세기 초반 구미 사람들에 의해 확립된 유일한 명칭이므로 일본해 이외에는 어떠한 명칭도 수용할 수 없다는 입장이며, 한국은 동해/일본해 병기를 주장하고 있다. 이러한 상황에서 향후 국내외에서는 동해와 일본해를 둘러싼 지명 분쟁이 지속적으로 발생할 전망이다. 이러 문제를 해결하기 위해서는 지도 위에 각 국가의 정체성이 담겨 있는 동해와 일본해 지명을 병기하는 것 이외에는 별다른 방법이 없다.

지도 위에 동해/일본해가 병기되기 위해서는 각각의 지명에 대한 올바른 역사적, 문화적 이해가 필요하다. 일본에서 일본해 지명은 1905년 러일전쟁의 결과로 정착한 승리와 애국심을 연상시키지만, 한국에서 일본해 지명은 제국주의와 식민주의 시대의 침략, 박탈의 이미지가 강하다. 일본의 일반 주민들은 식민지기에 사용되었던 일본해 호칭의 문제성에 대한 인식이 거의 없다. 일본인은 그것을 식민주의 역사와 관련된 문제라는 것을 인식하는 것이 중요하다.

반면 한국에서 동해 지명은 을사늑약 이후 애국심, 식민지 시대의 수난, 그리고

1945년 한국의 광복과 독립의 상징이다. 한국인의 정서를 대변하는 대표적 노래는 아리랑과 애국가이다. 애국가 첫 구절에 나오는 동해와 백두산은 대한민국을 대표하는 상징성과 정체성이 내포되어 있다. 한국인의 입장에서 동해와 백두산은 결코 일본해나 장백산으로 대체될 수 없고, 어느 누구도 이들 지명을 부정하거나 무시할 수 없다.

따라서 국제사회에서 지도 위에 동해와 일본해가 단독 표기되거나 하나의 지명이 제외되면 양국 국민은 감정적으로 충돌할 수밖에 없다. 특히 한국인의 일본해 지명에 대한 반감과 거부감은 일본인의 동해 지명에 대한 감정보다 더 심하다. 향후 국제사회의 지도에 동해/일본해 병기 비율이 증가하는 것이 중요하다. 지속적인 사료 발굴과 재해석을 통해 동해/일본해 지명에 대한 새로운 역사 인식과 홍보가 무엇보다 필요한 시점이다. 또한 일본과의 지속적인 민간 학술 및 교류를 통해 각각의 지명을 서로 이해하게 된다면, 갈등과 분쟁의 바다는 교류와 협력, 상호 이해의 바다로 바뀔 것이다.

2. 독도 영유권

동아시아의 한국, 일본, 중국 등의 국가들은 긴밀한 경제협력을 유지해 왔지만, 정치적으로는 과거사와 영역 문제를 둘러싸고 갈등 요인이 상존하여 긴장 관계가 지속되고 있다. 특히 일본은 과거사를 직시하지 않고, 독도 영유권을 주장함으로써 한국과의 상호 교류와 우호 관계를 저해하고 있다. 해방 이후 독도 이슈는 일본에 의해 주기적으로 발생하여 반일감정과 함께 정치적 갈등을 초래했다. 일본에 의한 독도 이슈의 추이와 패턴을 파악하고, 미래를 전망하는 것은 양국의 관계 개선을 위해 필요하다.

한국 정부의 독도에 대한 기본 입장은 "독도에 대한 영유권 분쟁은 존재하지 않으며, 독도는 외교 교섭이나 사법적 해결의 대상이 될 수 없다"는 것이다. 일본의 독도 영유권 주장은 1905년 2월 시마네현의 독도 편입까지 거슬러 올라간다. 일본은 독도를 편입했다고 강변하지만, 그것은 러일전쟁 중에 독도의 전략적 중요성으로 침탈한 것이다.

해방 이후 되찾은 독도는 독립의 상징으로서 한국의 소중한 땅이다. 독도 영유권과 관련하여 일본은 영토문제로 보는 시각이지만, 한국은 역사문제로 접근하고 있다.

한일 간의 독도 영유권 논쟁은 1950년대 전반부터 본격적으로 시작되었다. 당시 주요 이슈는 1952년 1월 이승만 대통령이 독도가 포함된 평화선을 선언하자 2월 28일 일본이 처음으로 한국에 항의를 제기하였다. 이 시기에 일본의 독도 침범과 상륙, 일본영토 표식 설치와 한국의 대응, 양국 정부의 외교문서 교환 등이 있었다. 1954년 9월에는 일본 정부가 최초로 독도문제를 국제사법재판소에 제소하여 해결할 것을 제의했지만, 한국 정부는 단호하게 거부했다. 이후 1965년 한일기본조약 체결로 일본의 독도 영유권 도발은 비교적 잠잠한 소강상태를 유지했다.

한동안 조용했던 독도 이슈는 1971년 일본의 『외교청서』에 "한국에 의한 독도 불법점거"라는 표현이 기술되어 1987년까지 계속 등장했다. 이 시기에 한국과 일본은 제7광구 해역을 둘러싸고 이해관계가 얽혀 첨예했었다. 1977년에는 한국과 일본의 12해리 영해법 선포를 계기로 독도를 둘러싼 양국의 갈등은 더욱 고조되었다. 일본이 독도 영공을 침범하기도 했으며, 1978년의 『방위백서』에는 독도가 처음으로 언급되었다. 1990년의 『외교청서』에는 "일본 고유의 영토"라는 표현이 처음으로 등장했다. 또한 1994년 유엔해양법협약의 발효에 따라 1998년 중간수역이 포함된 신한일어업협정의 체결을 앞두고 긴장이 고조되었다.

21세기에 들어와 일본의 독도 영유권 도발은 더욱 강력하고 지속적으로 이루어졌다. 그 계기는 2005년 3월 일본 시마네현 의회가 이른바 다케시마의 날을 제정하여 매년 2월 22일에 기념행사를 실시하고 있으며, 점차 고위급 정치인이 다수 참석하여 중앙정부의 기념행사라는 인상을 심어준 것이다. 일본 시마네현이 다케시마의 날을 제정하자, 한국 경상북도는 매년 10월을 독도의 달로 제정하여 각종 독도 기념행사를 실시하고 있다.

일본 정부의 독도 영유권 주장에서 한국에 가장 충격을 준 것은 2008년 7월 『중학교 학습지도요령해설 사회편』의 지리적 분야에 최초로 독도竹島를 명기하여 도발의 수위를 한층 높인 것이다. 이후 문부과학성은 10년에 걸쳐 일본의 초·중등학교 학습지도요령, 학습지도요령해설, 사회과 교과서에는 독도가 일본의 영토로 기술되도록 검정을 한층 강화했다. 따라서 미래 한국과 일본의 독도 영유권 논쟁은 지속될 전망이다. 그 외에도 2007년 일본 국토지리정보원의 독도 정밀 위성지도(1/2,5만) 제작, 2008년 외무성이 다국어로 독도 홍보 팸플릿을 제작 및 배포하여 한국으로부터 반발을 초래했다.

향후에도 일본의 독도 영유권 도발 패턴은 유사하게 반복될 것으로 전망된다. 과거에 일본의 정치인들은 자신들의 독도 영유권 논리에 결함이 있다는 사실을 인식했기 때문에 적극적으로 독도 영유권을 주장하지 않았다. 그러나 21세기에 들어와 그들은 독도의 역사적 진실을 불문하고, 정치적 이익에 따라 도발을 일으켰다. 일본이 독도 영유권 도발을 감행할수록 한국의 독도 대응은 더욱 강화될 것이다. 왜냐하면 한국인에게 독도는 변경의 영토를 단순히 수호한다는 안보적 의미 이외에 국가적 상징성과 정체성이 강하게 내포되어 있기 때문이다.

이와 같이 한일 간에 독도 영유권의 전망은 밝다고 할 수 없다. 미래지향적인 한일 관계를 위해 독도 영유권을 둘러싼 정치적 대립과 마찰은 바람직하지 않다. 독도의 올바른 역사 인식과 함께 상호 이해를 통해 문제 해결의 방법을 모색하는 것이 중요하다. 무엇보다 일본은 세계보편적 가치관을 갖는 것이 중요하다. 아울러 문제를 본질적으로 해결하기 위해 일본은 과거 제국주의적 영토 팽창의 역사를 진정으로 반성해야 할 것이다.

참고
문헌

경북대학교 울릉도·독도연구소, 2009, 독도의 자연, 경북대학교 출판부.
곽진오, 2013, 일본의 무주지 선점 주장의 허구, 동북아역사문제, 80, 26-34.
권혁재, 2004, 한국지리-우리 국토의 자연과 인문-, 법문사.
국토지리정보원, 2009, 독도지리지, 푸른길.
김기혁, 2015, 황여전람도 조선도의 모본(母本) 지도 형태 연구, 한국지역지리학회지, 21(1), 153-175.
김동욱, 2014, 독도 현안과 국제법적 대응, strategy 21, 17(3), 5-27.
김수란, 2018, 영원한 독도수호자 故 김성도씨를 기억하겠습니다, 독도로, 27, 24-35.
김수희, 2010, 나카이 요사부로(中井養三郞)와 독도어업, 인문연구, 58, 127-156.
김수희 역, 2016, 하치에몽(八右衛門)과 죽도도해 금지령, 지성인(森須和男, 2002, 八右衛門とその時代, 浜田市教育委員会).
김영수, 2019, 제국의 이중성, 동북아역사재단.
김점구, 2016, 독도의용수비대의 활동 시기를 다시 본다, 내일을 여는 역사, 64, 242-264.
김종근, 2019, 영국의 지도 제작자 아론 애로스미스의 지도에 나타난 한반도의 형태 변화와 요인 분석, 한국고지도연구, 11(2), 91-112.
김호동, 2012, 영원한 독도인 최종덕, 경인문화사.
남상구, 2016, 일본 교과서 독도기술과 시마네현 독도교육 비교 검토, 독도연구, 20, 7-36.
대한지리학회 편, 2016, 대한지리학회70년사, 푸른길.
류광철, 2010, 독도문제와 동해문제의 차이점과 유사점, 독도연구저널, 12, 6-13.
문교부, 1948, 초중등학교 각과 교수요목집(12) 중학교 사회생활과, 조선교학도서주식회사.
문상명, 2019, 일본 시마네현의 이른바 죽도의 날(竹島の日) 조례 제정에 대한 한국 정부와 국회의 대응, 영토해양연구, 17, 28-60.
박병섭, 2009, 안용복사건과 돗토리 번, 독도연구, 6, 281-342.

박종효, 2015, 한·러 관계사에서 본 러시아와 독도(獨島), 군사, 96, 363-393.
박지영, 2018, 돗토리번 사료를 통해 본 울릉도 쟁계, 독도연구, 25, 213-250.
박진영, 2017, 출판인 송완식과 동양대학당, 인문과학, 109, 5-31.
박현진, 2013, 17세기 말 울릉도쟁계 관련 한일 교환공문의 증명력, 국제법학회논총, 58(3), 131-168.
박현진, 2015, 독도 실효지배의 증거로서 민관합동 학술과학조사, 국제법학회논총, 60(3), 61-96.
배진수, 2016, 한일 간 독도 이슈의 추이와 일본의 도발 패턴, 독도연구, 21, 309-349.
백성현, 1997, 프랑스 라페루즈 선장의 한국 탐사가 지닌 의미, 명지전문대학 논문집, 21, 57-83.
서인원, 2016, 1930년대 일본의 영토 편입 정책 연구에 있어 독도 무주지 선점론의 모순점, 영토해양연구, 11, 158-187.
서인원, 2017, 일본 육지측량부 지도제작과 독도영유권 인식에 대한 고찰, 영토해양연구, 14, 64-101.
서인원, 2018, 1950년대 일본 고유영토설의 정치적 분쟁화 모순점에 대한 고찰, 영토해양연구, 15, 6-47.
송기정, 2016, 나의 조부 송완식, 근대서지, 14, 26-36.
송병기, 1987, 조선후기·고종조의 울릉도 수토와 개척,『최영희선생화갑기념 한국사학논총』, 399-430.
송병기, 1991, 한말이권침탈에 관한 연구, 국사관논총, 23, 1-26.
송병기, 1999, 울릉도와 독도, 단국대학교 출판부.
송완식, 1939, 조선일람, 동양대학당.
송휘영, 2016, 天保竹島一件을 통해 본 일본의 울릉도·독도 인식, 일본문화학보, 68, 5-27.
송휘영, 2020, 안용복의 도일 활동과 그 의미, 이사부와 동해, 16, 81-114.
신각수, 1981, 영토분쟁에 있어서 지도의 증거력, 국제법학회논총, 26(1), 109-135.
신석호, 1948, 獨島所屬에對하여, 史海, 1, 89-101.
신용하, 2015, 대한제국의 독도영토 수호정책과 일제의 독도 침탈정책, 독도연구, 18, 7-76.
심정보, 2008, 일본의 사회과에서 독도에 관한 영토교육의 현황, 한국지리환경교육학회지, 16(3), 179-200.
심정보, 2011a, 일본 시마네현의 초중등학교 사회과에서의 독도에 대한 지역학습의 경향, 한국지역지리학회지, 17(5), 600-616.
심정보, 2011b, 일본의 고문헌과 고지도에서 본 독도영유권, 도서관, 385, 30-43.
심정보, 2019a, 불편한 동해와 일본해, 밥북.
심정보, 2019b, 샌프란시스코 강화조약 전후 한국과 일본의 지리교과서에 반영된 독도 인식, 문화역사지리, 31(1), 149-181.
심정보, 2021, 현대 초기 지리교과서에 반영된 일본의 이미지, 한국지리환경교육학회지, 29(1), 37-54.
양보경, 2004, 조선시대 고지도에 표현된 동해 지명, 문화역사지리, 16(1), 89-111.
영남대학교 민족문화연구소, 2007, 울릉군지, 경인문화사.
유미림, 2017, 덴포 다케시마일건 연구와 쟁점에 대한 검토, 동북아역사논총, 58, 230-280.
유미림, 2018, 초대 울도 군수 배계주의 행적에 대한 고찰, 한국동양정치사상사연구, 17(2), 101-136.
윤유숙, 2012, 18~19세기 전반 朝日 양국의 울릉도 도해 양상, 동양사학연구, 118, 281-321.

이기봉, 2020, 우산도는 왜 독도인가, 소수.
이상균·김종근, 2018, 영국 상선 아르고노트호의 동해 항해와 의문의 섬 발견, 한국지도학회지, 18(3), 23-32.
이상면, 1999, 신한일어업협정과 독도, 황해문화, 23, 309-322.
이상태, 1995, 역사 문헌상의 동해 표기에 대하여, 사학연구, 50, 473-485.
이상태, 2016, 울도군 초대 군수 배계주에 관한 연구, 영토해양연구, 11, 60-116.
이선민, 2020, 독도 120년, 사회평론.
이성환, 2017, 일본의 태정관지령과 독도편입에 대한 법제사적 검토, 국제법학회논총, 62(3), 73-103.
이장우 역, 2017, 지도 해설 독도의 진실, 반도인쇄사(久保井規夫, 2014, 図説 竹島=独島問題の解決, 柘植書房新社).
이진명, 2005, 독도 지리상의 재발견, 삼인.
이 찬, 1992, 한국의 고지도에서 본 동해, 지리학, 27(3), 263-271.
이태우, 2017, 근세 일본의 사료에 나타난 울릉도·독도의 지리적 인식, 독도연구, 22, 41-67.
이 훈, 1996, 조선후기 독도를 지킨 어부 안용복, 역사비평, 33, 148-156.
임덕순, 1997, 정치지리학원리, 법문사.
장상훈, 2006, 청대 황여전람도 수록 조선도 연구, 동원학술논문집, 8, 113-152.
장순순, 2013, 17세기 후반 안용복의 피랍·도일 사건과 의미, 이사부와 동해, 5, 161-196.
전영권, 2005, 독도의 지형지(地形誌), 한국지역지리학회지, 11(1), 19-28.
정병준, 2005, 윌리암 시볼드(William J. Sebald)와 독도분쟁의 시발, 역사비평, 71, 140-170.
정병준, 2011. 독도 1947, 돌베개.
정병준, 2012, 1953~1954년 독도에서의 한일충돌과 한국의 독도수호정책, 한국독립운동사연구, 41, 389-450.
정병준, 2015, 샌프란시스코 평화조약과 독도, 독도연구, 18, 135-166.
정영미, 2015, 일본은 어떻게 독도를 인식해 왔는가, 한국학술정보.
정인철, 2015, 한반도 서양고지도로 만나다, 푸른길.
정인철·Roux Pierre-Emmanuel, 2014, 프랑스 포경선 리앙쿠르호의 독도 발견에 대한 연구, 영토해양연구, 7, 146-179.
정태만, 2014, 조선국교제시말내탐서 및 태정관지령과 독도, 독도연구, 17, 7-41.
조윤수, 2013, 1965년 한일어업협상의 정치과정, 영토해양연구, 6, 138-161.
조윤수, 2015, 한일어업협정과 해양경계 획정 50년, 일본비평, 12, 102-133.
최장근, 2007, 경상북도와 시마네현 교류 중단과 전망, 일본문화학보, 35, 213-234.
최종화, 2000, 현대한일어업관계사연구, 해양수산부.
최재목, 2021, 울릉도·독도 국가지질공원의 역사적 유래와 보존 활용방안, 독도연구, 30, 317-353.
최철영, 2021, 독도영유권의 권원으로서 지리적 근접성 검토, 독도연구, 30, 7-34.
한국해양수산개발원, 2007, 울릉도·독도 사진자료집, 서울기획문화사.

한국해양수산개발원, 2019, 독도사전, 푸른길.
한상복, 1991, 해양학에서 본 한국학, 해조사.
홍성근, 2011, 일본 외무성의 독도 영유권 주장에 대한 반박, 내일을 여는 역사, 43, 148-171.
홍성근, 2013, 라포르트(E. Laporte)의 울릉도 조사 보고서와 1899년 울릉도 현황, 영토해양연구, 6, 100-137.
홍성근·문철영·전영신·이효정, 2010, 독도! 울릉도에서는 보인다, 동북아역사재단.
홍성근·서종진, 2018, 일본 초중고 개정 학습지도 요령 및 해설과 독도 관련 기술의 문제점, 영토해양연구, 16, 30-57.
秋岡武次郎, 1950, 日本西南海の松島と竹島, 社会地理, 27, 7-10.
秋岡武次郎, 1971, 日本古地図集成, 鹿島出版会.
秋岡武次郎, 1997, 日本地圖史, ミュージアム図書.
秋月俊幸, 1999, 日本北辺の探検と地図の歴史, 北海島大学図書刊行会.
荒木教夫, 1999, 領土・国境紛争における地図の機能, 早稲田法学, 74(3), 1-25.
阿陪恭庵, 1795, 因幡志.
池内敏, 2001, 17~19世紀鬱陵島海域の生業と交流, 歴史学研究, 756, 1-22.
池内敏, 2005a, 近世から近代にいたる竹島(鬱陵島)認識について, 清文堂.
池内敏, 2005b, 前近代竹島の歴史学的研究序説-『隱州視聽合記』の解釈をめぐって, 青丘学術論集, 25, 145-184.
池内敏, 2006, 竹島/独島=固有の領土論の陥穽, RATIO, 2, 74-95.
池内敏, 2007a, 近世日本の西北境界, 史林, 90(1), 123-146.
池内敏, 2007b, 隱岐・村上家文書と安龍福事件, 9, 3-16.
池内敏, 2009, 安龍福英雄伝説の形成・ノート, 名古屋大学文学部研究論集史学, 55, 1-18.
池内敏, 2010, 竹島/独島と石島の比定問題・ノート, HERSETEC, 4(2), 1-9.
池内敏, 2011, 竹島/独島論争とは何か, 歴史評論, 733, 19-34.
池内敏, 2012, 竹島問題とは何か, 名古屋大学出版会.
池内敏, 2014, 竹島領有権の歴史的事実にかかわる政府見解について, 日本史研究, 622, 69-82.
池内敏, 2015a, 「海図」「水路誌」と竹島問題, 名古屋大学付属図書館研究年報, 12, 9-23.
池内敏, 2015b, 竹島は日本固有の領土である論, 歴史評論, 785, 79-93.
池内敏, 2016, 竹島-もうひとつの日韓関係史, 中央公論新社.
今井建三, 2013, 英国海図を模範として発展した日本海図-明治初期の日・英海図の表現法を比較して-, 地図, 51(4), 3-10.
漆崎英之, 2013, 태정관지령 부속 지도 기죽도약도(磯竹島略圖) 발견 경위와 그 의의, 독도연구, 14, 329-342.
海野一隆・織田武雄・室賀信夫編, 1972, 日本古地図大成, 講談社.
岡田俊裕, 2011, 日本地理学人物事典 近世編, 原書房,

岡田卓己, 2012, 1877年 太政官指令 「日本海内 竹島外一島ヲ版圖外ト定ム」解説, 독도연구, 12, 199-241.
大西俊輝, 2002, 日本海と竹島, 東洋出版.
岡山俊信, 1941, 浜田藩の竹島事件, 島根評論, 18(2), 106.
奥原碧雲, 1906, 竹島沿革考, 歴史地理, 8(6), 7-24.
奥原碧雲, 1907, 竹島及鬱陵島, 報光社.
大熊良一, 1986, 竹島史稿, 原書房.
梶村秀樹, 1978, 竹島=独島問題と日本国家, 朝鮮研究, 182, 1-37.
川上健三, 1953, 竹島の領有, 外務省条約局.
川上健三, 1965, 今の竹島・昔の竹島, 文藝春秋, 12, 374-377.
川上健三, 1966, 竹島の歴史地理学的研究, 古今書院.
桑原韶一, 1980, 浜田藩と竹島事件の背景, 歴史手帖, 84, 40-44.
桑原敏典・高橋俊・藤原聖司・山中誠志, 2007, "現代の政策課題について考えさせる歴史授業構成-小単元「竹島問題」を考えるの教授書開発を通して-", 岡山大学教育学部研究集録, 135, 37-50.
草原和博・渡部竜也編, 2014, 國境・國土・領土教育の論点争点, 明治圖書.
国絵図研究会編, 2005, 国絵図の世界, 柏書房.
黒田日出男・杉本史子・メアリエリザベスベリ編, 2001, 地図と絵図の政治文化史, 東京大学出版会.
坂本悠一, 2014, 竹島/独島領有権論争の研究史的検討と課題, 社会システム研究, 29, 169-191.
坂本悠一, 2016, 近現代における竹島/独島領有問題の歴史的推移と展望, 社会システム研究, 32, 1-26.
島根県竹島問題研究会, 2007, 竹島問題に関する調査研究最終報告書.
下条正男, 1999, 日韓・歴史克服への道, 展転社.
下条正男, 2003, 竹島・東海・そして歴史認識問題, 海外事情, 51(6), 46-61.
下条正男, 2004, 竹島は日韓どちらのものか, 文春新書.
下条正男, 2017, 安龍福の供述と竹島問題, 島根県総務部総務課/ハーベスト出版.
下条正男, 2018, 韓国の竹島教育の現状とその問題点, ハーベスト出版.
下条正男, 2020, 日韓の中学生が竹島(独島)問題で考えるべきこと, ハーベスト出版.
下条正男, 2021, 竹島VS独島-日本人が知らない竹島問題の核心-, ワニブックス.
田中阿歌麻呂, 1905a, 隠岐国竹島に関する旧記, 地學雜誌, 17(200), 594-598.
田中阿歌麻呂, 1905b, 隠岐国竹島に関する旧記(承前), 地學雜誌, 17(201), 660-663.
田中阿歌麻呂, 1905c, 隠岐国竹島に関する旧記(完結), 地學雜誌, 17(202), 741-743.
田中阿歌麻呂, 1906, 隠岐国竹島に関する地理学上の知識, 地學雜誌, 18(210), 415-419.
田村清三郎, 1965, 島根県竹島の新研究, 島根県.
田保橋潔, 1931a, 鬱陵島その発見と領有, 青丘學叢, 3, 1-30.
田保橋潔, 1931b, 鬱陵島の名称に就いて(補)-坪井博士の示教に答ふ-, 青丘學叢, 4, 103-109.
第3期竹島問題研究会, 2014, 竹島問題100問100答, ワック株式会社.

鳥取県学務部学務課編, 1932, 鳥取県郷土史, 鳥取県.

鳥取県立公文書館県史編さん室, 2010, 鳥取県史ブックレット5　江戸時代の鳥取と朝鮮, 鳥取県.

塚本孝, 1983, サンフランシスコ条約と竹島, レファレンス, 389, 51-63.

塚本孝, 1985a, 竹島関係旧鳥取藩文書および絵図(上), レファレンス, 411, 75-90.

塚本孝, 1985b, 竹島関係旧鳥取藩文書および絵図(下), レファレンス, 412, 95-105.

塚本孝, 2011, 竹島領有権問題の経緯, 調査と情報, 701, 1-10.

塚本孝, 2002, 竹島領有権をめぐる日韓両国政府の見解, レファレンス, 617, 49-70.

中野徹也, 2019, 竹島問題と国際法, ハーベスト出版.

中村榮孝, 1961, 礒竹島(鬱陵島)についての覺書, 日本歷史, 158, 11-19.

中村榮孝, 1969, 日韓関係史の研究 下, 吉川弘文館.

長久保光明, 1992, 地圖史通論, 暁印書館.

内藤正中, 1995, 鬱陵島と因伯, 北東アジア文化研究, 2, 23-32.

内藤正中, 1999, 地域に根ざす歴史認識, アリラン通信, 20, 1-5.

内藤正中, 2000, 竹島(鬱陵島)をめぐる日朝関係史, 多賀出版.

内藤正中, 2005a, 隠岐の安龍福, 北東アジア文化研究, 22, 1-15.

内藤正中, 2005b, 竹島固有領土論の問題点, 郷土石見, 69, 2-20.

内藤正中, 2008, 竹島=独島問題入門-日本外務省『竹島』批判, 新幹社.

内藤正中・金柄烈, 2007, 史的檢證 竹島・獨島, 岩波書店.

内藤正中・朴炳渉, 2007, 竹島=獨島論爭, 新幹社.

中村整史朗, 1981, 海の長城, 評伝社.

永井義人, 2012, 島根県の「竹島の日」条例制定過程：韓国慶尚北道との地方間交流と領土問題, 広島国際研究, 18, 1-18.

野中健一, 2021, 竹島をめぐる韓国の海洋政策, 成山堂書店.

野末賢三譯, 1966, 日本占領外交の回想, 朝日新聞社(William J. Sebald, 1965, With MacArthur in Japan-A Personal History of the Occupation　Paperback, W. W. Norton & Company).

東壽太郎, 1966a, 国境紛争と地図(一), 神奈川法学, 1(2), 1-26.

東壽太郎, 1966b, 国境紛争と地図(二), 神奈川法学, 2(1), 15-37.

樋畑雪湖, 1930, 日本海に於ける竹島の日朝関係に就いて, 歴史地理, 55(6), 62-63.

深見聡, 2016, 地理教育における領土教育の重要性-大学生を対象とした領土に関する認識調査から, 地理教育研究, 19, 1-9.

福原裕二, 2012, 竹島/独島研究における新視角からみる北東アジアの一断面, 北東アジア研究, 22, 37-55.

藤田明良, 1993, 十五世紀の鬱陵島と日本海西域の交流, 神戸大学史学年報, 8, 23-48.

藤井賢二, 2018, 竹島問題の起源, ミネルヴァ書房.

保坂祐二, 2008, 三国通覧輿地路程全図と伊能図の中の独島, 日本文化研究, 28, 495-509.

堀和生, 1987, 一九〇五年日本の竹島領土編入, 朝鮮史研究會論文集, 24, 97-125.
玄大松, 2006, 領土ナショナリズムの誕生, ミネルヴァ書房.
三好唯義・小野田一幸, 2004, 図説 日本古地図コレクション, 河出書房新社.
森川洋・篠原重則・奥野隆史編, 2005, 日本の地誌9 中国・四国, 朝倉書店.
森須和男, 1991, 竹嶋一件考-八右衛門申口を中心として, 亀山, 18, 23-32.
森田芳夫, 1961, 竹島領有をめぐる日韓両国の歴史上の見解, 外務省調査月報, 2(5), 23-35.
谷治正孝, 2011, 日本における「日本海」名の受容と定着, 地理, 56(1), 25-33.
山邊健太郎, 1965, 竹島問題の歴史的考察, コリア評論, 7(2), 4-14.
芳井研一, 2002, 日本海という呼稱, 新潟日報事業社.
朴炳涉, 2011, 竹島=独島漁業の歴史と誤解(1), 東北アジア文化研究, 33, 19-36.
朴炳涉, 2015, 元禄・天保竹島一件と竹島=独島の領有權問題, 東北アジア文化研究, 40, 23-45.
국제수로기구(http://www.iho.int)
국토지리정보원(https://www.ngii.go.kr/kor)
기상자료개방포털(https://data.kma.go.kr)
울릉군청(http://www.ulleung.go.kr)
일본 외무성(http://www.mofa.go.jp)
한국 외교부(http://www.mofa.go.kr)

지도 및
사진 출처

권혁재(2004) 여름과 겨울의 해류 변화
국가기록원 관보(1952.01)의 인접 해양에 대한 주권 선언과 관련 지도
고려대도서관 울도기(1900), 신석호(1904~1981)
국립중앙박물관 동국대지도(1740년대)
국립제주박물관 울릉도 검찰일기(1882)
국립해양박물관 니가타 해안의 고찰(高札)
국토지리정보원 독도지형도, 신정만국전도(1810), 해좌전도(19세기 중반), 삼국통람여지로정전도(1832), 한일어업협정 수역도(1998)
국회도서관 대한민국 관보(1900.10.27.)
김중만 독도의 전경
나라독도살리기 국민운동본부 독도의 날 기념식(2017.10)
독도박물관 『신증동국여지승람』 강원도(1530), 조선동해안도(1876)
독도재단 조선전도(1876), 독도재단의 대한민국 독도문화 대축제(2016.10)
독도최종덕기념사업회 독도의 일출, 최종덕(1925~1987), 동도 선착장 계단공사(1982)
동북아역사재단 대일본국전도(1881), 한국전도(1956), 개정일본여지로정전도(1791), 제2해도 중국해와 타타르해 탐사도(1797), 울릉도에서 바라본 독도
대한지리학회 편(2016) 노도양(1909~2004)
박경근(독도재단) 주상절리, 해식애와 해식동, 타포니, 파식대, 독립문바위, 삼형제굴바위, 숫돌바위, 국군장병의 독도 밟기, 동도의 독도 표석, 독도재단의 대한민국 독도문화 대축제(2016.10)
박병섭(2009) 안용복의 제1차 도일 경로(1693)
(사)우리문화가꾸기회 대삼국지도(1802)
서원대 교육자료박물관 『애국생활 1·2학년』 평화선 침범에 대한 경고(1953)

서울대 규장각한국학연구원 『세종실록』 지리지(1454), 『조선지도』 울릉도(18세기 중반), 『여지도』 강원도(19세기 후반), 이명래 보고서와 참정 대신의 지령(1906)

서울역사박물관 『신증동국여지승람』 팔도총도(1530), 육지측량부발행지도구역일람도(1935)

심정보(서원대) 독도리 김성도 이장과 필자(2016.09.27.), 울진군 기성면의 대풍헌, 삼국통람여지로정전도(1785), 신조 조선약지도(1894), 대일본전도(1877), 일본총도(1891), 측량 조선여지전도(1876), 신찬 조선국전도(1894), 『일본지리왕래』 대일본부현약도(1872), 『소학독본 황국지리서』 오키국(1874), 『일본지지략』 오키도(1874), 『개정일본지지요략』(1886), 『소학용지도 일본지지략부도』 산인도지도(1876), 『대일본지도』 대일본전도(1892), 『일본역사지도』 일본해해전도와 색인(1927), 『심상 소학국사회도 하권』 일러전역요도(1935), 『조선지도』(1895), 『지구약론』(1896), 『대한지지』 강원도(1899), 『초등대한디지』(1908), 『신편대한지리』(1907), 『다른 나라의 생활 지도와 그림 1』 일본(1950), 『사회생활(고장생활) 3~2』 남쪽 지방(1955), 『우리나라지리』 대한민국 위치(1950), 고등학교 『현대사회』(2008, 제일학습사) 교과서의 독도 관련 내용, 다케시마학습 리플릿, 향토 다케시마 시마네의 역사

송기정(이화여대) 송완식(1893~1965)

외교부 해국, 괭이갈매기, 대황

울릉군청 성하신당 기원제, 독도의 봄·여름·가을·겨울

유미림(한아문화연구소) 물개, 울릉도에서 바라본 관음도와 죽도

이유미 배계주(1851~1918)

정영미(동북아역사재단 독도연구소) 시마네현의 다케시마의 날 기념행사(2020.02.22)

정인철(부산대) 아시아지도(1561)

조문국박물관 울릉도사적

지리박물관 실측 일청한군용정도(1895), 『조선일람』 경상북도관내도(1939), 『사회생활과용 중등국토지리부도』 울릉도부근(1947)

최종화(2000) 한일어업협정 수역도(1965)

김태진(티메카코리아) 『황여전람도』 조선도(1720전후), 일본전도(1840)

한국해양과학기술원 울릉도와 독도 주변의 해저지형

한국해양수산개발원(2007) 천장굴(동도)

국립공문서관(國立公文書館) 아세아전도(1794), 조선국교제시말내탐서(1870), 태정관 지령(1877), 기죽도약도(1877)

교토(京都)대학 부속도서관 곤여만국전도(1602)

다카하기시(高萩市) 역사민속자료관 개제일본부상분리도(1768)

다케시마(竹島) 자료실 시마네현 고시(1905)

도교대(東京大) 부속도서관 『죽도도해일건기』 죽도방각도(1836)

돗토리(鳥取) 현립박물관 돗토리번의 회답서(1696.12)

무라카미 스케구로(村上助九郎) 조선지팔도(1696)

시마네(島根) 현립도서관 울도 군수를 방문한 독도시찰단(1906)
아베교안(阿倍恭庵, 1795) 조울양도감세장신안동지기(1696)
와세다(早稻田)대 도서관 『은주시청합기』(1667)
요코하마(横浜)시립대 학술정보센터 지구전도(1792), 중정만국전도(1855)
일본 국회도서관 울릉도(1939)
하마다(浜田) 시립도서관 『조선죽도도항시말기』 죽도지도(1836)
岡田俊裕(2011) 나가쿠보 세키스이(1717~1801), 하야시 시헤이(1738~1793), 오쓰키 슈지(1845~1931)
미국 국립문서기록관리청 SCAPIN 677 관련 및 일본 남한의 행정관할지역도(1946)
영국 국립도서관 일본쿠릴열도지도(1811)
프랑스 국립도서관 조선도(1720전후), 조선왕국도(1720년대 전반), 조선동해안도(1857)
William J. Sebald(1965) 윌리엄 시볼드(1901~1980)
Wikipedia 메탄 하이드레이트, 당빌(1697~1782), 콜넷(1753~1806), 애로스미스(1750~1823), 푸챠친 (1803~1883), 포경선 리앙쿠르호, 국제사법재판소

독도
연표

연도	국	주요사항
512	한	신라의 이찬 이사부, 우산국 복속
918	한	고려 건국
930	한	우릉도의 사자 백길과 토두가 고려에 토산물 진상
1018	한	동북 여진족의 우산국 침입으로 농업 피해
1246	한	권형윤과 사정순을 울릉도 안무사에 임명
1392	한	조선 건국
1407	일	쓰시마의 소 사다시게, 조선 정부에 울릉도 거주를 요청
1416	한	김인우를 무릉등처 안무사에 임명
1417	한	황의의 건의로 울릉도 쇄환정책 확정
		김인우를 무릉등처 안무사로 파견하여 울릉도 거주민을 쇄환
1425	한	김인우를 우산무릉등처 안무사로 파견하여 울릉도 거주민을 쇄환
1530	한	『신증동국여지승람』의 팔도총도, 강원도에 독도(우산도), 울릉도 표시
1625	일	오야와 무라카와 집안, 정부로부터 울릉도도해면허를 받아 울릉도에서 어업 활동 시작
1667	일	오키의 지리지 『은주시청합기』에 울릉도와 독도가 최초로 등장, 일본의 서북 한계는 오키로 기술
1693	한	안용복과 박어둔, 울릉도에서 오야 집안의 어부들에게 연행되어 일본에 건너감
1694	한	장한상 일행이 울릉도를 답사하고, 조사 결과를 복명
1695	일	제1차 울릉도도해금지령

1696	한	안용복 일행이 일본에 건너가 울릉도와 독도가 조선의 강원도 소속임을 주장
1720	중	『황여전람도』의 조선도에 독도가 천산도(千山島)로 표시
1720	프	중국의 조선도를 바탕으로 예수회 선교사 완성한 조선도에 독도가 챠챤타오(tchian xan tao)로 표시
1720	프	당빌의 조선왕국도에 독도가 챠챤타오(Tchian-chan-tao)로 표기
1768	일	개제일본부상분리도에 울릉도와 독도 등장
1779	일	나가쿠보 세키스이의 개정일본여지로정전도에 울릉도와 독도가 일본의 경위선 밖에 표시
1785	일	하야시 시헤이의 삼국통람여지로정전도에 울릉도와 독도가 조선과 동일하게 황색으로 채색
1787	프	라페루즈가 이끄는 부솔호가 서양인 최초로 울릉도를 발견하고 다줄레섬(I. Dagelet)으로 명명
1791	영	제임스 콜넷이 울릉도를 발견하고, 아르고노트 섬으로 명명
1811	영	애로스미스의 일본과 쿠릴열도지도에 콜넷이 발견한 아르고노트가 울릉도 북서에 표시
1832	독	클라프로트가 하야시 시헤이의 『삼국통람도설』을 프랑스어로 번역 간행
1836	일	정부의 허가 없이 울릉도에 건너간 이마즈야 하치에몬 처형
1837	일	제2차 울릉도도해금지령
1840	네	지볼트의 일본전도에 아르고노트를 다케시마, 다줄레를 마쓰시마로 표시
1849	프	포경선 리앙쿠르호가 동해에서 독도를 발견하고 리앙쿠르 암석으로 명명
1854	러	올리부차호가 독도를 발견하고, 서도를 올리부차, 동도를 메넬라이로 명명
1854	미일	미일화친조약
1855	러일	러일화친조약
1855	영	군함 호넷이 독도를 관찰하고, 섬의 명칭을 호넷 암석으로 명명
1855	일	관찬 중정만국전도에 아르고노트를 다케시마, 다줄레를 마쓰시마로 표시
1867	일	가쓰 가이슈의 대일본연해약도에 울릉도가 마쓰시마, 독도가 리앙쿠르암으로 표시
1868	일	메이지 유신
1870	일	외무성의 조선국교제시말내탐서에 울릉도와 독도가 조선의 소속으로 기술
1872	일	울릉도와 독도가 나오는 최초의 지리교과서로 마사키 쇼타로의 『일본지리왕래』에 수록된 대일본부현약도에는 두 섬이 조선 남동부와 동일하게 무채색
1876	한일	조일수호조규(강화도조약) 성립
1876	일	육군참모국의 조선전도에 울릉도(竹島)와 독도(松島) 포함
1877	일	최고국가기관 태정관, 울릉도 외 일도는 일본과 무관함을 내무성에 지령
1877	일	육군참모국의 대일본전도에 울릉도(竹島)와 독도(松島) 제외
1881	일	내무성의 대일본국전도에 울릉도(竹島)와 독도(松島) 제외
1882	한	울릉도 검찰사 이규원의 현지 조사와 복명

1883	한	김옥균을 동남제도개척사에 임명
1884	한	이규원을 동남제도개척사에 임명
1894	한	수토제 폐지
1894	중일	청일전쟁 발발
1894	일	내무성에 납본된 신조 조선약지도에 울릉도(竹島)와 독도(松島)가 강원도와 동일하게 연한 초록으로 채색
1895	한	학부 편찬 근대 최초의 지리교과서 『조선지지』에 독도가 우산도로 표기
		배계주를 도감에 임명
1899	한	배계주, 브라운, 라포르테가 공동으로 울릉도 현지 조사
1900	한	시찰위원 우용정의 울릉도 현지 조사 및 보고
1900	한	칙령 제41호 반포로 울도군 관할 구역을 울릉전도, 죽도, 석도로 규정
1903	한	울도군수 심흥택 임명
1904	러일	러일전쟁 발발
1904	일	군함 니타카의 『행동일지』에 최초로 독도(獨島) 표기
		나카이 요자부로, 량코도(독도) 영토 편입 및 대하원을 정부에 제출
1905	일	내무성이 내각에 무인도 소속에 관한 건 제출
		각의에서 내무성이 청의한 무인도 소속에 관한 건을 승인
		시마네현 고시 제40호로 독도 편입
1906	일	시마네현 독도시찰단이 울도군수 심흥택을 방문하여 독도가 일본 영토로 편입되었음을 통보
		울도군수 심흥택이 상부 기관에 본군 소속 독도(獨島)가 일본 영지로 편입된 사실을 보고
		대한매일신보, 황성신문에 심흥택의 독도 관련 보고 내용이 보도
		의정부 참정대신 박제순이 독도의 일본 영지설을 부인하고 독도의 형편을 다시 조사 보고할 것을 지령
		울릉도와 독도의 행정 구역이 강원도에서 경상남도로 변경
1907	한	김건중의 번역 지리교과서 『신편대한지리』에 독도가 '양고'로 명기
1910	한	한일병합
1914	한	울릉도와 독도의 행정 구역이 경상남도에서 경상북도로 변경
1935	일	육지측량부발행 지도구역일람도에 독도(竹島)가 조선 소속으로 표시
1938	일	참모본부의 1/50만 울릉도 지형도에 독도(竹島)가 울릉도 소속으로 표시
1939	한	송완식의 경상북도관내도에 독도(獨島)가 울릉군 소속으로 표시
1939	일	독도를 시마네현 오키군 고카무라에 편입할 것을 의결
1941	일	태평양전쟁 발발

연도	국가	내용
1943	연합국	카이로선언
1945	연합국	포츠담선언
1946	미	연합국 최고사령관 지령(SCAPIN) 677, 독도를 일본에서 분리
		연합국 최고사령관 지령(SCAPIN) 1033, 독도를 일본의 어업 허가 구역에서 제외
1947	한	제1차 울릉도·독도학술조사, 한국령 표목 설치
		노도양의 『사회생활용 중등국토지리부도』라는 지리교과서에 전후 최초로 독도(獨島) 표기
1947	미	샌프란시스코 강화조약 초안에 독도를 한국령으로 명기
1948	한	미 공군의 독도폭격 사건으로 한국 어민이 다수 희생
1948	한	문교부의 『초중등학교 각과 교수요목집(12) 중학교 사회생활과』에 최초로 독도 명기
1949	미	윌리엄 시볼드가 국무장관에게 독도를 일본령으로 하도록 초안 수정 건의
		샌프란시스코 강화조약 초안에 독도가 일본령으로 기술
1949	중	중화인민공화국 성립
1950	한	한국전쟁 발발
1950	미	샌프란시스코 강화조약 초안에 독도 생략
1951	한	양유찬 대사, 미 국무성에 일본이 포기할 영토로 독도를 명기할 것을 요구
1951	미	양유찬 대사에게 한국의 독도 관련 조항 수정 요구 거부 통보
1951	미	샌프란시스코 강화조약 조인
1952	한	이승만 대통령의 평화선 선언
		제2차 울릉도·독도학술조사 실패
1952	일	한국의 평화선 선언에 항의
1953	한	국회, 일본 관헌의 독도 불법 점거에 관한 결의안 가결
		제3차 울릉도·독도학술조사, 일본이 세운 표주 철거
1954	한	독도에 경비대 상주시키기로 발표
		독도 등대 운용
		독도에 접근한 일본의 해상보안청 순시선에 총격을 가함
		독도 우표 발행
1954	일	독도 영유권 문제의 국제사법재판소 회부를 한국에 제의(제1차)
1955	한	독도에 독도경비대 상주
1962	일	독도 영유권 문제의 국제사법재판소 회부를 한국에 제의(제2차)
1965	한일	한일기본조약 조인

연도	국가	내용
		한일어업협정에서 독도는 전관수역 12해리 설정
1968	한일	한일어업협정 발효
1968	한	최종덕, 독도에 최초로 거주하면서 시설물 건설
1971	일	『외교청서』에 '한국에 의한 독도 불법 점거' 기술
		『방위백서』에 독도가 최초로 기술
1981	한	최종덕 일가, 독도에 최초로 주민등록 이전
1982	한	독도를 천연기념물 제336호 해조류 번식지로 지정
1990	일	『외교청서』에 독도는 일본 고유의 영토라는 기술이 등장
1991	한	김성도 부부, 독도로 주민등록 이전
1994	유	유엔해양법협약 발효
1997	한	독도접안시설 낙성, 기념비 제막식 개최
		독도 등 도서 지역의 생태계 보전에 관한 특별법 제정
		울릉도에 독도박물관 개관
1998	한일	신한일어업협정 체결
		독도는 12해리 영해, 주변은 중간수역으로 설정
1999	한	독도를 천연기념물 제336호 독도 천연보호구역으로 변경 지정
2000	한	환경부, 독도를 독도 등 도서 지역의 생태계 보전에 관한 특별법에 따른 특정 도서 제1호로 고시
2004	한	독도 우표 발행
2005	일	시마네현 의회, 매년 2월 22일을 '다케시마의 날'로 조례 제정
		우루시자키 히데유키 목사, 국립공문서관에서 기죽도약도 발견
2005	한	한국국가안전보장회의(NSC), 대일 정책기조 성명 발표
		경상북도, 시마네현과의 자매결연 철회
		일반 관광객 독도 입도 시작
		경상북도 의회, 매년 10월을 '독도의 달'로 조례 제정
		독도의 지속 가능한 이용에 관한 법률 제정
2007	한	김성도, 독도리 이장 임명
2008	일	문부과학성, 『중학교 학습지도요령해설 사회편』에 최초로 독도(竹島) 명기
2008	한	국무총리령 제517호로 정부합동독도영토관리대책단 설치
		동북아역사재단에 독도연구소 개소
2009	한	독도재단 개소
2010	일	방위성의 『방위백서』에 독도가 일본의 고유 영토로 기술

2011	한	행정안정부, 독도에 새로운 도로명 주소로 독도이사부길, 독도안용복길 부여
2012	한	이명박 대통령, 현직 대통령 최초로 독도 상륙
		동북아역사재단에 독도체험관 개관
2012	일	독도 영유권 문제의 국제사법재판소 회부를 한국에 제의(제3차)
2015	한	동도에 독도 표석 설치
2018	일	도쿄에 영토·주권전시관 개설
2019	한	동해영토수호훈련 실시

후기

 2005년 3월 일본 시마네현 의회가 이른바 다케시마의 날을 조례로 제정하고, 매년 2월 22일에 기념행사를 실시하기로 결정한 것은 한국에 커다란 충격과 함께 정치적·외교적 파장을 초래했다. 게다가 2008년 7월 일본 문부과학성이 『중학교 학습지도요령해설 사회편』 지리적 분야에 독도竹島를 명기함에 따라 한국인의 반일감정은 절정에 달했다. 이후 10년 동안 문부과학성은 초·중등학교 학습지도요령, 학습지도요령해설, 사회과 교과서에 독도가 일본의 영토로 기술되도록 검정을 강화하여 양국의 관계는 긴장의 연속이었다.
 일본이 초·중등학교 교육을 통해 독도 도발을 감행함에 따라 한국은 사태의 심각성을 인식하고 단호하게 대처했다. 한국은 교육부를 비롯하여 중앙과 지방의 여러 부처에서 독도 수호를 위한 다양한 대응책을 개발하여 실천해 왔다. 이 시기부터 한국에서는 독도지킴이라는 용어가 자연스럽게 생겨나 사용되기 시작했다. 필자가 이 책을 집필하게 된 동기는 동북아역사재단 연구위원으로 재직하면서 독도지킴이 거점학교 운영, 독도지킴이를 위한 독도부교재 개발 등의 업무를 담당한 것이다.
 독도지킴이 거점학교의 목적은 전국의 초·중등학교에서 독도지킴이 동아리를 선발하여 지원, 운영 및 관리, 독도탐방 등을 통해 활동의 성과물을 공유하고 확산시키는 것이다. 특히 매년 광복절 전후에 실시된 독도탐방은 큰 반향을 불러 일으켰다. 학교를 대표해서 참가했던 지도 교사와 학생들은 독도에 대한 관심과 수호 의지가 남달랐다. 참가자들은 독도에 첫발을 내딛고 밟으면서 감격과 함께 애국심이 깊어지는 계기가 되었다. 독도탐방 기간에 개최된 독도수호대회에서 독도골든벨, 독도플랩시몹, 독도그림그리기, 독도글쓰기, 독도말하기, 독도교육 사례발표 등은 독도 수호를 위한 깜찍한 아이디어로 가득했다.

후덥지근했던 여름날 독도탐방 참가자들과의 대화도 의미 있는 시간이었다. 교사와 학생들로부터 일본은 왜 독도에 집착하는가를 비롯하여 다양한 대응 방안도 나왔다. 특히 초·중등학교 사회과 교과서의 간단한 독도 기술을 지적하면서 독도 부교재 개발의 필요성을 공감했다. 이에 동북아역사재단은 현장의 목소리를 반영하여 독도 부교재 발행 사업을 추진했다. 필자는 이 사업의 책임자로서 2011년 『고등학생용 독도 바로 알기』를 공저로 출간했다. 이 교과서는 고등학교 한국지리와 한국사에 나오는 독도 내용을 더욱 충실히 기술하여 독도교육 확산에 활용되었다.

이후 필자는 대학교로 직장을 옮겨 전공 한국지리 수업에서 동해 표기와 독도 영유권을 일부 다뤘으며, 교양으로 독도의 역사라는 과목을 개설하여 본격적으로 강의를 시작했다. 전공 학생들은 국가적 이슈로서 독도에 관심이 많았지만, 잘 정리된 적합한 단행본을 찾지 못해 아쉬워했다. 그래서 필자는 대학생과 일반인을 위한 독도 교양서 집필을 염두에 두고 관련 자료를 하나씩 수집하여 정리하기 시작했다.

마침 이 주제와 관련하여 2017년도 한국연구재단으로부터 저술출판지원사업에 선정된 것은 독도 단행본 저술의 본격적인 계기가 되었다. 아울러 필자가 평소 관심을 두었던 근·현대 한국과 일본에서 전개된 독도교육의 비교 연구를 비롯하여 독도 관련 일본 고지도를 수집하고 연구할 수 있었던 것도 의외의 성과였다. 그래서 이 책에는 그동안 필자가 관심을 가졌던 고지도에 표현된 독도, 근·현대 한일 간의 독도 교육 등이 적지 않은 비중을 차지한다. 이들 내용과 함께 동해 지명의 역사 부분은 그동안 필자가 논문으로 발표한 연구 성과를 활용한 것임을 밝힌다.

독도가 일본의 영역과 무관하다는 역사적 증거는 적지 않다. 이들 사료를 바탕으로 연구에 매진했던 일본의 양심 있는 학자와 시민들은 결코 독도는 일본의 영토가 될 수 없으며, 한국의 영토라는 사실을 인정하였다. 따라서 일본의 정치가들은 동아시아의 평화를 위해 독도의 역사를 올바르게 이해하고, 더 이상 독도를 자극하지 말아야 한다. 아울러 한국인들은 독도를 지키기 위해 노력했던 선인들의 대응과 활동을 기억해야 할 것이다. 필자는 이 책에서 이러한 사실들, 즉 독도가 한국의 영토라는 것을 뒷받침하는 내용과 함께 한국의 독도지킴이로서 활동했던 여러 인물들을 최대한 담으려고 궁리했다.

이 책에는 독도 관련 각종 지도와 문헌, 사진과 스케치 등의 이미지가 다수 사용되었다. 이들 자료 수집과 관련하여 동북아역사재단의 정영미·유하영·김종근 연구위원, 한아문화연구소의 유미림 소장, 일제강제동원피해자지원재단의 서인원 연구위원, 독도재단의 박경근 차장, 국회도서관의 오진영 사서, 지리박물관의 양재룡 관장, 티메카 코리아의 김태진 대표, 기타 여러 기관이 적극적으로 협조해 주었다. 마지막으로 이 소품이 세상에 빛을 보도록 흔쾌히 출간을 허락해 주신 민속원의 홍종화 사장님, 그리고 원고를 정성스럽게 편집해 주신 편집부를 비롯한 관계자 여러분들께 깊은 감사를 드린다.

2021년 10월 독도의 달을 맞이하여
미래창조관 연구실에서 김정보

문화와
역사를
담 다
033

동해 바다 독도 톺아 읽기

동서양 독도 문헌과
지도의 역사적 검증

초판1쇄 발행 2021년 10월 25일

지은이 심정보
펴낸이 홍종화

편집·디자인 오경희·조정화·오성현·신나래
   박선주·이효진·정성희
관리 박정대·임재필

펴낸곳 민속원
창업 홍기원
출판등록 제1990-000045호
주소 서울 마포구 토정로25길 41(대흥동 337-25)
전화 02) 804-3320, 805-3320, 806-3320(代)
팩스 02) 802-3346
이메일 minsok1@chollian.net, minsokwon@naver.com
홈페이지 www.minsokwon.com

ISBN 978-89-285-1661-2
SET   978-89-285-1054-2 04380

ⓒ 심정보, 2021
ⓒ 민속원, 2021, Printed in Seoul, Korea

이 책은 저작권법에 따라 보호를 받는 저작물이므로 무단전재와 복제를 금지하며,
이 책의 전부 또는 일부를 이용하려면 반드시 저작권자와 출판사의 서면동의를 받아야 합니다.